高等学校计算机基础教育教材精选

大学计算机基础

曹金璇 主 编
王任华 张建岭 副主编
霍宏涛 王宇 芦天亮 陈丽 张学军 编

清华大学出版社
北京

内 容 简 介

本书是根据"高等学校非计算机专业计算机基础课程教学基本要求",结合当今计算机新技术、新应用的需求而编写的。本书在介绍大学生必备的计算机基本知识内容的基础上,着重讲解了信息安全及相关法律法规、图像与视频处理以及文献检索等方面的基础知识,以适应当今信息技术应用的发展。

全书共分7章,主要包括计算机基本原理、基础知识;操作系统基础知识及 Windows 10 的主要应用;Office 2010 办公自动化软件中 Word、Excel、PowerPoint 的应用;计算机网络及 Internet、移动互联网、物联网等技术基础知识;信息安全基础及相关法律法规;图像、视频处理技术基础;信息检索与利用等内容。

本书既可以作为高等院校计算机基础课程教材,也可以作为计算机基础知识和基本操作应用技能培训和自学教材。

本书封面贴有清华大学出版社防伪标签,无标签者不得销售。
版权所有,侵权必究。举报:010-62782989,beiqinquan@tup.tsinghua.edu.cn。

图书在版编目(CIP)数据

大学计算机基础/曹金璇主编.—北京:清华大学出版社,2018(2024.7重印)
(高等学校计算机基础教育教材精选)
ISBN 978-7-302-49576-5

Ⅰ.①大… Ⅱ.①曹… Ⅲ.①电子计算机-高等学校-教材 Ⅳ.①TP3

中国版本图书馆 CIP 数据核字(2018)第 027292 号

责任编辑:张　玥
封面设计:何凤霞
责任校对:胡伟民
责任印制:刘　菲

出版发行:清华大学出版社
网　　址:https://www.tup.com.cn, https://www.wqxuetang.com
地　　址:北京清华大学学研大厦 A 座　　　邮　编:100084
社 总 机:010-83470000　　　　　　　　　邮　购:010-62786544
投稿与读者服务:010-62776969,c-service@tup.tsinghua.edu.cn
质 量 反 馈:010-62772015,zhiliang@tup.tsinghua.edu.cn
课 件 下 载:https://www.tup.com.cn,010-83470236
印 装 者:三河市君旺印务有限公司
经　　销:全国新华书店
开　　本:185mm×260mm　　印　张:24.5　　字　数:597千字
版　　次:2018 年 5 月第 1 版　　　　　　 印　次:2024 年 7 月第 9 次印刷
定　　价:79.50 元

产品编号:077396-03

前言

根据教育部高等学校计算机科学与技术教学指导委员会非计算机专业计算机基础课程教学指导分委员会发布的"关于进一步加强高等学校计算机基础教学的意见""高等学校非计算机专业计算机基础课程教学基本要求",作者结合当今计算机新技术、应用新需求的发展变化,编写了本教材。教材内容是在总结原有大学计算机基础类教材使用经验基础上,考虑当今大学生已具备的信息技术基础素养,结合学生课程学习、科学研究、工作生活的计算机思维、应用技能需求而确定的。

大学计算机基础是学生进入高校后的第一门计算机课程,是后续计算机课程及其他课程学习的素养基础。为此,本书编写的目标是在培养学生计算机应用操作技能的同时培养理论素养。学生通过本教材的学习,能够全面系统地理解计算机的基本理论知识,包括计算机系统基本原理、操作系统的基本概念、计算机网络基础知识、信息安全基础知识、多媒体基础知识等;掌握计算机基础软件的操作应用,包括 Word、Excel、PowerPoint 应用软件的基本操作、高级操作、Internet 基本服务功能的应用,计算机安全设置操作,图像、视频处理基础软件的应用以及文献检索操作等。

本书共分 7 章,涵盖了"高等学校非计算机专业计算机基础课程教学基本要求(一)"中的内容,并重点突出了信息安全及相关法律法规,图像、视频处理的技术基础及基本应用,以适应当今信息技术应用的发展需要。增加了文献检索的主要内容和检索应用操作,为学生学习拓展内容、开展科学研究查阅文献奠定基础。具体内容如下:第 1 章介绍计算机系统的组成,进位计数制及其转换,以及数据在计算机中的表示方法。第 2 章介绍操作系统的基本概念、功能和使用方法,嵌入式操作系统的相关知识,并具体介绍两款操作系统。第 3 章介绍 Office 2010 办公软件中 Word、Excel 和 PowerPoint 的使用,对 Word 高效排版、Excel 数据处理和函数应用进行了重点讲解。第 4 章介绍计算机网络的基本概念、计算机网络的体系结构、Internet 基础知识、局域网技术基础、移动互联网及物联网基本概念等。第 5 章介绍信息安全基本概念、信息安全相关技术、数据加密和认证算法、计算机病毒知识和防治方法及信息安全法律法规等。第 6 章介绍多媒体技术的基本概念及相关外延知识,图像基础知识,使用 Photoshop 对图像进行处理,以及视频处理技术、视频监控与侦查等。第 7 章介绍信息检索的基本概念和基础知识,国内外常用数据库数据资源和基本检索途径、检索方法与检索技巧,以及网络免费资源检索与利用方法等。

本书具有以下特点:

(1) 内容既囊括教育部对非计算机专业计算机基础教学要求的内容,又突出当今各行业领域对人才计算机应用技能素质的需求。本书与其他相关教材的主要区别在于强化了信息安全的理论基础知识、相关的法律法规,业务处理中的图像、视频处理技术等内容。

(2) 本书以任务驱动教学为主线,理论与实际应用紧密结合,内容丰富,信息量大。

(3) 本书在逻辑结构安排上遵循计算机基础知识教学规律,循序渐进地介绍计算机的基本理论,便于学生的理解和深入学习。

(4) 教材提供配套的课件、习题解答,读者可登录清华大学出版社网站下载使用。

本书由曹金璇、王任华、张建岭、霍宏涛、王宇、芦天亮、陈丽、张学军共同编写。其中,陈丽编写第1章,王宇编写第2章,张建岭、张学军编写第3章,曹金璇编写第4章,芦天亮编写第5章,霍宏涛编写第6章,王任华编写第7章。初稿完成后,先由主编、副主编对全书进行了第一次统稿,最后由曹金璇定稿。本书在编写时参阅了相关方面的文献资料,对这些资料提供者的贡献表示由衷的感谢!本书在出版过程中得到了清华大学出版社的大力支持,在此表示诚挚的谢意!

由于作者水平有限,书中难免有不妥和疏漏之处,恳请各位读者不吝赐教,并与笔者讨论,联系邮箱为 caojinxuan@163.com。

本书编写组

2017 年 10 月 26 日

目录

第1章 计算机基础知识 … 1
1.1 计算机系统 … 1
1.1.1 计算机概述 … 1
1.1.2 微型计算机硬件系统组成 … 7
1.1.3 计算机基本工作原理 … 15
1.1.4 计算机软件系统组成 … 16
1.2 进位计数制及其转换 … 17
1.2.1 进位计数制 … 18
1.2.2 常用的进位计数制 … 18
1.2.3 不同进位计数制间的转换 … 19
1.3 数据在计算机中的表示 … 23
1.3.1 基本概念 … 23
1.3.2 数据在内存中的存取 … 24
1.3.3 信息编码 … 24
1.4 本章小结 … 33
习题 … 33

第2章 操作系统 … 36
2.1 操作系统概述 … 36
2.1.1 什么是操作系统 … 36
2.1.2 操作系统的基本特征 … 37
2.1.3 操作系统的功能 … 37
2.1.4 名词解释 … 38
2.2 启动计算机 … 39
2.2.1 按操作系统启动前后区分两个阶段 … 39
2.2.2 计算机的整个启动过程分成四个阶段 … 39
2.2.3 Windows启动过程 … 40

2.3 Windows 10 ·········· 42
  2.3.1 Windows 10 的版本 ·········· 42
  2.3.2 Windows 10 的运行环境 ·········· 42
  2.3.3 Windows 10 的开始菜单 ·········· 43
  2.3.4 更改 Windows 10 的设置 ·········· 43
  2.3.5 Windows 10 的文件与文件夹操作 ·········· 44
  2.3.6 安全 ·········· 48
  2.3.7 Microsoft Edge 浏览器 ·········· 49
  2.3.8 Cortana ·········· 50
  2.3.9 OneNote ·········· 51
2.4 嵌入式操作系统 ·········· 54
  2.4.1 Android ·········· 55
  2.4.2 iOS ·········· 56
  2.4.3 iOS 与 Android 的区别 ·········· 58
2.5 本章小结 ·········· 59
习题 ·········· 59

第3章 Office 2010 办公自动化软件   61

3.1 图文编辑软件 Word 2010 ·········· 61
  3.1.1 Word 2010 的工作窗口 ·········· 61
  3.1.2 文档的基本操作 ·········· 61
  3.1.3 编辑文本 ·········· 63
  3.1.4 文档排版 ·········· 65
  3.1.5 应用样式 ·········· 69
  3.1.6 表格编辑 ·········· 71
  3.1.7 绘制图形 ·········· 78
  3.1.8 编辑图片 ·········· 80
  3.1.9 页面排版 ·········· 85
  3.1.10 设置页眉页脚 ·········· 86
  3.1.11 添加图表目录、索引和目录 ·········· 90
  3.1.12 邮件合并 ·········· 94
3.2 电子表格软件 Excel 2010 ·········· 99
  3.2.1 Excel 2010 窗口 ·········· 99
  3.2.2 Excel 2010 工作簿的基本操作 ·········· 100
  3.2.3 在工作表中输入数据 ·········· 101
  3.2.4 Excel 2010 工作表的操作 ·········· 104
  3.2.5 格式化工作表 ·········· 106
  3.2.6 公式和函数 ·········· 112

3.2.7 函数的使用 ……………………………………………… 113
   3.2.8 常用函数的应用 …………………………………………… 115
   3.2.9 Excel 2010 图表 …………………………………………… 120
   3.2.10 数据分析与处理 …………………………………………… 124
   3.2.11 数据透视表和数据透视图 ………………………………… 127
 3.3 演示文稿软件 PowerPoint 2010 …………………………………… 130
   3.3.1 PowerPoint 2010 窗口和视图 ……………………………… 130
   3.3.2 演示文稿的基本操作 ……………………………………… 131
   3.3.3 演示文稿的外观设置 ……………………………………… 133
   3.3.4 为幻灯片添加动画效果 …………………………………… 135
   3.3.5 幻灯片放映 ………………………………………………… 138
 3.4 本章小结 …………………………………………………………… 139
 习题 ……………………………………………………………………… 140

第 4 章 计算机网络与 Internet …………………………………… 142
 4.1 计算机网络概述 …………………………………………………… 142
   4.1.1 计算机网络的定义与发展阶段 …………………………… 142
   4.1.2 计算机网络功能 …………………………………………… 145
   4.1.3 计算机网络分类 …………………………………………… 146
   4.1.4 计算机网络组成 …………………………………………… 152
 4.2 计算机网络的体系结构 …………………………………………… 156
   4.2.1 计算机网络体系结构概念 ………………………………… 156
   4.2.2 典型计算机网络体系结构 ………………………………… 157
 4.3 Internet 基础 ………………………………………………………… 161
   4.3.1 Internet 概述 ………………………………………………… 161
   4.3.2 Internet 基本概念 …………………………………………… 162
   4.3.3 Internet 接入 ………………………………………………… 167
   4.3.4 Internet 提供的服务 ………………………………………… 168
 4.4 局域网技术 ………………………………………………………… 173
   4.4.1 局域网组成 ………………………………………………… 173
   4.4.2 局域网特点 ………………………………………………… 174
   4.4.3 IEEE 802 参考模型 ………………………………………… 175
   4.4.4 局域网工作模式 …………………………………………… 176
   4.4.5 网络连通性检测 …………………………………………… 177
 4.5 移动互联网技术基础 ……………………………………………… 181
   4.5.1 移动互联网概述 …………………………………………… 181
   4.5.2 移动互联网构成 …………………………………………… 183
   4.5.3 移动互联网关键技术 ……………………………………… 184

  4.5.4 移动互联网典型应用 ······ 185
 4.6 物联网技术基础 ······ 187
  4.6.1 物联网概述 ······ 187
  4.6.2 物联网在我国的发展概况 ······ 188
  4.6.3 物联网体系架构及其关键技术 ······ 189
  4.6.4 物联网典型应用 ······ 194
 4.7 本章小结 ······ 196
 习题 ······ 196

第5章 信息安全基础与法律法规 ······ 199

 5.1 信息安全概述 ······ 199
  5.1.1 信息安全的概念 ······ 200
  5.1.2 操作系统安全 ······ 202
  5.1.3 数据库安全 ······ 209
  5.1.4 移动互联网安全 ······ 212
  5.1.5 物联网及智能设备安全 ······ 215
 5.2 信息安全技术基础 ······ 217
  5.2.1 物理安全 ······ 217
  5.2.2 网络安全 ······ 219
  5.2.3 物理隔离与专网安全 ······ 222
  5.2.4 通信安全 ······ 226
  5.2.5 身份认证技术 ······ 229
  5.2.6 数据安全 ······ 231
 5.3 数据加密与认证 ······ 232
  5.3.1 密码学概述 ······ 232
  5.3.2 加密算法 ······ 233
  5.3.3 哈希函数和消息认证 ······ 240
  5.3.4 数字签名 ······ 242
  5.3.5 数字证书及PKI体系 ······ 243
 5.4 计算机病毒防治 ······ 245
  5.4.1 计算机病毒的分类 ······ 245
  5.4.2 计算机病毒特性及危害 ······ 248
  5.4.3 手机病毒分析 ······ 250
  5.4.4 计算机病毒防护技术 ······ 252
 5.5 信息安全法律法规 ······ 253
  5.5.1 我国网络空间安全立法 ······ 253
  5.5.2 《网络安全法》立法定位、框架和制度设计 ······ 255
  5.5.3 我国惩治计算机犯罪的立法 ······ 257

5.6　本章小结 ··· 263
　　习题 ··· 263

第6章　图像、视频处理技术基础 ································· 266

　　6.1　多媒体技术概述 ··· 266
　　　　6.1.1　多媒体技术的基本概念 ·· 266
　　　　6.1.2　多媒体技术特点 ·· 268
　　　　6.1.3　多媒体关键技术 ·· 268
　　　　6.1.4　多媒体计算机系统 ·· 270
　　　　6.1.5　常用的多媒体工具 ·· 272
　　6.2　图像基础知识 ·· 273
　　　　6.2.1　图像的基本概念 ·· 273
　　　　6.2.2　图像文件及分类 ·· 276
　　　　6.2.3　图像的色彩模式 ·· 280
　　　　6.2.4　图层 ·· 282
　　6.3　图像处理技术与应用 ·· 283
　　　　6.3.1　图像的基本编辑 ·· 283
　　　　6.3.2　图层操作 ·· 287
　　　　6.3.3　图像处理技术拓展 ·· 290
　　6.4　视频处理技术与应用 ·· 298
　　　　6.4.1　视频的基本概念 ·· 299
　　　　6.4.2　数字视频应用 ··· 301
　　6.5　视频监控与视频侦查 ·· 312
　　　　6.5.1　视频监控的概念 ·· 313
　　　　6.5.2　视频侦查的概念 ·· 315
　　　　6.5.3　公安视频监控系统规划与设计 ································ 316
　　　　6.5.4　涉案视频图像处理与分析 ····································· 318
　　　　6.5.5　视频侦查研判 ··· 320
　　6.6　本章小结 ··· 321
　　习题 ··· 321

第7章　信息检索与利用 ·· 324

　　7.1　信息检索基础知识 ··· 324
　　　　7.1.1　信息素养 ·· 324
　　　　7.1.2　信息检索基本概念 ··· 325
　　　　7.1.3　文献的种类 ·· 328
　　　　7.1.4　文献标识与著录格式 ··· 330
　　　　7.1.5　信息检索工具 ··· 332

7.1.6 信息检索技术 ·· 335
 7.2 常用国内数据库 ··· 337
  7.2.1 中国知网 CNKI ······································· 337
  7.2.2 万方数据库 ·· 344
  7.2.3 维普数据库 ·· 348
  7.2.4 超星数字图书馆及读秀学术搜索 ························ 349
  7.2.5 其他资源库 ·· 355
 7.3 常用国外数据库 ··· 357
  7.3.1 EBSCO 数据库 ·· 357
  7.3.2 其他国外数据库 ······································ 361
 7.4 网络免费资源检索 ··· 363
  7.4.1 搜索引擎 ·· 364
  7.4.2 开放获取学术资源 ···································· 373
 7.5 本章小结 ··· 376
 习题 ··· 377

参考文献 ··· 379

第 1 章 计算机基础知识

本章学习目标

- 熟练掌握计算机的硬件系统组成和软件系统组成
- 熟练掌握常用进位计数制及它们之间的转换方法
- 掌握数值、字符、汉字在计算机中的编码方法

本章首先介绍计算机系统的组成,接着介绍进位计数制及其转换,最后介绍各种数据在计算机中的表示方法。

1.1 计算机系统

1946 年 2 月,世界上第一台电子计算机 ENIAC(Electronic Numerical Integrator And Calculator,电子数字积分计算机)在美国的宾夕法尼亚大学研制成功。当时的科学家肯定想不到计算机的发明能对人类产生这么巨大的影响。计算机从问世到现在只有短短 70 多年时间,发明之初的主要目的是做科学计算,到现在不仅影响着每个国家的政治、经济、军事,更重要的是已经和每个人的工作、生活、学习密不可分。

1.1.1 计算机概述

1. 计算机的发展和计算机系统概述

任何一样工具的发明都和人们的需求、技术的支持密不可分,计算机的诞生也不例外。第二次世界大战期间,美国军方为了解决大炮弹道的大量计算问题,为科学家们提供研制经费,而当时的逻辑电路知识和电子管技术已经相对完善,为计算机的研制提供了技术支持。1946 年 2 月,ENIAC 在宾夕法尼亚大学研制成功。它每秒可以做 5000 次加法运算,占地 170 平方米,重 30 吨,主要组成元器件是 18 000 多只电子管,耗电量达 150 千瓦,耗资约 48 万美元。和现在的计算机相比,ENIAC 的运算速度低、体积庞大、耗电量高、成本昂贵,但它却为计算机的发展奠定了基石。

根据使用的物理元器件的不同,计算机的发展史可划分成 4 代。分别是电子管时代、

晶体管时代、集成电路时代和超大规模集成电路时代。

第一代计算机(1946—1958年)属于电子管时代。在硬件方面,使用的物理元器件为真空电子管,主存采用的是阴极射线管或汞延迟,外部存储器有纸带、卡片、磁带、磁鼓等。在软件方面,还没有出现操作系统,语言只有机器语言和汇编语言这两种低级语言。在应用方面,主要是应用于军事和科学计算。运算速度达到每秒几千次到几万次。第一代计算机体积大、运算速度低、成本高、存储器容量小、应用范围窄、不易操作和掌握。代表计算机有IBM709等。

第二代计算机(1958—1964年)属于晶体管时代。在硬件方面,使用的物理元器件为晶体管,主存采用磁性材料制成的磁芯,外部存储器有磁盘、磁带。在软件方面,语言有了高级语言。在应用方面,主要应用在数据处理和过程控制中。运算速度达到每秒十万次到几十万次。和第一代计算机相比,第二代计算机有了很大进步,体积缩小、成本降低、运算速度提高、存储器容量增加、应用范围扩大,更易操作和掌握。代表计算机有IBM7090和CDC7600等。

第三代计算机(1964—1970年)属于集成电路时代。在硬件方面,使用的物理元器件为中小规模集成电路,主存采用磁芯,外部存储器出现了大容量的磁盘。在软件方面,操作系统更加成熟,并且出现了分时操作系统。在应用方面,主要应用在文字处理和图形图像处理中。运算速度达到了每秒几百万次。由于集成电路采用一定的工艺,把电路中出现的晶体管、电阻、电容等元器件都集成在只有指甲盖大小的硅片上,使得计算机的体积更小、成本更低、运算速度更快、存储器容量更大、应用范围更广。代表计算机有IBM360等。

第四代计算机(1970年至今)属于大规模集成电路和超大规模集成电路时代。在硬件方面,使用的物理元器件为超大规模集成电路,主存采用集成度很高的半导体,外部存储器有磁盘、磁带、光盘。在软件方面,出现了虚拟操作系统,数据库系统也不断完善和提高。在应用方面,向社会的各个方面渗透,例如办公自动化、信息管理系统、图像识别等。运算速度达到每秒百亿亿次。

计算机发展各阶段的特点如表1.1所示。

表1.1 计算机发展阶段

年代 特点	第一代 1946—1958年	第二代 1958—1964年	第三代 1964—1970年	第四代 1970年至今
硬件	物理器件:电子管 主存:阴极射线管或汞延迟 辅存:纸带、卡片	物理器件:晶体管 主存:磁芯 辅存:磁带、磁鼓	物理器件:集成电路 主存:磁芯 辅存:磁带、磁鼓、磁盘	物理器件:大规模和超大规模集成电路 主存:半导体 辅存:磁带、磁盘、光盘
软件	机器语言、汇编语言	高级语言	操作系统、结构化的高级语言	网络操作系统、数据库系统、面向对象语言
应用	军事和科学计算	数据处理和过程控制	文字处理和图形图像处理	办公自动化、信息管理系统、图像识别
运算速度	每秒几千次到几万次	每秒十万次到几十万次	每秒几百万次	每秒几百万次到百亿亿次
代表计算机	IBM709	IBM7090和CDC7600	IBM360	微型计算机、高性能计算机

计算机系统由两部分组成,分别是硬件系统和软件系统,如图1.1所示。计算机硬件是组成计算机的所有物理器件的集合,即客观存在、可看得见摸得着的物理设备。1946年,美籍匈牙利数学家冯·诺依曼提出计算机设计很重要的理论基础。主要包括三方面内容:计算机中的数据采用二进制;程序和数据同样存放在内存中,按顺序执行;计算机硬件系统由运算器、控制器、存储器、输入设备和输出设备五部分组成。这些理论被称为冯·诺依曼体系结构,如图1.2所示。现代计算机依然遵循此结构设计。计算机软件是程序和程序执行所需的数据和文档的集合。计算机软件系统分为系统软件和应用软件。系统软件主要包括操作系统、实用程序、服务性程序和数据库管理系统等。应用软件主要包括工具软件、财务软件、字处理程序、统计软件、各种游戏等。

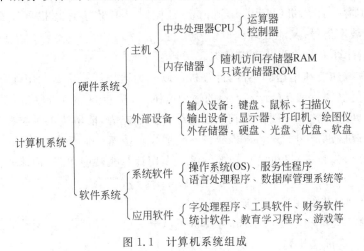

图1.1 计算机系统组成

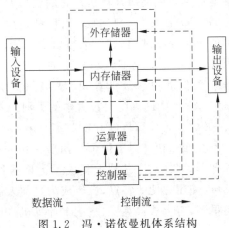

图1.2 冯·诺依曼机体系结构

2. 计算机分类

随着计算机软件和硬件技术的发展以及人们需求的增多,计算机的种类越来越多。而计算机的分类方式也不是单一的。可以按照计算机中数据表示的方式、计算机的功能和用途以及计算机的规模和性能进行分类。

(1) 按照计算机中数据的表示方式分类

按照计算机中数据表示方式的不同，计算机可分为数字计算机、模拟计算机和数字模拟混合计算机3类。

数字计算机(Digital Computer)中存储、传送和处理的数据都是用数字信号表示的二进制串，即由0和1组成的串，是离散型数据。数据处理过程用数字逻辑电路实现。数字计算机的特点运算速度快、运算精度高、通用性强以及抗干扰能力强。

模拟计算机(Analog Computer)中存储、传送和处理的数据都是用连续的模拟信号表示，数据处理过程用模拟电路实现。模拟电路结构复杂，抗干扰能力差。和数字计算机相比，模拟计算机的运算精度低、通用性不强，主要用于模拟仿真和过程控制。

数字模拟混合计算机(Hybrid Computer)同时具有数字计算机和模拟计算机的优点，既能处理数字信号，又能处理模拟信号。

(2) 按照计算机的功能和用途分类

按照计算机功能和用途的不同，计算机可以分为通用计算机和专用计算机。

通用计算机(Gerneral Computer)的适用范围广，功能齐全，可以应用于科学计算、过程控制、数据处理等各个方面。具有很强的综合处理能力，能解决各种类型的问题。

专用计算机(Special Purpose Computer)是为解决某一特定问题而设计制造的计算机。例如计算导弹弹道、飞机的自动控制等。专用计算机功能单一，但能够高速可靠地解决特定问题。

(3) 按照计算机的规模和性能分类

按照计算机规模和性能的不同，计算机可以分为巨型计算机、微型计算机、工作站、服务器、嵌入式计算机这几类。

巨型计算机又称高性能计算机或超级计算机。它的运算速度快、存储容量大、处理能力强，运算速度可以达到每秒亿万次以上。它的造价高、数量少，主要用于科学研究、国防军事和国民经济领域。例如原子核物理的研究、战略防御系统的设计和大范围大区域天气的预报等。2012年11月，国际超级电脑组织公布的全球超级电脑500强(Top 500)中，美国能源部橡树岭国家实验室的超级计算机"泰坦"(Titian)运算速度排名第一。2014年6月公布的Top 500强中，中国国防科技大学的天河二号排名第一。

微型计算机简称微机，又称个人计算机(Personal Computer，PC)，是使用了微型处理器的计算机。1971年，英特尔(Intel)公司工程师马西安·霍夫(M. E. Hoff)成功研制出了世界上第一台4位微处理器，即在一个芯片上集成了运算器和控制器。微型计算机具有体积小、价格低、操作简单、使用方便等特点，已经成为目前人们在工作和生活中使用的主流计算机。微机的种类很多，有台式计算机、笔记本计算机、电脑一体机、平板电脑和移动设备等，如图1.3所示。

工作站是一种高档的微型计算机。通常配有大容量的内部存储器和外部存储器以及高分辨率大屏幕显示器，具有较强的信息处理和图形、图像处理的能力以及联网功能。主要的应用领域有计算机辅助设计及制造、动画设计、地理信息系统、平面图像处理及模拟仿真等。

服务器是指在网络环境下为多用户提供可靠服务的计算机系统。服务器在处理能

(a) 台式计算机

(b) 笔记本计算机

(c) 电脑一体机

(d) 平板电脑

图 1.3　微机的种类

力、稳定性、安全性、可靠性等方面要求比较高。根据提供服务的类型不同,服务器可以分为数据库服务器、文件服务器、FTP 服务器、Web 服务器以及应用程序服务器等。

嵌入式计算机是嵌入到应用系统中的计算机,它将软件和硬件集成于一体,适用于要求实时和多任务的体系。它在生活中的应用非常广泛,常见于各种家用电器中,例如数字照相机、电冰箱、自动洗衣机、空调等。

3. 计算机的主要应用

随着计算机技术的飞速发展,计算机的应用已经从最初的科学计算向社会各个方面和各个行业渗透,改变了人类传统的生活、工作和学习方式,推动了社会进步。总结起来,计算机的应用主要有以下几方面。

(1) 科学计算

科学计算也称为数值计算,计算机最初研制的目的就是为了解决科学研究和工程设计中遇到的大量的数值计算问题。科学计算是计算机早期的主要应用。当今社会,科学技术飞速发展,更多的领域需要依赖计算机解决大量复杂的数值计算问题。例如,天气预报、航空航天技术、人造卫星轨迹、房屋抗震强度等。

(2) 数据处理

数据处理也称为非数值计算或事物处理,指对数据的采集、存储、检索、加工、变换和传输。数据处理的应用非常广泛,占到计算机应用的 70%。例如图书管理系统、航空售票系统等信息管理系统,以及办公自动化系统、决策支持系统、财务管理系统等,都属于数据处理的应用范畴。数据处理的数据量很大,但是计算方法简单。数据处理方面的应用帮助用户减轻工作量、提高工作效率。

(3) 过程控制

过程控制也称实时控制,是指计算机及时采集检测数据,按最佳值迅速地对控制对象进行自动控制或自动调节。过程控制多用于工业生产中,是实现自动化生产过程的基础。例如对数控机床和流水线的控制。

(4) 计算机辅助设计/辅助制造/集成制造

计算机辅助设计(Computer Aided Design,CAD),是设计人员使用计算机和设计软件进行设计工作。CAD 常用于建筑工程设计、装饰设计、环境艺术设计、大规模集成电路设计等领域。使用 CAD 技术,提高了设计人员的设计速度及设计质量,也大大降低了设计人员的工作量。

计算机辅助制造(Computer Aided Manufacturing,CAM),是使用计算机进行生产设备的管理、控制和操作的过程。CAM 已广泛应用于飞机、汽车、机械制造业、家用电器和电子产品制造业。使用 CAM 技术提高了产品的质量和生产效率,降低了生产成本和劳动强度。

计算机集成制造系统(Computer Integrated Manufacturing Systems,CIMS),是将以计算机技术为中心的现代化信息技术应用到企业生产、企业经营和企业管理中。CIMS 把企业的技术系统、经营生产系统和人的理念、思想、智能集成在一起,使企业内的信息流、物流、能量流和人员活动形成一个统一协调的整体,最终使企业实现整体最优效益。

(5) 人工智能

人工智能(Artificial Intellegence,AI),是使用计算机来模拟人的思维过程和智能行为。研究的范围包括机器人、模式识别、专家系统等。人工智能被认为是 21 世纪三大尖端技术(基因工程、纳米技术、人工智能)之一。2017 年 5 月,由谷歌(Google)旗下 DeepMind 公司开发的人工智能程序阿尔法狗(AlphaGo),以 3∶0 的总比分战胜排名世界第一的世界围棋冠军中国棋手柯洁,这已经不是它第一次战胜人类棋手了。

(6) 电子商务

电子商务(Electronic Commerce,EC),不同于传统的商务模式,是利用计算机和网络进行商品交换的新型商务活动。买卖双方不再受时间和地域的限制,在网上实现交易。根据交易双方的不同,电子商务可以分为多种形式,有 B2B(Business-to-Business)、B2C(Business-to-Customer)、C2C(Customer -to-Customer)等。

B2B 即交易双方是企业与企业,网站有阿里巴巴、环球资源网等;B2C 即交易双方是企业与消费者,网站有当当网、京东网、苏宁、国美等;C2C 即交易双方是消费者与消费者,网站有淘宝网、拍拍网、易趣网等。

(7) 多媒体技术

多媒体技术以计算机技术为核心,将现代声像技术和通信技术相结合,对声音、图像、动画、视频进行处理,建立更丰富的人机交互模式。多媒体技术的应用领域非常广泛,例如可视电话、视频会议等。

1.1.2 微型计算机硬件系统组成

微型计算机发展速度迅速,应用范围涉及各行各业。微型计算机的硬件系统同样遵循冯·诺依曼体系结构。下面从用户的角度讲解台式微型计算机的硬件系统组成。台式机硬件系统主要包括主机箱和外部设备两部分。CPU、主板、内存、硬盘、电源以及各种接口都放在主机箱内。

1. 中央处理器

中央处理器(Central Processing Unit,CPU),是计算机系统的核心。由运算器和控制器两部分组成。运算器主要负责算数运算和逻辑运算的工作,是数据处理的执行单元,由算数逻辑单元(Arithmetic and Logic Unit,ALU)和寄存器构成。控制器(Control Unit,CU)完成控制功能,控制硬件系统各部件之间协同一致的工作,是计算机的指挥部,由指令寄存器、译码器、程序计算器和时序电路组成。

CPU 的性能大致可以决定选用它的计算机的性能,因此需要了解 CPU 的性能指标。CPU 的主要性能指标有 CPU 的位数、主频、睿频、QPI 带宽等。

CPU 的位数指的是在计算机中一次可以处理和传送的二进制串的位数,也称做 CPU 的字长。CPU 从 4 位、8 位、16 位、32 位发展到今天的 64 位,即一次可以传送和处理 64 位二进制数。

主频是指 CPU 的时钟频率,也就是 CPU 的工作频率,单位是 MHz(兆赫)或 GHz(吉赫)。一般来说,一个时钟周期内执行的指令数是固定的,所以主频越高,CPU 的运算速度越快。但是这并不是绝对的,因为 CPU 的运算速度还和 CPU 的其他性能指标有关。随着 CPU 主频的不断增长,散热问题无法解决,单核处理器的发展遭遇瓶颈。双核及多核 CPU 的出现引领了 CPU 新的发展方向。多核 CPU 就是在基板上集成多个单核 CPU,可以同时执行多个进程,互不干扰,响应时间短,速度快,不易死机。

目前生产 CPU 的公司主要有 Intel 和 AMD 公司。Intel 的奔腾系列处理器已经成为历史,酷睿智能多核处理器 i5、i7 成为主流,图 1.4 所示为酷睿 i7 6700 处理器外观,表 1.2 列出了该处理器的主要参数。2017 年 5 月 Intel 发布的酷睿 i9 处理器内核数最多达 18 个。

图 1.4 酷睿 i7 6700 处理器

睿频又称睿频加速,是指 CPU 可以根据需要智能地加快处理器速度,实现超频。开启睿频加速后,CPU 会判断其当前工作功率、电流和温度是否已达到最高极限,如仍有多余空间,CPU 会逐渐提高活动内核的频率,以进一步提高当前任务的处理速度,当程序只用到其中的某些核心时,CPU 会自动关闭其他未使用的核心。睿频加速技术无须用户干预,自动实现。

快速通道互联(Quick path Interconnect,QPI)总线可以实现多核处理器内部的直接互联,而不需要经过芯片组,是CPU的内部总线。QPI总线的传输方向是双向的,在发送的同时也可以接收另一端传输来的数据。因此QPI总线带宽的计算公式为:

QPI总线带宽=每秒传输的次数(即QPI频率)×每次传输的有效数据×2

例如,QPI每次传输的有效数据是16位,即2个字节,QPI频率是6.4GTps,则QPI总线带宽=6.4GTps×2B×2=25.6GBps。

表1.2 酷睿i7 6700处理器主要参数

CPU主频	3.4GHz	三级缓存	8MB
睿频	4GHz	总线规格	DIM3 8GTps
内核数量	4	热设计功耗(TDP)	65W
线程数量	8	插槽类型	LGA 1151

2. 主板

主板(Main Board),又叫母板(Mother Board)或系统板(System Board),是一块矩形的集成电路板,如图1.5所示。主板安装在主机箱内,是微机最基本的组成部件。主板把CPU、显卡、声卡、内存、硬盘、光驱等硬件设备连接在一起,组成一个完整的硬件系统。有些主板还集成了声卡、显卡和网卡等部件。主板的组成部分有基本输入输出系统(Basic Input Output System,BIOS)芯片、指示灯、电源、各种插槽和接口以及最重要的芯片组。

图1.5 华硕B250M-PLUS主板外观

主板的芯片组(Clipset)由北桥芯片和南桥芯片组成。北桥芯片提供对CPU的类别和主频、内存的类型和最大容量、ISA/PCI/AGP插槽、ECC纠错等支持。南桥芯片提供对KBC(键盘控制器)、RTC(实时时钟控制器)、USB(通用串行总线)、ACPI(高级能源管理)等的支持。其中北桥芯片起主导性作用,也称为主桥(Host Bridge)。

常用的主板结构有ATX、Micro ATX、LPX等,主要是根据主板上元器件的排列方式和尺寸大小形状的不同区分的。其中ATX是最常见的主板结构,扩展槽较多,用于常规尺寸的机箱;Micro ATX又称Mini ATX,尺寸比ATX小,扩展槽较少,用于小型机箱;LPX多见于国外品牌机。

主板上的插槽和接口主要有 CPU 插槽、内存条插槽、外设部件互连标准(Peripheral Component Interconnect,PCI)插槽、PCI-E(PCI-Express)插槽、串行 ATA(Serial ATA, SATA)接口、键盘/鼠标接口、通用串行总线(Universal Serial Bus,USB)接口、音频接口、视频图形阵列(Video Graphics Array,VGA)接口、高清晰度多媒体(High Definition Multimedia Interface,HDMI)接口等,如图 1.6 和 1.7 所示。插入插槽和接口的所有设备通过总线和 CPU 连接。

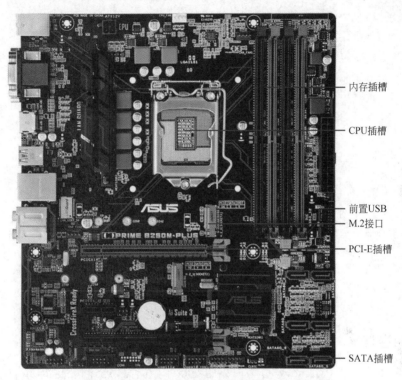

图 1.6　华硕 B250M-PLUS 主板插槽、接口示意图

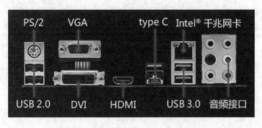

图 1.7　华硕 B250M-PLUS 主板外置接口示意图

总线(Bus)是计算机内部传输数据、指令和各种控制信息的高速公路,计算机中的各个部件通过共享总线来传递信息。总线分为内部总线、系统总线和外部总线三种。内部总线位于 CPU 内部,用于连接 CPU 的各个组成部件;系统总线是指主板上连接各个部件的总线如图 1.8 所示;外部总线是指计算机和外部设备相连的总线。另外,如果根据总线内传输内容的不同,可以将总线分为数据总线(Data Bus,DB);地址总线(Address Bus,

AB)和控制总线(Control Bus,CB),如图1.9所示。数据总线用于CPU和内存或I/O接口之间的数据传送,为双向传送;地址总线用于传送存储单元或I/O接口的地址信息,地址只能从CPU传向外部存储器或I/O端口;控制总线用来传送控制信号和时序信号,包括CPU对内存和输入/输出接口的读写信号,输入/输出接口对CPU提出的中断请求或直接内存存取(Direct Memory Access,DMA)请求信号,CPU对这些输入输出接口的回答与响应信号,输入输出接口的各种工作状态信号以及其他各种功能控制信号。

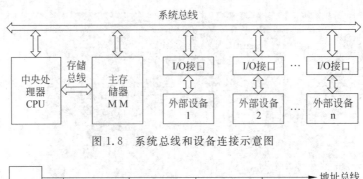

图1.8　系统总线和设备连接示意图

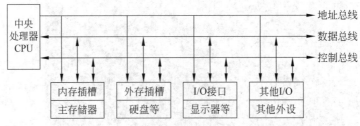

图1.9　地址总线、数据总线、控制总线和设备连接示意图

3. 内存储器

计算机的存储器(Memory)分为内存储器和外存储器,是计算机的记忆单元,用来存放计算机中的程序和数据。

内存储器简称内存或主存,直接和CPU做数据交换,正在运行的程序和数据存放在内存。内存的存取速度较快,但价格较高,因此容量一般较小。内存包括三类:随机存储器(Random Access Memory,RAM);只读存储器(Read Only Memory,ROM)和高速缓冲存储器(Cache)。

(1) 随机存储器

随机存储器(RAM)既可以按需求存储数据,又可以按需求读取数据,但不保存数据,断电后数据丢失。通常说的内存指的就是随机存储器。RAM主要的性能指标有存储容量和存取速度。内存的存取速度取决于内存的工作频率。

目前常用的RAM为双倍速率同步动态随机存储器(Double Data Rate Synchronous Dynamic Random Access Memory,DDR SDRAM),较主流的是DDR3和DDR4,如图1.10所示。DDR4单条容量达到4G、8G、16G,频率达到2.4GHz。

(2) 只读存储器

只读存储器(ROM),顾名思义,只能读不能写,断电后数据不丢失。ROM中的数据

(a) DDR3　　　　　　　　　　(b) DDR4

图 1.10　DDR3 和 DDR4

是芯片厂商在出厂前写入的。主要用于存放计算机的启动程序,包括基本输入输出系统(Basic Input Output System,BIOS)、初始化引导程序、开机自检程序。

(3) 高速缓存

高速缓存(Cache)是位于内存和 CPU 之间的高速存储器,运行频率高,一般和 CPU 频率相同。作为 CPU 和内存间的桥梁,用于解决 CPU 和内存之间的速度差。Cache 通常集成在 CPU 内。由于价格高,容量一般较小。

目前,Cache 通常分为三级: L1 Cache(一级缓存)、L2 Cache(二级缓存)和 L3 Cache(三级缓存)。一级缓存容量小,和 CPU 速度相同,可以有效提高 CPU 的运行效率;二级缓存用来协调一级缓存和内存之间的速度,作为一级缓存和内存间数据临时交换的存储空间,它的速度比一级缓存慢,容量比一级缓存大;三级缓存是为读取二级缓存未命中的数据而设计的一种缓存,可以进一步提高 CPU 的效率。

4. 外存储器

外存储器简称外存或辅存,容量大并且可以长期保存数据,是对内存的扩展和补充。通常只和内存做数据交换。存取速度比内存低,价格比内存便宜。微机常用的外存种类有硬盘、软盘、光盘、U 盘、移动硬盘等。

(1) 硬盘

硬盘(Hard Disk)是计算机的主要外部存储设备,是其不可缺少的组成部分。种类主要有机械硬盘(HDD)、固态硬盘(SSD)和混合硬盘(HHD)三类。

机械硬盘是传统的普通硬盘。由一组大小相同表面覆盖有磁性材料的铝制或玻璃制盘片环绕一个共同的轴心组成。以盘片中心为圆心,盘片划分成若干同心圆,称为磁道。半径相同的磁道组成的圆柱称为柱面。磁道被等分成若干弧段,称为扇区,磁盘读写是以扇区为单位。每个存储数据的盘面上装有读写数据的磁头,如图 1.11 和 1.12 所示。硬盘容量计算公式为:

磁盘容量=每个扇区存储的字节数×每个磁道的扇区数×柱面数×磁头数

固态硬盘(Solid State Drives)简称固盘,是用固态电子存储芯片阵列制成的硬盘。根据存储介质的不同分为两种。一种基于闪存的固态硬盘,采用的是闪存 Flash 芯片作为存储介质;一种基于 DRAM 的固态硬盘,采用的是动态随机存取存储器(Dynamic Random Access Memory,DRAM)作为存储介质。前一种是通常说的固态硬盘,后一种应用范围较窄。

图 1.11　硬盘外观

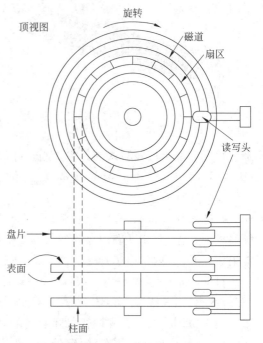

图 1.12　硬盘内部结构示意图

固态硬盘和机械硬盘相比，存取速度快、防震抗摔性好、功耗低，但价格比机械硬盘高，使用寿命低于机械硬盘。

混合硬盘即包含了机械硬盘所必需的盘片、磁头、马达等，还内置了闪存颗粒，与机械硬盘相比，读取性能有所提高。

硬盘的主要性能指标有容量、硬盘转速、平均访问时间和高速缓存。

使用硬盘的最基本目的是为大量数据提供存储空间，所以硬盘容量是硬盘的第一性能指标。单位通常是 GB 和 TB。目前主流的硬盘容量为 500GB～2TB。

硬盘转速是硬盘内电机主轴的旋转速度，代表盘片在单位时间内能完成的最大转数。单位是 rpm，即转/分钟。它是决定硬盘内部传输率的关键因素之一，是区别硬盘档次的重要标志。转速越高，寻找文件越快，内部传输率越高，硬盘性能也越好。目前硬盘的转速主要有 5400rpm、7200rpm 和 10000rpm。

平均访问时间是指磁头从起始位置到达读写数据所在磁道（寻道时间），然后再从磁道到达读写数据所在扇区的时间（等待时间）。所以平均访问时间＝平均寻道时间＋平均等待时间。平均访问时间体现了硬盘的读写速度，平均访问时间越短，硬盘读写速度越高，硬盘性能越好。

高速缓存是硬盘控制器上的一块内存芯片，类型一般为扩展数据输出内存（Extended Data Out Dynamic Random Access Memory，EDODRAM）或同步动态随机存储器（Synchronous Dynamic Random Access Memory，SDRAM），速度较快。硬盘内部和硬盘外部数据传输速度相差较大，为了缓解内外数据交换速度差异，使用缓存作为缓冲，降低差异。目前主流硬盘的高速缓存容量大小范围为 8～64MB。

(2) 光盘

光盘盘片是由有机塑料作为基底,表层镀膜制作而成。数据通过激光刻在盘片上,如图 1.13 所示。光盘有 CD(Compact Disk)和 DVD(Digital Versatile Disk)两种。CD 盘容量约为 650MB,DVD 盘容量从 4.7～17GB。根据光盘的读写功能不同,又可分为不可擦写光盘(CD-ROM、DVD-ROM)、一次擦写光盘(CD-R、DVD-R)和可擦写光盘(CD-RW、DVD-RW)。

光盘的读取需要光盘驱动器,简称光驱,如图 1.14 所示。有 CD 光驱和 DVD 光驱。衡量光驱的主要指标是光驱速率,光驱的数据读取速率用倍速来表示。CD 光驱和 DVD 光驱 1 倍速率分别是 150KBps 和 1350KBps。如某个 CD 光驱为 8 倍速,则它的数据传输速率实际为 150KBps×8＝1200KBps。

图 1.13　光盘　　　　　　　　图 1.14　光驱

(3) 可移动磁盘

常用的可移动存储设备有移动硬盘、U 盘、Flash 卡等,如图 1.15 所示。

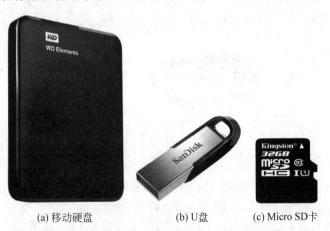

(a) 移动硬盘　　　(b) U盘　　　(c) Micro SD卡

图 1.15　移动硬盘、U 盘、Micro SD 卡

移动硬盘一般由笔记本计算机硬盘装入带有数据接口电源的硬盘盒中制成。数据接口有 USB 接口和 IEEE1394 接口。尺寸一般为 2.5 英寸。目前容量可达到 4TB。

U 盘又叫优盘或闪盘,是一种可以直接插在 USB 口上进行读写的 Flash 存储器。U 盘接口有 USB 2.0 和 USB 3.0 两种。目前容量可达到 128GB。因为其具有存储容量大、体积小携带方便、价格便宜、保存信息可靠性高等优点,已经成为广泛使用的移动存储设备。

Flash 卡即闪存卡,是主要用于手机、数码相机、行车记录仪等设备的存储器。种类多样,有SD卡、Micro SD卡、TF卡等。

5. 输入设备

输入设备用于向计算机输入数据,并将数据转换成二进制,送到内存中。常用的输入设备有键盘、鼠标、扫描仪、触摸屏、话筒、摄像头等。

(1) 键盘

键盘是微型计算机最基本的输入设备。通常连接的接口为PS/2(紫色)或者USB口,以及利用蓝牙技术连接的无线键盘。

(2) 鼠标

鼠标(Mouse)也是微型计算机的基本输入设备。通常连接在接口PS/2(绿色)或者USB口上,或者使用无线鼠标。鼠标主要用来定位光标和做一些特定的操作。按工作原理的不同,鼠标分为机械式鼠标和光电鼠标两种。机械鼠标因为容易沾灰尘,影响灵敏度,易发生故障,现在已经很少使用。

(3) 扫描仪

图像扫描仪(Image Scanner)简称扫描仪。扫描仪是用来把洗出的照片、打印出的书稿、画出的图纸和图画上的信息获取下来,以图片的形式保存在计算机中的一种输入设备。扫描仪利用光电技术和数字处理技术,将强光照射在被扫描对象上,根据反射到光感元件上的光线强弱的不同得到模拟信号,模/数(A/D)转换器再将模拟信号转换成数字信号输入到计算机。

扫描仪的主要性能指标有分辨率和色彩深度。常用的扫描仪类型有平板扫描仪、底片扫描仪、滚筒扫描仪、手持式扫描仪等。如图1.16所示。

图1.16 扫描仪

(4) 触摸屏

触摸屏(Touch Screen)又称为触控屏、触控面板,是一种液晶感应元件。通过触碰屏幕实现输入操作。触摸屏使用简单、方便、自然,实现了友好的人机交互方式,是最新一代的计算机输入设备。目前主要应用于智能手机、平板电脑等设备中,作为公共信息查询、点菜点歌、教育教学、电子游戏等的工具,方便人们的生活。

6. 输出设备

输出设备以用户或其他设备可接受的形式输出保存在内存中的处理结果。常用的输出设备有显示器、打印机、绘图仪、音箱等。

(1) 显示器

显示器是微机的基本输出设备。根据制造材料的不同,分为阴极射线管(Cathode

Ray Tube,CRT)显示器和液晶(Liquid Crystal Display,LCD)显示器。CRT 显示器价格低,但体积笨重,LCD 显示器体积小巧,但价格高。早期 CRT 显示器因为价格优势占主导地位,随着 LCD 显示器工艺的进步和成本的降低,现在 LCD 显示器已经占据了市场的主导地位。

显示器的性能指标主要有分辨率、颜色质量和响应时间。

(2) 打印机

打印机可以将计算机中的文档或图片输出打印成纸质文档或照片等。根据工作方式的不同,打印机有针式打印机、喷墨打印机和激光打印机。打印机的性能指标主要有分辨率和打印速度。

由于信息技术的发展,现在许多数码产品已经成为常用的外部设备。例如数码相机、数码摄像机、摄像头、投影仪等,甚至像磁卡、IC 卡、射频卡等许多卡片的读写器、条形码扫描仪、指纹识别器等,在许多领域也称为计算机的外部设备。

1.1.3 计算机基本工作原理

1. 计算机的基本工作原理

计算机的基本工作原理是程序存储和程序控制。程序是用程序设计语言编写的解决特定问题的指令序列。一条指令由操作码和操作数组成,如图 1.17 所示,是能被计算机识别并执行的二进制代码,一条指令完成一种操作。操作码指明要完成的操作类型或性质,操作数指明操作的对象或所在的地址。计算机能够执行的全部指令集合称为计算机的指令系统。不同计算机的指令系统不尽相同,一般指令系统都包含算术运算、逻辑运算、数据传送、程序控制和输入输出型指令。

操作码	操作数

图 1.17 指令结构

2. 计算机的工作过程和流水线技术

计算机的工作过程就是顺序执行内存中的程序。程序开始运行时,从内存中读取第一条指令,控制器将所取指令翻译成一系列控制信号,控制信号被发向相关部件,控制相关部件完成指令规定的操作。然后依据程序取第二条指令,接着分析指令、执行指令。依次取下一条指令,分析指令、执行指令。重复同样的工作,直到遇到结束指令,如图 1.18 所示。

每一条指令的执行都要经过取指令、分析指令和执行指令三步。如果每一条指令执行完才取下一条指令,则指令串行执行,程序执行效率低。解决方法是在取指令的同时可以并行分析前一条指令和执行前两条指令,使多条指令可以重叠进行,这种实现技术称为流水线技术。图 1.19 所示为使用流水线技术的指令执行过程。

第 1 章 计算机基础知识   15

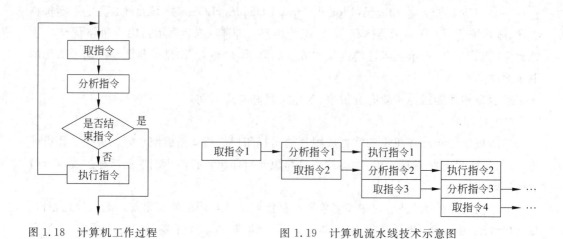

图 1.18 计算机工作过程　　　　图 1.19 计算机流水线技术示意图

1.1.4　计算机软件系统组成

软件是程序以及程序运行所需的数据和相关文档的集合。计算机软件系统包括系统软件和应用软件两大类。

1. 系统软件

系统软件是指协调和控制计算机的硬件设备，监控、调度和维护计算机运行的各种程序集合。包括操作系统、实用程序、各种程序设计语言和程序设计语言的解释编译系统。

（1）操作系统

操作系统出现之前，许多工作需要人工进行。例如数制转换，工作效率低，并且对操作者的专业要求非常高。为了提高计算机的工作效率，使计算机的硬件资源和软件资源协调一致，有次序地工作，必须要有软件对硬件资源进行统一的管理和调度，这个软件就是操作系统。

操作系统对计算机的硬件和软件资源进行管理和控制，使其得到合理和充分的利用，并为用户提供友好的用户界面。操作系统是对计算机硬件的第一次扩充。操作系统是最重要的系统软件，用户需要通过操作系统去使用计算机，同样，应用软件需要安装在操作系统之上。因此，操作系统是用户和计算机、应用软件和计算机之间的接口。

常用的操作系统有视窗操作系统 Windows，基于网络的 UNIX、Linix，苹果电脑专用的 Mac OS，以及智能手机使用的 Android、iOS 等。

（2）程序设计语言和语言处理程序

程序设计语言就是用于编写程序的语言。从早期的机器语言、汇编语言，到现在种类繁多的高级语言，每个时期都有满足应用需求的主流语言。

机器语言是由二进制代码"0"和"1"按照一定的规则组成的、计算机可以直接识别和执行的指令集合。机器语言编写的程序执行速度快，但可读性、通用性差。

汇编语言是符号化的机器语言，采用一定的英文助记符代替二进制指令。汇编语言和机器语言都是面向机器的编程语言,因此又称为低级语言。

高级语言用类似自然语言的语言和数学公式去描述被解决问题,程序员易于掌握,开发程序可读性高。分为面向过程语言和面向对象语言。C 语言、Fortran 等属于面向过程语言,C++、Java 等属于面向对象语言。

汇编和高级语言编写的程序称为源程序。由于源程序不是直接用二进制编程,计算机无法直接执行,因此执行前需要先翻译成二进制序列,即机器语言程序。高级语言源程序的翻译工作由翻译程序去完成。经过翻译得到的程序称为目标程序。目标程序经过连接得到可执行程序。

对高级语言源程序的翻译分为编译和解释两种方式。解释是逐条翻译语句,边翻译边执行,相当于同声传译,不生成目标程序;编译先将源程序翻译成目标程序,再通过连接程序生成可执行程序。如图 1.20 所示。

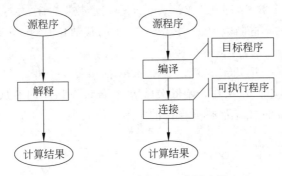

图 1.20　源程序解释和编译流程

(3) 实用程序

实用程序完成一些和管理计算机系统资源及文件有关的任务。例如一些诊断程序、排错程序、备份程序、反病毒程序、文件压缩程序等。

2. 应用软件

应用软件是为用户解决某些实际问题而开发的软件。例如办公自动化软件、图形和图像处理软件、娱乐学习软件和各种信息管理系统等。

1.2　进位计数制及其转换

在数学学习和平常生活中,涉及最多的就是十进制数,也是人们最熟悉和常用的。十进制数即逢十进一,用到的数字为 0~9。另外,生活中还有其他进制的数,如 1 小时有 60 分,1 分有 60 秒,一周有 7 天等。但是在计算机的世界里,最终处理和存储的数据都是二进制数,因此需要学习二进制数,及其他进制数和二进制数之间的相互转换。

1.2.1 进位计数制

数制也称计数制,是用一组固定的符号和统一的规则来表示数值的方法。按进位的方法进行计数,称为进位计数制。

一种进位计数制包含一组数码符号,有基数、数位和位权三个基本因素。

数码是一组用来表示某种数制的符号。例如,十进制的数码是 0、1、2、3、4、5、6、7、8、9;二进制的数码是 0、1。

基数是某数制可以使用的数码个数。例如,十进制的基数是 10;二进制的基数是 2。

数位是数码在一个数中所处的位置。

位权是基数的幂,表示数码在不同位置上的数值。

r 进制数使用 r 个数符,即 $0、1、2、\cdots、r-1$ 来表示数据,r 称为 r 进制数的基数。

一个 $(n+m)$ 位的 r 进制数 $(P)r$,其中 n 为 P 的整数位数,m 为 P 的小数位数,将其表示为:

$$(P)r = a_{n-1}a_{n-2}\cdots a_{i-1}a_i a_{i+1}\cdots a_1 a_0 a_{-1}\cdots a_{-m}$$

其中整数位序从右向左从 0 开始依次递增,小数位序从左向右从 -1 开始依次递减。i 是 a_i 的数位,第 i 位的权值为 r^i,第 i 位的实际数值大小是 $a_i \times r^i$。$(P)r$ 按位权展开可以表示为:

$$(P)r = a_{n-1} \times r^{n-1} + a_{n-2} \times r^{n-2} \cdots + a_1 \times r^1 + a_0 \times r^0 + a_{-1} \times r^{-1} \cdots + a_{-m} \times r^{-m}$$

1.2.2 常用的进位计数制

有众多的进位计数制,本节主要介绍和计算机相关的十进制、二进制、八进制和十六进制。

1. 十进制

十进制又称十进位计数制,基数是 10,使用 0、1、2、3、4、5、6、7、8、9 这 10 个数码组成数字,进位规则为"逢 10 进 1",第 i 位上的位权为 10^i 即 10 的 i 次幂。

十进制数书写形式如下:把数字用圆括号括起来,下标处写阿拉伯数字 10 或者英文字母 D。例如 $(3.1415926)_{10}$、$(9472.63)_D$。将 $(3.1415926)_{10}$ 按位权展开如下:

$$(3.1415926)_{10} = 3 \times 10^0 + 1 \times 10^{-1} + 4 \times 10^{-2} + 1 \times 10^{-3} +$$
$$5 \times 10^{-4} + 9 \times 10^{-5} + 2 \times 10^{-6} + 6 \times 10^{-7}$$

2. 二进制

二进制又称二进位计数制,基数是 2,使用 0、1 这 2 个数码组成数字,进位规则为"逢 2 进 1",第 i 位上的位权为 2^i 即 2 的 i 次幂。

二进制数书写形式如下:把数字用圆括号括起来,下标处写阿拉伯数字 2 或者英文字母 B。例如 $(10011.0101)_2$、$(111.0011)_B$。将 $(10011.0101)_2$ 按位权展开如下:

$$(10011.0101)_2 = 1\times 2^4 + 0\times 2^3 + 0\times 2^2 + 1\times 2^1 + 1\times 2^0 +$$
$$0\times 2^{-1} + 1\times 2^{-2} + 0\times 2^{-3} + 1\times 2^{-4}$$

3. 八进制

八进制又称八进位计数制,基数是8,使用0、1、2、3、4、5、6、7这8个数码组成数字,进位规则为"逢8进1",第i位上的位权为8^i即8的i次幂。

八进制数书写形式如下:把数字用圆括号括起来,下标处写阿拉伯数字8或者英文字母O。例如$(1234.51)_8$、$(7214.63)_O$。将$(1234.51)_8$按位权展开如下:

$$(1234.51)_8 = 1\times 8^3 + 2\times 8^2 + 3\times 8^1 + 4\times 8^0 + 5\times 8^{-1} + 1\times 8^{-2}$$

4. 十六进制

十六进制又称十六进位计数制,基数是16,使用0、1、2、3、4、5、6、7、8、9、A、B、C、D、E、F这16个数码组成数字,进位规则为"逢16进1",第i位上的位权为16^i即16的i次幂。

十六进制数书写形式如下:把数字用圆括号括起来,下标处写阿拉伯数字16或者英文字母H。例如$(122A.C6)_{16}$、$(94632.18)_H$。将$(122A.C6)_{16}$按位权展开如下:

$$(122A.C6)_{16} = 1\times 16^3 + 2\times 16^2 + 2\times 16^1 + 10\times 16^0 + 12\times 16^{-1} + 6\times 16^{-2}$$

1.2.3 不同进位计数制间的转换

1. 非十进制数转换成十进制数

将一个非十进制数转换为十进制数,按位权展开求和。

例 1.1 将$(1011.1)_2$、$(132.1)_8$分别转换为十进制数。

$(1011.1)_2 = 1\times 2^3 + 0\times 2^2 + 1\times 2^1 + 1\times 2^0 + 1\times 2^{-1} = 8+0+2+1+0.5 = (11.5)_{10}$

$(132.1)_8 = 1\times 8^2 + 3\times 8^1 + 2\times 8^0 + 1\times 8^{-1} = 64+24+2+0.125 = (90.125)_D$

2. 十进制数转换为非十进制数

将一个十进制数转换为r进制数,先将此数的整数部分和小数部分分别转换为r进制数,然后将转换后的整数部分和小数部分组合成转换后的r进制数。

整数部分:采用除以r取余法。将十进制整数除以r取余数,如果商不为0,商继续作为被除数除以r取余数,循环进行,直到商为0结束。注意:先求得的余数是低位,后求得的余数是高位,即余数的求得顺序和输出顺序相反。

小数部分:采用乘以r取整法。将十进制小数乘以r取整数,如果剩余小数部分不为0,继续乘以r取整数,循环进行,直到剩余小数部分为0或者取到的小数位数达到精度要求结束。注意:先取到的整数是高位,后取的整数是低位,即整数求得顺序和输出顺序相同。

例 1.2 将十进制数$(134)_D$、$(0.125)_D$分别转换成二进制数和八进制数。

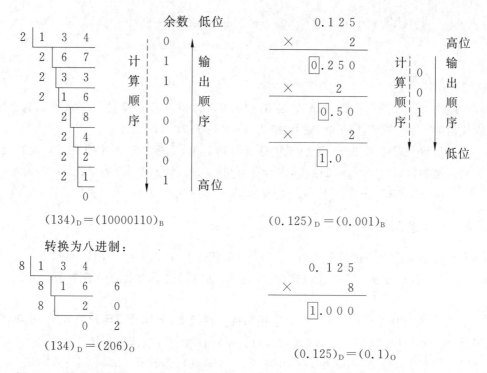

$(134)_D = (10000110)_B$　　　　　　　　　$(0.125)_D = (0.001)_B$

转换为八进制：

$(134)_D = (206)_O$　　　　　　　　　　　$(0.125)_D = (0.1)_O$

例 1.3 将十进制数 $(0.29)_D$ 转换成二进制数和八进制数,分别保留 3 位小数。

需计算到保留小数后 1 位,即第 4 位。二进制数 0 舍 1 入,八进制数 3 舍 4 入。

转换为二进制：　　　　　　　　　　　　转换为八进制：

$(0.29)_D = (0.010)_B$　　　　　　　　　$(0.29)_D = (0.224)_O$

3. 二进制、八进制、十六进制数之间的相互转换

虽然计算机世界使用的是二进制,但是二进制数位数长,书写和认读不方便,容易写错和读错。为了简化二进制的读写,可以将二进制转换为八进制或十六进制。而二进制和八进制、二进制和十六进制之间的转换非常简便。因为 $2^3 = 8, 2^4 = 16$,所以 3 位二进制数可以用一位八进制数表示,4 位二进制数可以用 1 位十六进制数表示。基于这两个

等式得出二进制和八进制、二进制和十六进制之间的转换规则。

二进制转换为八进制规则：以二进制数的小数点为中心，整数部分从右向左分组，3位分一组，高位不足3位补0，小数部分从左向右分组，3位分一组，低位不足3位补0，分组后的二进制数，每一组转换为一位八进制数。

二进制转换为十六进制规则：以二进制数的小数点为中心，整数部分从右向左分组，4位分一组，高位不足4位补零，小数部分从左向右分组，4位分一组，低位不足4位补0，分组后的二进制数，每一组转换为一位十六进制数。

八进制转换为二进制规则：1位八进制数转换为3位二进制数。

十六进制转换为二进制规则：1位十六进制数转换为4位二进制数。

例1.4 将二进制数$(11001001)_B$、$(1100.1101)_B$分别转换为八进制数和十六进制数。

转换为八进制：

```
0 1 1  0 0 1  0 0 1          0 0 1  1 0 0 . 1 1 0  1 0 0
  ↓      ↓      ↓              ↓      ↓       ↓      ↓
  3      1      1              1      4       6      4
```

整数部分高位不足3位补0　　小数部分低位不足3位补0

$(11001001)_B = (311)_O$　　　$(1100.1101)_B = (14.64)_O$

转换为十六进制：

```
1 1 0 0  1 0 0 1            1 1 0 0 . 1 1 0 1
   ↓        ↓                   ↓        ↓
   C        9                   C        D
```

$(11001001)_B = (C9)_H$　　　$(1100.1101)_B = (C.D)_H$

例1.5 将八进制数$(173)_O$、十六进制数$(7B.6)_H$分别转换为二进制数。

```
  1    7    3              7    B  .  6
  ↓    ↓    ↓              ↓    ↓     ↓
 001  111  011            0111 1011. 0110
```

整数部分最高位零可省略　　小数部分最低位零可省略

$(173)_O = (1110011)_B$　　　$(7B.6)_H = (1111011.011)_B$

常用的进位计数制之间的对应关系如表1.3所示。

表1.3　常用数制对应表

十 进 制	二 进 制	八 进 制	十六进制
0	0000	0	0
1	0001	1	1
2	0010	2	2
3	0011	3	3
4	0100	4	4

续表

十 进 制	二 进 制	八 进 制	十六进制
5	0101	5	5
6	0110	6	6
7	0111	7	7
8	1000	10	8
9	1001	11	9
10	1010	12	A
11	1011	13	B
12	1100	14	C
13	1101	15	D
14	1110	16	E
15	1111	17	F

4．二进制数的运算

二进制数的运算分算术运算和逻辑运算两类。算数运算包括加、减、乘、除四则运算，逻辑运算包括与、或、非三种基本的逻辑运算。

（1）二进制数的算术运算

加法运算法则：$0+0=0;0+1=1;1+0=1;1+1=10$（二进制逢2进1）。

减法运算法则：$0-0=0;1-0=1;1-1=0;10-1=1$（低位不够减向高位借1）。

乘法运算法则：$0\times0=0;0\times1=0;1\times0=0;1\times1=1$。

除法运算法则：$0\div1=0;1\div1=1$（$1\div0$ 和 $0\div0$ 无意义）。

例 1.6　计算二进制表达式 $(1100)_2+(101)_2$、$(1100)_2-(101)_2$、$(1100)_2\times(101)_2$、$(1100)_2\div(101)_2$。

```
    1 1 0 0              1 1 0 0
  +   1 0 1            -   1 0 1
  ─────────            ─────────
  1 0 0 0 1                1 1 1
```

$(1100)_2+(101)_2=(10001)_2$　　$(1100)_2-(101)_2=(111)_2$

```
      1 1 0 0                    1 0. 0 1 1
    ×   1 0 1              101 ) 1 1 0 0
    ─────────                    1 0 1
      1 1 0 0                    ─────────
      0 0 0 0                      1 0 0 0
    1 1 0 0                        1 0 1
    ─────────                    ─────────
    1 1 1 1 0 0                      1 1 0
                                     1 0 1
                                   ─────────
                                         1
```

$(1100)_2\times(101)_2=(111100)_2$

$(1100)_2\div(101)_2=(10.10)_2$ 结果保留两位小数

（2）二进制数的逻辑运算

逻辑运算可以表达现实世界中事件的逻辑关系。有逻辑非、逻辑与和逻辑或三种基本运算。

逻辑值有两种，"真"和"假"、"是"或"否"、"正确"与"错误"等，而二进制正好有 0 和 1 两个数码，因此可以用 1 表示"真"（或者"是""正确"），0 表示"假"（或者"否""错误"）。

逻辑非运算又叫否定运算，为单目运算，表示与原事件相反，运算符为"‾"。运算规则为：$\overline{0}=1;\overline{1}=0$。

逻辑与运算又叫逻辑乘法，为双目运算，表示两个事件同时为真，运算结果才为真，运算符为"∧""×"或"·"。运算规则为：$0 \wedge 0=0; 0 \wedge 1=0; 1 \wedge 0=0; 1 \wedge 1=1$。

逻辑或运算又叫逻辑加法，为双目运算，表示两个事件只要有一个为真，运算结果就为真，运算符为"∨""+""∪"。运算规则为：$0 \vee 0=0; 0 \vee 1=1; 1 \vee 0=1; 1 \vee 1=1$。

逻辑运算按位进行。

例 1.7 计算逻辑表达式 $\overline{10010100}$、$10100001 \wedge 01010011$、$00101100 \vee 10100000$。

$\overline{10010100}=01101011$　　按位取非运算

```
   10100001                    00101100
 ∧ 01010011         按位做与运算    ∨ 10100000    按位做或运算
   00000001                    10101100
```

1.3 数据在计算机中的表示

1.3.1 基本概念

数据是所有能被计算机处理的对象，包括数值、文字、声音、图像、表格、符号等。

信息是经过加工并赋予一定意义的数据。

计算机中常用到的数据单位有位(bit)、字节(byte)、字(word)。

位：1 个二进制位称为 1 位或 1 比特，可以记为 1b。位是计算机中表示数据的最小单位。

字节：8 位连续的二进制为 1 个字节，记为 1B。字节是计算机中数据存储的基本单位。常用的字节单位还有千字节(KB)、兆字节(MB)、吉字节(GB)、太字节(TB)，它们之间的换算关系为：$1KB=2^{10}B=1024B$；$1MB=2^{10}KB=1024KB$；$1GB=2^{10}MB=1024MB$；$1TB=2^{10}GB=1024GB$。

字：一个字由若干个字节组成，这若干字节的位数称为字长。字长是计算机中数据传输和数据处理的基本单位，表达了计算机的数据处理能力。字长越大，计算机处理能力越强。现在常用的个人机多为 32 位和 64 位。

1.3.2 数据在内存中的存取

计算机处理的数据从内存中取,中间结果和最终结果传回到内存。从内存中取数据,需要知道从内存的什么位置取数据,往内存写数据,需要知道往什么位置写。这个位置就用内存地址来标识,相当于宾馆房间的房间号,客人根据房间号入住和退房,CPU 根据内存地址来读写内存中的数据。内存按字节编址,一个字节相当于宾馆的一间房间,内存中的房间大小都是相同的一个字节。根据所需的存储空间大小分配内存,如图 1.21 所示。

地址	1个字节=8位	
0000		1000
0001		1001
0010	00110101	1010
0011		1011
0100		1100
0101		1101
0110		1110
0111		1111

图 1.21　数据在内存中的存取

1.3.3 信息编码

计算机处理的各种数据(如数值、文字、声音、图形、图像等)都需要转换成二进制,用二进制来表示这些数据,就需要对各类数据给出统一的编码(二进制序列)方案,使得信息可以方便地进行存储、传输和处理。

1. 数值数据的表示

数值数据在计算机中的表示,需要解决正负数,即数的符号和小数点问题。
(1) 带符号数在计算机中的表示
正(+)号和负(−)号是两种状态,因此可以用 1 位二进制数表示,用 0 表示正(+),用 1 表示负(−),将正负号数字化称为数符。通常一个数的最高为符号位,剩余位表示数值,称为数值位。
以 8 位二进制为例,如图 1.22 所示。

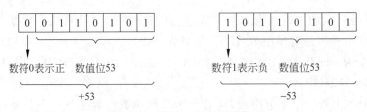

图 1.22　8 位二进制机器数

这种把符号数值化存储在计算机中的数称为机器数,机器数所代表的数值称为它的真值。机器数运算时,符号位参与运算简化处理过程,但是又会带来新的问题。
两个机器数的加法,00001001+00000010,即 9+3,计算过程如下:

```
      00001001      9
   +  00000011      3
      ─────────
      00001100     12
```

9+3=12,结果正确,运算简单。

两个机器数的减法,看成负数的相加,即 9-3=9+(-3),计算过程如下:

```
      00001001      9
   +  10000011     -3
      ─────────
      10001100    -12
```

9-3=-12,计算结果出现错误。为了避免机器数做减法时出现的这种错误,需要对机器数进行编码,主要有三种编码,原码、反码和补码。

原码:正数符号位为0,负数符号位为1,数值位为其绝对值。用 X 表示这个数,$[X]_原$ 表示 X 的原码。

X>=0 时 $[X]_原 = 0|X|$ $[+15]_原 = 00001111$ $[+0]_原 = 00000000$

X<=0 时 $[X]_原 = 1|X|$ $[-15]_原 = 10001111$ $[-0]_原 = 10000000$

反码:正数的反码与原码相同,负数的反码符号位为1,数值位为其绝对值按位取反。用 X 表示这个数,$[X]_反$ 表示 X 的反码。

X>=0 时 $[X]_反 = 0|X|$ $[+15]_反 = 00001111$ $[+0]_反 = 00000000$

X<=0 时 $[X]_反 = 1\overline{|X|}$ $[-15]_反 = 11110000$ $[-0]_反 = 11111111$

补码:正数的补码与原码相同,负数的补码为其反码加1,即符号位为1,数值位为其绝对值取反加1。用 X 表示这个数,$[X]_补$ 表示 X 的补码。

X>=0 时 $[X]_补 = 0|X|$ $[+15]_补 = 00001111$ $[+0]_补 = 00000000$

X<=0 时 $[X]_补 = 1\overline{|X|} + 1$ $[-15]_补 = 11110001$ $[-0]_补 = 11111111 + 00000001 = \boxed{1} \, 00000000$

　　　　　　　　　　　　　　　　　　　　　　　　　　　　↓

1 溢出舍弃 即 00000000

$[+0]_补 = [-0]_补$

用补码做减法 9-3=9+(-3),计算过程如下:

```
        00001001          9 的补码
   +    11111101         -3 的补码
        ─────────
      ⬚00000110          6 的补码
```

1 溢出舍弃

由上可知,用补码做减法运算结果正确,运算过程简单。

已知一个负数的补码,求其原码,只需再求一次补码就可以,即 $[[X]_补]_补 = [X]_原$。

(2)定点数和浮点数在计算机中的表示

小数在计算机中存储,关键是小数点怎么解决。实际上,小数点在计算机中不存储,通过规定小数点位置来实现小数的存储。根据小数点位置的不同,分为定点整数、定点小数、浮点数。

定点整数的小数点位置固定在数据值位的最右边,所以定点整数是纯整数,如图1.23所示,定点整数表示$(-7)_D$。

定点小数的小数点位置固定在符号位和数值位之间,所以定点小数是纯小数。如图1.24所示,定点小数表示$(0.75)_D$。

图1.23 定点整数$(-7)_D$　　　　　　图1.24 定点小数$(0.75)_D$。

定点整数和定点小数统称为定点数。在固定长度存储空间内存储定点数,表示的数值范围和精度有限。为了提高存储数据的范围和精度,使得在计算机中可以表示较大或较小位数比较多的数值,借鉴数学中的科学记数法,采用浮点数,又称指数形式来表示。

一个十进制实数 N 可以用指数形式表示为:$N=\pm d \times 10^{\pm p}$,其中 d 称为尾数,d 前面的正负号为数符;指数 $\pm p$ 称为阶码,p 前面的正负号为阶符。如:$9374.65 = 9.37465 \times 10^3 = 93746.5 \times 10^{-1}$。

同样,一个二进制数 M 也可以表示成指数形式:$M = \pm d \times 2^{\pm p}$。

如:$11\,000.11 = 1.100\,011 \times 2^4 = 110.0011 \times 2^2 = 1\,100\,011 \times 2^{-2}$(阶码用十进制表示)。

对于指数形式的二进制数在计算机中的存储,因为乘号和阶码的底数2这两个因素是固定不变的,所以不需要存储。尾数 d 是小数,阶码 $\pm p$ 是整数。定点小数存储简单,所以对尾数 d 进行规格化处理,规定尾数的整数位只保留一位1,即尾数的绝对值大于等于1小于等于2,尾数中的整数位1也不需要存储,只需要存储尾数的小数部分即可。这样对于一个规格化的二进制浮点数,只需存储数符、阶码和尾数的小数部分。

美国电器电子工程师学会(IEEE)1985年制定了浮点数的统一存储格式 IEEE754 标准。在此标准中,单精度数占4个字节32位,其中数符1位、阶码8位(包括1位阶符)、尾数中的小数部分23位;双精度数占8个字节64位,其中数符1位、阶码11位(包括1位阶符)、尾数中的小数部分52位。具体分配如图1.25所示。

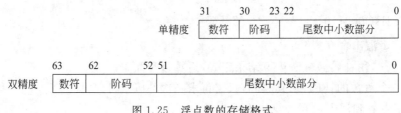

图1.25 浮点数的存储格式

浮点数的存储中,尾数所占的位数决定了数的精度,阶码所占的位数决定了数的范围。阶码用补码表示,为了方便浮点数的计算和保证浮点数的机器零为全零,单精度数存储时阶码部分加上偏移量128,双精度数加上偏移量1024。

例1.8 $(-19.25)_D$作为单精度浮点数在计算机中的存储。

$(-19.25)_D=(-10\ 011.01)_B$ 格式化后为：$-1.001\ 101\times 2^4$

数符：—；阶码：$(4+128)_D=(132)_D=(10\ 000\ 100)_B$；尾数中的小数部分：001101；

| 1 | 10000100 | 00110100000000000000000 |

2. 西文字符的表示

西文字符包括英文字母、数字和一些常用符号。现在最常用的西文字符编码方式是美国信息交换标准代码（American Standard Code for Information Interchange，ASCII码）。标准 ASCII 码为 26 个大写字母、26 个小写字母、0～9 的 10 个阿拉伯数字、34 个控制字符和 32 个普通字符，共 128 个字符编码。用二进制串为 128 个字符编码需要 128 种状态，即 $2^7=128$，用 7 位二进制可以为 128 个字符编码。存储器中 1 个字节为 8 位，1 个 ASCII 码占 1 个字节即可，规定最高位为 0，取值范围即为十进制的 0～127。其中 0～32 和 127 分配给控制字符（如回车、删除等），48～57 分配给 0～9 十进制阿拉伯数字，65～90 分配给 26 个大写英文字母，97～122 分配给 26 个小写英文字母，其余分配给一些标点符号和运算符号等。具体分配如表 1.4 所示。由 ASCII 对照表可知 ASCII 码中共包含 34 个控制字符和 94 个可输出字符。

3. 汉字字符的表示

汉字的数量远远超过西文字符，常用的汉字就有四五千之多，因此汉字编码要复杂许多。学习汉字编码，从汉字的存储、汉字的输入和汉字的输出入手，事半功倍。

(1) 汉字的存储

直接为汉字编写二进制编码比较复杂，先将常用的六千多个汉字和字符排列到一个 94 行×94 列的矩阵中，行称为区，列称为位，矩阵称为区位码表。每一个汉字对应一组十进制的行下标和列下标，即区号和位号，这组四位的十进制编码（两位区号、两位位号）称为对应汉字的区位码。如"公"的区位码是$(2511)_D$，"安"的区位码是$(1618)_D$。区位码表中共放了国家标准总局公布的 6763 个两级汉字和 682 个图形符号，其中 1～15 区存放西文字符、数字和图形符号，16～55 区按拼音顺序存放常用的 3755 个一级汉字，56～87 区按部首顺序存放 3008 个二级汉字，87～94 区空白。

为六千多个常用汉字编二进制码，一个汉字需要两个字节的存储空间（因为 $2^8=256$，$2^{16}=65\ 536$）。ASCII 码的最高位不用，94 个可输出字符编码范围在 33～126 之间。为了和 ASCII 码编码一致，汉字编码的两个字节的最高位保留不用，只用低 7 位，并且只使用每个字节的 33～126 之间的数做编码。这种方式的编码称为汉字的国标码，又叫交换码。1980 年，国家标准总局发布了中文信息处理的国家标准《信息交换用汉字编码字符集——基本集》简称 GB 2312-80。

表 1.4 标准 ASCII 码对照表

高4位 低4位	0000 (0)$_H$	0001 (1)$_H$	0010 (2)$_H$	0011 (3)$_H$	0100 (4)$_H$	0101 (5)$_H$	0110 (6)$_H$	0111 (7)$_H$
0000 (0)$_H$	NUL	DLE	SP	0	@	P	`	p
0001 (1)$_H$	SOH	DC1	!	1	A	Q	a	q
0010 (2)$_H$	STX	DC2	"	2	B	R	b	r
0011 (3)$_H$	ETX	DC3	#	3	C	S	c	s
0100 (4)$_H$	EOT	DC4	$	4	D	T	d	t
0101 (5)$_H$	ENQ	NAK	%	5	E	U	e	u
0110 (6)$_H$	ACK	SYN	&	6	F	V	f	v
0111 (7)$_H$	BEL	ETB	'	7	G	W	g	w
1000 (8)$_H$	BS	CAN	(	8	H	X	h	x
1001 (9)$_H$	HT	EM	)	9	I	Y	i	y
1010 (A)$_H$	LF	SUB	*	:	J	Z	j	z
1011 (B)$_H$	VT	ESC	+	;	K	[	k	{
1100 (C)$_H$	FF	FS	,	<	L	\	l	|
1101 (D)$_H$	CR	GS	-	=	M	]	m	}
1110 (E)$_H$	SO	RS	.	>	N	↑	n	~
1111 (F)$_H$	SI	US	/	?	O	↓	o	DEL

汉字区位码的区号和位号分别加(32)$_D$,然后再分别转换成二进制数,得到它的国标码。或者先将区位码的区号和位号转换成十六进制数,再分别加上(20)$_H$。如"公"和"安"的国标码为(392B)$_H$和(3032)$_H$。

国标码两个字节的最高位为零,这样和 ASCII 码一致,也会带来新的问题,即无法和 ASCII 码区分。为了避免这种情况,将国标码两个字节的最高位置为1,这样得到的二进制编码称为机内码。机内码是汉字在计算机存储器上实际存储的编码。

(2) 汉字的输入

汉字输入到计算机内,用机器内码的形式存储。键盘上没有汉字,不能和西文字符一样直接输入,需要使用汉字输入码(又称汉字外码)进行输入。现在常用的汉字输入码主要有字音编码、字形编码。

字音编码简称音码,使用汉语拼音作为编码的依据来进行编码。如微软拼音输入法、全拼输入法、搜狗拼音输入法等。有拼音基础就很容易掌握,但是汉字同音字多,重码率高,降低了输入速度。

字形编码简称形码,使用汉字的字形作为编码的依据来进行编码。用字母或数字键表示汉字的笔画,再按汉字的笔顺输入编码。如五笔字型输入法。形码输入速度比音码快,但是需要记忆和熟练掌握编码。

形码和音码都是手动键盘输入，现在已经出现语音输入软件，将语音转换成文字输入到计算机内，以及利用图像识别技术将图片中的汉字输入到计算机中。

(3) 汉字的输出

存储在计算机内的二进制汉字机内码，输出打印时要还原成汉字字形显示，因此对汉字字形同样需要编码，称为汉字字形码，又称汉字字模。常用于汉字输出的字形码有点阵和矢量两种形式。

用点阵表示汉字字形时，根据汉字方块字的特点将汉字框在相同的方框中，将方框平均分成 M 行 $\times N$ 列的点阵，每个点用 1 位二进制位表示，有字形投影的点取值为 1，否则取值为 0，得到的 M 行二进制序列即是汉字字型点阵的代码。全部汉字字形码的集合为汉字字库。根据输出汉字的要求不同，点阵的疏密不同。简易型汉字为 16×16 点阵，提高型汉字为 24×24 点阵、32×32 点阵、48×48 点阵等，如图 1.26 所示。点阵越密集，汉字字形越清晰美观，所占存储空间也越大，字形放大会影响显示效果。

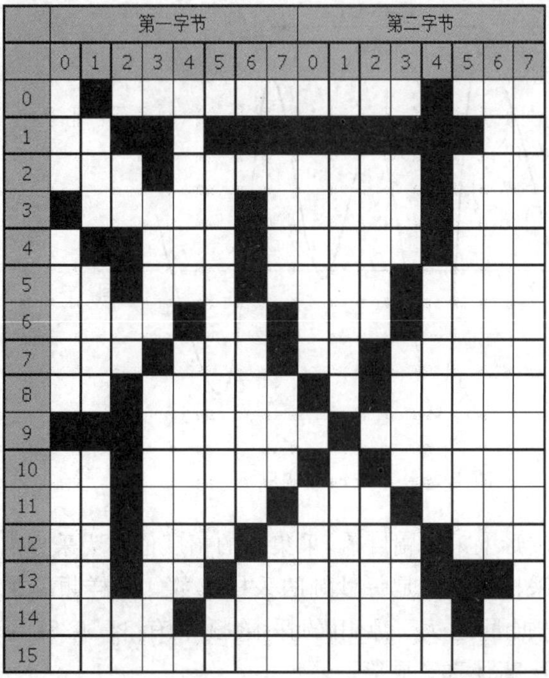

十六进制编码			
4	0	0	8
3	7	F	C
1	0	0	8
8	2	0	8
6	2	0	8
2	2	1	0
0	9	1	0
1	1	2	0
2	0	A	0
E	0	4	0
2	0	A	0
2	1	1	0
2	2	0	8
2	4	0	E
0	8	0	4
0	0	0	0

图 1.26　汉字字模 16×16 点阵及编码

用矢量表示汉字字形时，存储的是描述汉字字型的轮廓特征。当要输出汉字时，通过计算机的计算，由汉字字型描述生成所需大小和形状的汉字。矢量表示的字形与汉字显示时的大小和分辨率无关，字形放大不会影响显示效果，因此可以产生高质量的汉字输出。

汉字从输入设备输入到计算机和从计算机输出到输出设备，以及在计算机内的存储各个阶段使用的编码各不相同，不同的编码之间要进行相互转换。转换过程如图 1.27 所示。

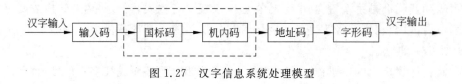

图 1.27 汉字信息系统处理模型

4. 声音的表示

声音是由物体振动产生的声波。复杂的声波由许多具有不同振幅和频率的正弦波组成,是在时间和振幅上连续变化的模拟信号,如图 1.28 所示。振幅决定声音的大小,频率决定音调的高低。人耳能听到的声音频率范围是 20Hz～20kHz。连续的模拟信号在计算机中表示需要进行模数转换,转换成离散的数字信号。这个过程需要采样、量化和编码。

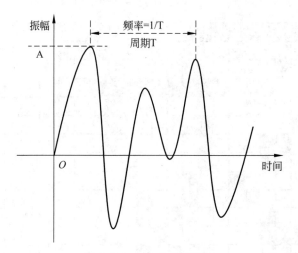

图 1.28 声波的振幅频率

采样是按一定的频率在波形上采集幅度值,采集到的幅度值称为采样点,即从连续的模拟信号上取出离散信号。采样频率就是每秒钟的采样次数。采样频率越高,数字化音频的质量越高,需存储的数据量越大。常用的采样频率有 11.025kHz 电话音质、22.05kHz 广播音质、44.1kHz 高保真音质等。

量化是以固定位数的二进制数据存储取得的每个采样点的幅度值。每个采样点使用的二进制数据位数称为量化位数,又称为采样精度。量化位数决定数字化音频信号的动态范围。常用的量化位数有 8 位、16 位和 32 位等。它们所能表达的动态范围等级分别为 2^8、2^{16} 和 2^{32}。在相同的采样频率下,量化位数越高,数字化音频的质量越高,需要存储的数据量就越大。

编码是将采样和量化后的数据以一定的格式记录下来。

声音采样、量化及编码过程如图 1.29 所示。

一段声音数字化后所需的存储量和声音的时长、采样频率、采样精度和声道数有关。计算公式为:所需存储量(字节数)=采样频率×采样精度×声道数×时长÷8。

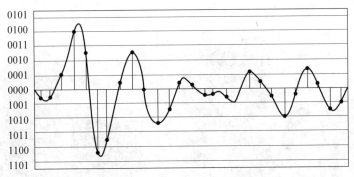

图 1.29 声音的采样、量化及编码

常用存储数字音频的文件格式有 WAV 文件、MP3 文件、MIDI 文件、WMA 文件等。WAV 是微软公司采用的声音文件格式,文件扩展名是.wav,最接近无损,文件较大;MP3 采用移动图像专家组(Moving Pictures Expert Group,MPEG)音频压缩标准,文件扩展名是.mp3,音质高、采样率低、压缩比高、适合网上传播,成为目前较流行的音频格式文件;乐器数字接口(Musical Instrument Digital Interface,MIDI)是为记录乐器弹奏的音符而制定的国际标准,文件扩展名是.mid,文件较小,常用来存放背景音乐;WMA (Windows Media Audio)是新一代微软公司 Windows 平台音频标准,文件扩展名为.wma,压缩比较高,音质高于 MP3,常用于音频的网络实时播放。

5. 图形和图像表示

在计算机中,图形和图像是两个不同的概念。图形和图像的产生、存储和处理方式都不同。

图形通常指由点、直线、曲线、圆、矩形等图元组成的矢量图,通常用绘图软件绘制而成,用一系列指令集合描述图形中图元的大小、颜色、位置、形状等属性。矢量图文件所占存储空间较小,并且与分辨率无关,缩放、旋转、移动图形不会失真。矢量图在计算机中存储无须进行数字化处理。

图像一般是由扫描仪、数码相机等输入设备捕捉实际的画面或由图像处理软件绘制的数字图像,通常是由像素点构成的点阵图,即位图。每个像素点要存储它的颜色和亮度。位图文件一般占用存储空间较大,清晰度与分辨率有关,缩放会失真。

矢量图和位图放大效果对比如图 1.30 所示。

模拟图像输入到计算机要经过数字化即模/数转换。模/数转换需要对模拟图形采样、量化,最后对量化结果编码。

采样是将模拟图像离散化。将模拟图像分成 m 行 n 列,用 $m \times n$ 个离散像素点来表示这幅图像,$m \times n$ 称为图形的分辨率。分辨率越高,图像越清晰,占用存储空间越大。

量化是将采样得到的像素点的色彩离散化的过程。量化所需要的二进制位数称为量化字长(颜色深度),常用的字长有 8 位、16 位、24 位、32 位等。量化可取值个数称为量化级数,如 8 位可表示 $2^8 = 256$ 种颜色。图像采样和量化过程如图 1.31 所示。

图像文件所占存储空间大小和图形分辨率以及颜色深度有关。计算公式为:图像所

(a) 矢量图　　　　　　　　　　　　　(b) 位图

图 1.30　矢量图和位图放大效果对比

图 1.31　图像采样和量化

需存储空间(字节数)＝图像分辨率×颜色深度÷8。

编码是将采样量化后的数据进行二进制编码在计算机中表示。

常用的存储图像文件格式有 BMP 文件、JPEG 文件和 GIF 文件等。位图(Bitmap，BMP)是 Windows 系统使用的标准图像文件格式，文件扩展名是.bmp，不采用任何压缩，占用空间较大；联合照片专家组(Join Photographic Experts Group，JPEG)是采用 JPEG 方法压缩的图像格式，文件扩展名是.jpg，压缩比高；图形交换格式(Graphic Interchange Format，GIF)文件扩展名是.gif，压缩比较高，Internet 上的动画文件多采用这种格式。

综上所述，各类数据进入计算机都要进行二进制编码转换；同样，从计算机内输出的二进制数据需要转换为 I/O 设备和人们能识别的数据形式，转换过程如图 1.32 所示。

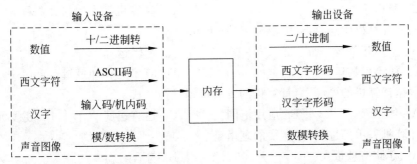

图 1.32　各类数据在计算机中的转换过程

1.4　本章小结

本章是本课程的基础章节。计算机已经广泛应用到各行各业中,计算机的应用范围主要有科学计算、数据处理、过程控制、计算机辅助工程等。

本章先介绍了计算机系统的硬件组成和软件组成,然后介绍了进位计数制和不同进位计数制之间的转换。

微型机的硬件组成主要包括 CPU、主板、内存、外存、输入和输出设备。软件系统包括系统软件和应用软件。

计算机中用到的数制是二进制。非十进制数按位权展开求和转换为十进制数;十进制整数除以 r 取余数转换成 r 进制整数,十进制小数乘以 r 取整数转换成 r 进制小数。

本章最后介绍了数值数据、西文字符、中文汉字、声音和图像在计算机中的表示方法。

习　题

一、单选题

1. 操作系统的作用是(　　)。
   A. 把源程序翻译成目标程序　　　　B. 进行数据处理
   C. 控制和管理系统资源的使用　　　D. 实现软硬件的转换
2. 个人计算机简称为 PC 机,这种计算机属于(　　)。
   A. 微型计算机　　B. 小型计算机　　C. 超级计算机　　D. 巨型计算机
3. 一个完整的计算机系统通常包括(　　)。
   A. 硬件系统和软件系统　　　　　　B. 计算机及其外部设备
   C. 主机、键盘、显示器　　　　　　D. 系统软件和应用软件
4. 计算机软件是指(　　)。
   A. 计算机程序　　　　　　　　　　B. 源程序和目标程序

C. 源程序 　　　　　　　　　　　　D. 计算机程序和相关资料
5. 微型计算机中运算器的主要功能是进行(　　)。
   A. 算术运算 　　　　　　　　　　　B. 逻辑运算
   C. 初等函数运算 　　　　　　　　　D. 算术运算和逻辑运算
6. 根据计算机的(　　),计算机的发展可划分为 4 代。
   A. 体积　　　B. 应用范围　　　C. 运算速度　　　D. 主要元器件
7. 计算机采用二进制,最主要的理由是(　　)。
   A. 存储信息量大 　　　　　　　　　B. 符合习惯
   C. 结构简单运算方便 　　　　　　　D. 数据输入、输出方便
8. 磁盘属于(　　)。
   A. 输入设备　　B. 输出设备　　C. 内存储器　　D. 外存储器
9. 编译程序的作用是(　　)。
   A. 将高级语言源程序翻译成目标程序　B. 将汇编语言源程序翻译成目标程序
   C. 对源程序边扫描边翻译执行 　　　D. 对目标程序装配连接
10. 以数据形式存储在计算机中的信息,(　　)数据。
    A. 只能是数值形式的
    B. 只能是数值、字符、日期形式的
    C. 可以是数值、文字、图形及声音等各种形式的
    D. 只能是数字、汉字与英文字母形式的

二、填空题

1. 世界上第一台电子数字计算机取名为_____。
2. 目前,制造计算机所采用的电子器件是_____。
3. 计算机的软件系统一般分为_____软件和_____软件两大部分。
4. 在计算机内部,不需要编译计算机就能够直接执行的语言是_____语言。
5. 一个字节包括_____个二进制位。
6. 声音在计算机中表示需要经过采样、_____和_____三个过程。
7. 汉字区位码的区号和位号分别加十进制的_____,可以得到它的国标码;或者先将区位码的区号和位号分别加上十六进制数_____,也可以得到它的国标码。
8. 英文缩写 ROM 是指_____。
9. 国标码两个字节的最高位为 0,机内码的两个字节最高位为_____。
10. 一个字符的 ASCII 码占_____个字节,一个汉字的国标码占_____个字节。

三、简答题

1. 计算机的发展经历了哪几代?
2. 计算机的应用主要有哪几类?
3. 简述冯·诺依曼机的体系结构。
4. 声音在计算机中的表示分哪几步实现?

5. 常用的存储图像文件的格式有哪些?

6. 什么是原码、反码和补码?

7. 将下列十进制数转换为二进制数,有小数的小数部分保留两位小数。

   $(567.2)_D$ $(79)_D$ $(24.25)_D$

8. 将下列非十进制数转换为十进制数。

   $(1001.11)_B$ $(633)_O$ $(26A)_H$

9. 将下列二进制数分别转换为八进制数和十六进制数。

   $(11010010.01)_B$ $(10011001)_B$

10. "计""算""机"三个字的区位码分别为$(2838)_D$、$(4367)_D$和$(2790)_D$,求出它们的国标码和机内码。

第 2 章 操作系统

本章学习目标

- 理解操作系统的概念及其重要性
- 熟练掌握操作系统的特征
- 熟练 Windows 10 系统的使用
- 了解嵌入系统的基础知识

本章首先介绍操作系统的基础概念,再介绍 Windows 10 的一些功能和使用方法,最后介绍嵌入式系统的相关知识及两款操作系统。

2.1 操作系统概述

2.1.1 什么是操作系统

操作系统(Operating System,OS)是管理和控制计算机硬件与软件资源的计算机程序,是直接运行在"裸机"上的最基本的系统软件,任何其他软件都必须在操作系统的支持下才能运行。

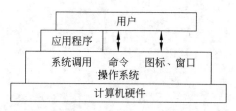

图 2.1 操作系统在计算机系统中的位置

操作系统是用户和计算机的接口,同时也是计算机硬件和其他软件的接口。操作系统的作用是管理计算机的所有软件和硬件资源,使计算机系统所有资源最大限度地发挥作用,为用户提供方便、有效、友善的服务界面,为其他软件的开发提供必要的服务和相应的接口。

实际的操作系统是多种多样的,根据侧重面和设计思想的不同,操作系统的结构和内容存在很大差别。根据应用领域划分,可分为桌面操作系统、服务器操作系统、嵌入式操作系统;根据所支持的用户数目划分,可分为单用户系统(MSDOS)、多用户系统(UNIX、Windows);根据源代码的开放程度划分,可分为开源操作系统(Linux)和不开源操作系统(Windows);根据操作系统使用环境和对作业处理方式的不同,可分为批处理操作系统、分时操作系统、实时操作系统和网络操作系统几种类型。

2.1.2 操作系统的基本特征

1. 并发

并行性与并发性是既相似又有区别的两个概念。并行性是指两个或者多个事件在同一时刻发生,即在物理上这些事件是同时发生的;而并发性是指两个或者多个事件在同一时间的间隔内发生。

操作系统的并发性是指计算机系统中同时运行多个程序,因此它应该具有处理和调度多个程序同时执行的能力。这些程序在宏观上是同时运行的,但是对于每个时间点,单处理器实际上仅能执行一道程序。所以在微观上,这些程序还是在分时地交替执行。操作系统的并发性是通过分时得以实现的。如果计算机系统有多个处理器,则这些程序可以同时分配给多个处理器,这样就实现了并行执行。

2. 共享

多个并发执行的程序共同使用有限的计算机系统资源。操作系统要对系统资源进行合理分配和使用。同一资源在一个时间段内交替被多个程序所用。资源共享有两种方式:互斥访问和同时访问。

3. 异步

系统允许多个程序并发执行,但是由于系统只有一台处理器,或者因为内存以及对外设的使用等多种资源因素的限制,程序无法"一气呵成"地执行,而是以"走走停停"的方式运行。因此,每个程序何时执行、何时停止、何时执行完成等,都是不可预知的。但是只要运行环境相同,操作系统保证多次运行的程序都能获得相同的结果。

4. 虚拟

虚拟性是一种管理技术,是把物理上的一个实体变成逻辑上的多个对应物,或把物理上的多个实体变成逻辑上的一个对应物的技术。操作系统利用时分复用和空分复用技术来实现虚拟。虚拟是操作系统管理系统资源的重要手段,可提高资源利用率。例如,虚拟处理机、虚拟磁盘、虚拟内存、虚拟设备。

2.1.3 操作系统的功能

操作系统通常具有五个方面的功能:处理机管理、存储器管理、设备管理、文件管理和用户与操作系统的接口管理。

1. 处理机管理

为了使程序并发执行,并且可以对并发执行的程序加以描述和控制,操作系统引入了"进程"。于是处理机的分配和运行都是以进程为单位,所以对处理机的管理可以视为对进程的管理。目标是尽量提高处理器的使用效率,从而提高整个计算机系统的效率。

主要功能有:创建和撤销进程;协调进程之间的运行;按照一定的算法将处理机分配给进程;进程之间通信。

2. 存储器管理

存储器是计算机系统的重要组成部分。虽然存储器的容量逐年变大,但是仍然无法满足进程并行执行的需求。对存储器进行有效的管理,既可以提高存储器的利用率,也能提高系统的性能。存储器管理的主要对象是内存。实现内存的分配与回收、保护与扩充,以及映射进程的逻辑地址到内存的物理地址。

3. 设备管理

设备管理的目标是管理各种外部设备,为进程分配和回收所需要的 I/O 设备,并完成相应的 I/O 操作;提高 CPU 和 I/O 设备的利用率,提高 I/O 的速度,解决 CPU 速度与 I/O 速度不匹配的问题。

4. 文件管理

主要任务是对文件(用户文件和系统文件)进行管理,以方便使用,并保证文件的安全性。主要功能为文件存储空间管理、目录管理、文件的读写管理、文件的共享与保护。

5. 用户与操作系统的接口管理

该接口分为以下两类:
- 用户接口。用户通过该类接口,可以直接或间接控制自己的作业。有三种模式,其中用户常用的是图形用户接口,它提供了图形化的操作界面。
- 程序接口。是为程序在执行中访问系统资源而设置的,由一组系统调用组成,以函数的形式提供给程序。

2.1.4 名词解释

1. 进程

为了使程序并发执行,并且可以对并发执行的程序加以描述和控制,引入了"进程"这个概念。进程是程序的一次执行,是进程实体的运行过程,是系统进行资源分配和调度的一个独立的单元。

2. 线程

线程是比进程更小的基本运行调度单位,用于提高程序并发执行的程度。可被称为轻量级进程。线程是进程中的一个实体,是被系统独立调度和分派的基本单位。线程不拥有系统资源。它可与同属一个进程的其他线程共享进程所拥有的全部资源。

3. 死锁

死锁是指在执行过程中两个或两个以上的进程,由于竞争资源而造成的一种阻塞的情况。若无外力介入,所有进程都将无法执行下去。此时称系统处于死锁状态或系统产生了死锁,这些永远在互相等待的进程称为死锁进程。

4. 可信计算基

可信计算基 TCB(Trusted Computing Base)是可信任系统的核心。它包含用于检查所有与安全相关问题的访问监视器和存放与安全相关的信息的安全核心数据库等。

2.2 启动计算机

计算机启动是一个很矛盾的过程:必须先运行程序,然后计算机才能启动,但是计算机不启动就无法运行程序! 早期真的是这样,想尽各种办法,把一小段程序先装进内存,然后计算机才能正常运行。

2.2.1 按操作系统启动前后区分两个阶段

不同的操作系统,启动的流程有所区别。启动计算机的过程可以以操作系统启动前后的两个阶段来划分:计算机初始化启动过程(从打开电源到操作系统启动之前)和操作系统启动过程。

2.2.2 计算机的整个启动过程分成四个阶段

这四个阶段就是:BIOS→主引导记录→硬盘启动→操作系统
"只读内存"ROM 芯片刷入开机程序(BIOS),计算机通电后,第一件事就是读取它。BIOS 首先进行加电后自检(Power-On Self Test,POST)。POST 主要检测系统中一些关键设备是否存在和能否正常工作,例如内存、显卡、键盘等设备。正常情况下,POST 过程进行得非常快,几乎无法感觉到它的存在。然后,BIOS 开始检查所有 ISA 和 PCI 总线上的设备。如果现有的设备和系统上次启动的设备不一样,则配置新设备。

所有硬件都已经检测配置完毕了,多数系统BIOS会重新清屏,并在屏幕上方显示出一个表格,其中概略地列出了系统中安装的各种标准硬件设备,以及它们使用的资源和一些相关工作参数。

接下来,BIOS将更新扩展系统配置数据(Extended System Configuration Data,ESCD)。ESCD是BIOS用来与操作系统交换硬件配置信息的一种手段,这些数据被存放在CMOS(一小块特殊的RAM,由主板上的电池来供电)之中。

硬件自检完成后,BIOS把控制权转交给下一阶段的启动程序。BIOS需要知道,"下一阶段的启动程序"具体存放在哪一个设备(软盘、硬盘、光驱等)。也就是说,BIOS需要有一个外部储存设备的排序,排在前面的设备就是优先转交控制权的设备。这种排序叫作"启动顺序"(Boot Sequence)。BIOS的操作界面里面有一项就是"设定启动顺序"。它存在CMOS之中。

计算机读取该设备的第一个扇区的最前面的512个字节,它叫做主引导记录(MBR)。如果这512个字节的最后两个字节是0x55和0xAA,表明这个设备可以用于启动;如果不是,则设备不能用于启动,控制权于是被转交给"启动顺序"中的下一个设备。例如,首先会试图从软盘启动,然后是CD-ROM。如果软盘和CD-ROM都不存在,系统则会从硬盘启动。MBR的主要作用是告诉计算机到硬盘的哪一个位置去找操作系统。这个扇区里包含了一个程序,它可以在分区表里找到活动的扇区。于是计算机可以从该分区读入第二个启动装载模块。该模块从活动扇区读入并启动操作系统。

操作系统从BIOS中获得配置信息。它检查每个设备是否有驱动程序。如果没有,则要求用户插入包含驱动程序的软盘或者CD-ROM。一旦拥有了所有的驱动程序,操作系统将它们装入内核。然后操作系统初始化表格,启动所需要的进程,并且开始在终端启动登录程序或者显示图形界面。

2.2.3 Windows启动过程

Windows Vista、Windows 7和10与Windows XP的启动过程不一样。所以将分开讨论两者。

1. XP系统的启动

当系统BIOS完成初始化后,会将控制权交给MBR,MBR会检查硬盘分区表,找到硬盘上的引导分区,然后将引导分区上的操作系统引导扇区调入内存,并执行其NTDLR文件。

NTDLR会将微处理器从实模式(此模式下计算机认为内存为64KB,其他未扩展内存)转换为32位的平面内存模式(此模式下认为CPU可识别的所有内存均是可用内存)。然后,NTDLR启动mini-file system drivers,以便它能够识别所有采用NTFS和FAT(FAT32)文件系统的硬盘分区。

此后,NTLDR会读取boot.ini文件,以决定应该启动哪一个系统,如果boot.ini中仅显示了一个系统或者将timeout(系统选择页面停留时间)参数设为0,这个系统选择页面就不会出现,而是直接启动默认的系统。而如果 boot.ini 中含有多个启动引导项,当选择了不同的系统后,计算机接下来的启动流程就会产生区别,如果选择的不是 XP,NTLDR 会读取 bootsect.dos 来启动相应系统,如果选择了 XP,就会接着转入硬件检测阶段。

在这个阶段,ntdetect.com 会收集计算机的硬件信息列表,并将其返回到 NTLDR 中,以便以后将这些信息写入注册表(具体而言是 HKEY_LOCAL_MACHINE 下的 hardware)中。

然后会进行硬件配置选择,如果计算机含多个硬件配置,会出现配置选择页面,如果仅有一个,系统直接进入默认配置。

此后开始加载 XP 内核,NTLDR 首先加载 ntoskrnl.exe(即 XP 系统内核),不过此时并未初始化内核,而是紧接着加载了硬件抽象层(即 HAL,一个 hal.dll 文件),然后加载底层设备驱动程序和需要的服务。

完成这些后才开始初始化内核,此时就能看到 XP 的 LOGO 和启动进度条了,在进度条运动的过程中,内核使用刚才 ntdetect.com 收集到的意见配置信息创建 HKEY_LOCAL_MACHINE 的 hardware 键。然后创建计算机数据备份,初始化并加载设备驱动程序,Session Manager 启动 XP 的高级子系统及其服务,并由 Win32 子系统启动 Winlogon 进程。

Winlogon.exe 会启动 Local Security Authority,此时会显示 XP 的欢迎屏幕或者登录确认框(如果设置了多账户或密码的话)。这个时候,系统还在继续初始化刚才没有完成的驱动程序。欢迎屏幕结束或者用户正确登录后,Service Controller 最后还需要检查是否还有服务需要加载,并进行加载。XP 系统启动完成。

2. Vista(Windows 7、10)的启动

Vista 简化了启动步骤,采用了全新的启动方式。

MBR 得到控制权后,同样会读取引导扇区,以便启动 Windows 启动管理器的 bootmgr.exe 程序,Windows 启动管理器的 bootmgr.exe 被执行时,就会读取 Boot Configuration Data store(其中包含了所有计算机操作系统配置信息)中的信息,然后据此生成启动菜单。当然,如果只安装了一个系统,启动引导选择页不会出现,而如果安装并选择了其他系统,系统就会转而加载相应系统的启动文件。

启动 Vista 时,同样会加载 ntoskrnl.exe 系统内核和硬件抽象层 hal.dll,从而加载需要的驱动程序和服务。

内核初始化完成后,会继续加载会话管理器 smss.exe。然后,Windows 启动应用程序 wininit.exe(正常情况下它也存在于 Windows/system 32 文件夹下,如果不是,很可能是病毒)会启动,它负责启动 services.exe(服务控制管理器)、lsass.exe(本地安全授权)和 lsm.exe(本地会话管理器),一旦 wininit 启动失败,计算机将会蓝屏死机。当这些进程都顺利启动之后,就可以登录系统,Vista 启动完成。

2.3 Windows 10

Windows 10 是美国微软公司研发的新一代跨平台及设备应用的操作系统。以往的 Windows 系列产品都是适用于 x86 的架构平台。而这次加入了 ARM 的架构平台,使得 Windows 10 往移动设备更进了一步。Windows 10 是微软发布的最后一个独立 Windows 版本,下一代 Windows 将以更新形式出现。

2.3.1 Windows 10 的版本

Windows 10 共有 7 个发行版本,分别面向不同用户和设备。
- 家庭版:满足最基本的计算机应用。
- 专业版:以家庭版为基础,增添了管理设备和应用,保护敏感的企业数据,支持远程和移动办公,使用云计算技术。
- 企业版:以专业版为基础,增添了大中型企业,用来防范针对设备、身份、应用和敏感企业信息的现代安全威胁的先进功能。
- 教育版:以企业版为基础,面向学校职员、管理人员、教师和学生。
- 移动版:面向尺寸较小、配置触控屏的移动设备,例如智能手机和小尺寸平板电脑。
- 移动企业版:以 Windows 10 移动版为基础,面向企业用户。增添了企业管理更新。
- 物联网核心版:面向小型低价设备,主要针对物联网设备。

2.3.2 Windows 10 的运行环境

如果想在电脑或平板电脑上升级到 Windows 10,至少需要拥有如表 2.1 所示的硬件。

表 2.1 Windows 10 的运行硬件要求

处理器	1 GHz 或更快的处理器或 SoC
内存 RAM	1 GB(32 位)或 2 GB(64 位)
硬盘空间	16 GB(32 位操作系统)或 20 GB(64 位操作系统)
显卡	DirectX 9 或更高版本(包含 WDDM 1.0 驱动程序)
显示器	800×600dpi

2.3.3 Windows 10 的开始菜单

Windows 10 的开始菜单如图 2.2 所示。
在任务栏的最左下角,按 ⊞ Start,就可以看到开始菜单。与 Windows 其他版本不同

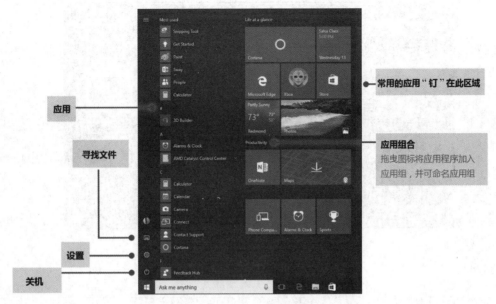

图 2.2　Windows 10 的开始菜单

的是,Windows 10 的开始菜单分为两个部分:左侧为常用项目和最近添加项目显示区域,另外还用于显示所有应用列表;右侧是用来固定应用或图标的区域,方便快速打开应用。用户可以增加、修改右侧显示的内容。

图 2.3 所示为 Windows 10 的开始菜单任务栏。

图 2.3　开始菜单的任务栏

从左往右,任务栏有以下 6 个功能键:

① 开始按钮:在最左边,通过它可以访问所有的应用程序、设置和常用文件。

② 搜索框:可以查找本机、云和网页的相关信息。

③ 任务视图:单击它,桌面会立即显示所有打开的应用和文件。它还可以创建虚拟桌面,用户根据不同的需求生成多个桌面,并且在多桌面之间切换。如图 2.4 所示。

④ Microsoft Edge:新款浏览器。

⑤ 文件资源管理器:打开浏览文件目录。

⑥ 应用商店:下载安装各种适用于 Windows 10 的应用程序。

2.3.4　更改 Windows 10 的设置

在 Windows 10 中更改设置,可打开 Windows 的系统设置窗口,如图 2.5 所示。

在电源键之上,有个"设置"按钮,单击后打开"系统设置"界面。在该界面,可以对系统、设备、网络、账户、时间和语言、隐私、安全等方面进行系统设置。

图 2.4 任务视图

图 2.5 Windows 的系统设置窗口

如果知道关键词或者短语,则可以在上方的搜索栏直接搜索相应的设置功能。

2.3.5 Windows 10 的文件与文件夹操作

文件是存储在存储设备,例如硬盘、U 盘上的一组相关信息的集合。在计算机的世界里,任何程序和数据都以文件的形式存储。文件夹是用于存储文件和其他文件夹的地方。某个文件夹内的文件夹被称为子文件夹,而此文件夹称为父文件夹。

1. 文件名

文件名是存取文件的依据,由主文件名和扩展名组成。格式为"文件名.扩展名"。扩展名代表文件的类型。常见的扩展名如表2.2所示。

表2.2 常见扩展名和文件类型

扩展名	文 件 类 型	说　　明
exe	可执行程序文件	由可执行代码组成,双击即可执行
doc	Word文档文件	由Word应用程序建立的文件
xls	Excel电子表格文件	由Excel应用程序建立的文件
ppt	PowerPoint演示文稿文件	由PowerPoint应用程序建立的文件
jpg	图形文件	支持高级别压缩的图形文件格式
sys	系统文件	系统使用的文件
txt	文本文件	以文本方式存储的文件
dat	数据文件	应用程序创建的用于存放数据的文件

2. 文件资源管理器

对文件组织管理是操作系统的基本功能之一。使用"文件资源管理器"可以访问、组织和管理文件。在以前版本的Windows中,还有"我的电脑"(Windows XP和以前版本)或者"计算机"(Windows Vista到Windows 8)这两个程序在桌面上。双击后,即可浏览计算机的硬盘和保存的文件、文件夹。

Windows 10将"计算机"图标隐藏,可以通过设置"桌面",将其恢复到桌面。但是因为"资源管理器"和它作用相仿,所以还是以阐述"文件资源管理器"为主。

3. 打开文件资源管理器

Windows 10有两种方法打开"文件资源管理器"。
① 鼠标右击"开始"按钮,从弹出的菜单中选择"文件资源管理器"。
② 单击"开始"按钮,从"开始菜单"中选择"文件资源管理器"。
两种方式都可以显示"文件资源管理器",如图2.6所示。

4. 文件资源管理器窗口

"文件资源管理器"除了有一般窗口都有的标题栏、菜单、工具栏、状态栏等之外,还有一些特定的组成部件。
① 地址栏:显示当前文件或文件夹所在目录的完整路径。
② 搜索栏:系统根据输入的有关文件或者文件夹的关键字搜索符合条件的文件。

图 2.6　文件资源管理器

③ 导航窗格：在 Windows 7 和之前的版本，默认显示的是"库"；Windows 8 在此显示的是"这台电脑"；而 Windows 10 默认显示的是"快速访问"，如图 2.8 所示。"快速访问"是 Windows 10 的一个特色。Windows 10 记录当前用户操作，最常用的文件夹和最近使用过的文件都会显示在"快速访问"里。

④ 右侧窗口：显示"导航窗格"中选中的文件夹中的内容。图 2.7 中显示了最常用文件夹和最近使用的文件。

用户在"导航窗格"中选择"此电脑"，"右侧窗口"显示该计算机的硬盘分区和网盘。

5．文件和文件夹的操作

(1) 新建文件或文件夹

在选定的文件夹或者桌面上右击，在弹出的菜单中选择"新建"→"文件夹"命令或者根据文件类型选择命令，如图 2.8 所示。例如，新建一个文本文件，则选择"新建"→"文本文档"命令。最后输入文件或文件夹的名称。

(2) 打开文件和文件夹

① 鼠标双击要打开的文件或文件夹的图标。

② 在要打开的文件或文件夹的图标上右击，选择"打开"命令。对于一些文件，如果用户想更改打开文件的应用程序，则可以选择"打开方式"，从程序列表中选择应用程序。

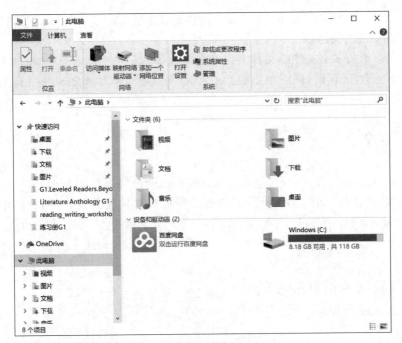

图 2.7　文件资源管理器的"此电脑"

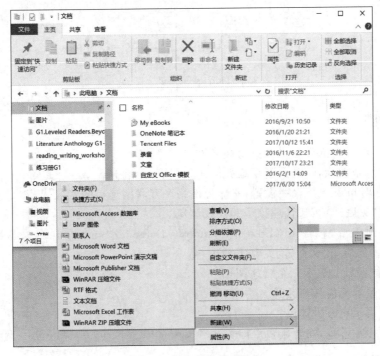

图 2.8　新建文件或文件夹

(3) 选定文件和文件夹

① 选择单一文件或者文件夹：单击需要选择的文件或文件夹，被选中的高亮显示。

② 选择不连续的多个文件或文件夹：按住键盘上的 Ctrl 键，依次单击所选的文件或文件夹，被选中的高亮显示。

③ 选择连续的多个文件或文件夹：单击需选择的第一个对象（文件或文件夹）。然后按住键盘上的 Shift 键，同时单击最后一个对象。则两个对象之间的所有文件或文件夹都被选中。

2.3.6 安全

Windows Defender 安全中心（包含 Windows Defender 防病毒和 Windows 防火墙）可以实时保护计算机设备，如图 2.9 所示。如果计算机没有安装其他杀毒软件，则 Windows Defender 会自动运行。它监控计算机的安全，扫描所有下载的内容和正在运行的程序。

图 2.9　Windows Defender 安全中心

1. 功能

① 监控设备，扫描计算机并更新病毒库。
② 查看设备性能，随时更新至最新版本的 Windows 10。
③ 管理 Windows 防火墙设置，并监控网络和互联网连接的状况。
④ 使用"家庭选项"来管理孩子的在线浏览。
⑤ 使用适用于 Microsoft Edge 的 Windows Defender SmartScreen 来帮助设备抵御具有潜在危害的应用、文件、网站和下载内容。

每个功能区域会显示一个状态图标：
① 绿色表示无需任何改进。
② 黄色表示有改进建议。
③ 红色表示警告，需要用户立即关注。

2. 在 Windows Defender 防病毒中安排扫描

Windows Defender 防病毒会定期扫描设备。用户可以设置扫描计划：
① 转到"开始"，在"搜索"栏中输入"计划任务"，然后在结果列表中选择"计划任务"。

② 在左侧窗格依次扩展"任务计划程序库"→"Microsoft"→"Windows",然后向下滚动并单击 Windows Defender 文件夹。

③ 在顶部中央窗格单击"Windows Defender 计划扫描"。

④ 选择"触发器"标签页,然后选择"新建"。

⑤ 设置时间和频率,然后选择"确定"。

3. 打开或关闭 Windows Defender 防病毒实时保护

① 打开"Windows Defender 安全中心",然后依次选择"病毒和威胁防护"→"威胁设置"。

② 关闭"实时保护"。

2.3.7　Microsoft Edge 浏览器

在之前的 Windows 的各种版本中,默认自带的浏览器都是 IE 浏览器。但是 Windows 10 的浏览器是 Edge。Edge 是抛弃了以前的 IE 基础,重新做的一款浏览器。该浏览器让用户以全新的方式查找资料、管理标签页、阅读电子书和在 Web 上书写,并直接在浏览器中获取来自 Cortana 的帮助。添加扩展以进行翻译网站、阻止广告和管理密码等操作。虽然 Edge 是抛弃 IE 重新做的一款浏览器,但是为了向下兼容,Windows 10 还是自带了 IE。有些网站,可以通过 Edge 调用 IE 打开。

1. Edge 的书写功能

Microsoft Edge 是一款能够让用户直接在网页上记笔记、书写、涂鸦和突出显示的浏览器。然后,用户可以按所有常用方式保存和共享作品。

图 2.10 显示了 Edge 的书写功能。

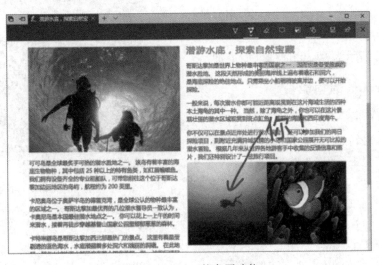

图 2.10　Edge 的书写功能

图 2.11 中各个按钮的功能为:①圆珠笔;②荧光笔;③橡皮擦;④添加键入的笔

记；⑤裁剪；⑥触摸写入；⑦保存 Web 笔记；⑧共享。

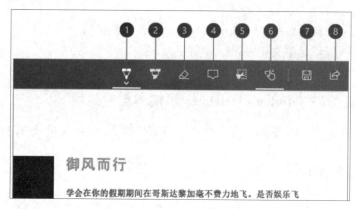

图 2.11　Edge 的书写功能按钮

2.3.8　Cortana

Cortana 作为微软"革命性"的助手技术，与 Google Now 和 Siri 相比，提供了一种不同的呈现方式。Cortana 采用一问一答的方式。它只有在用户咨询的时候才会显示足够多的信息。用户能够通过开始屏幕或者设备上的搜索按钮来呼出 Cortana。微软对 Cortana 的描述为"你手机上的私人助手，为你提供设置日历项、建议、进程等更多帮助"，它能够和用户之间进行交互，并且尽可能地模拟人的说话语气和思考方式跟用户交流。使用 Cortana 的次数越多，用户的体验就会越个性化。

图 2.12　Cortana 的开始界面

图 2.12 所示为 Cortana 的开始界面。

1. Cortana 的功能

以下是 Cortana 可以为用户执行的一些操作：
- 根据时间、地点或人为用户设置提醒。
- 跟踪包裹、兴趣和航班。
- 发送电子邮件和短信。
- 管理用户的日历，使用户了解最新日程。
- 创建和管理列表。
- 闲聊和玩游戏。
- 查找事实、文件、地点和信息。
- 打开系统上的任一应用。
- 如果用户有 Windows 手机或适用于 iPhone 或 Android 的 Cortana，可以将

Cortana 设置为在电脑和手机之间同步通知。

2．用 Cortana 搜索

Cortana 还可以用于搜索应用、本地文档和网页。只需要在 Cortana 界面中输入要搜索的内容，Cortana 就会显示出结果。

例如，搜索本地文件"出游计划"，则先在图 2.12 中选择"文档"，界面会变成图 2.13(a) 的形式。输入文件的名字，Cortana 会显示出文件，并且在众多相关文件中选出最佳匹配结果，如图 2.13(b) 的显示。

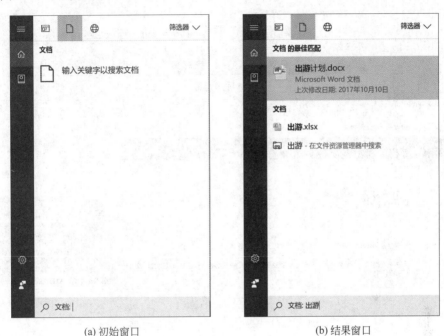

(a) 初始窗口 (b) 结果窗口

图 2.13　用 Cortana 搜索本机文件

3．Cortana 与 Edge

当用户在 Web 偶然发现一个想要详细了解的主题时，突出显示某个字词、短语或图像，长按（或右击）它，然后选择"询问 Cortana"可以获取详细信息或查找相关图像。

图 2.14 所示为 Cortana 与 Edge 的搜索界面。

2.3.9　OneNote

微软的 Office 套装里，现在有一个独立的软件 OneNote。它是一套用于自由形式的信息获取以及多用户协作的工具。

共享笔记本，可以在其他计算机上或在 Web 上访问它，或者与其他人一起使用它。用户可以使用 OneNote 与他人在会议中集思广益，使用笔记本页作为虚拟白板，以及设

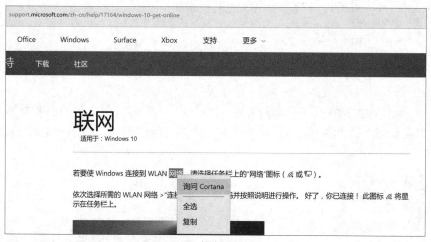

(a) 搜索界面

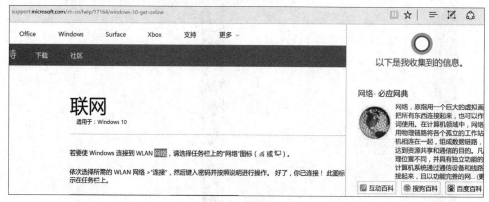

(b) 获取详细信息

图 2.14　Cortana 与 Edge 的搜索界面

置任何人都可以在其中查看、添加和编辑信息的共享笔记本。与其他程序"锁定"文件以便每次只能由一人编辑不同，OneNote 允许多位作者同时访问共享笔记本。如果某人对共享笔记本中的页或分区进行了编辑，那么 OneNote 会随时自动同步这些更改，从而使该笔记本对所有人都始终保持最新状态。

OneNote 将多种功能融合在一起。它的页面就如一个画板，用户可以在上面输入内容，也可以画图形，也可以插入截屏、图形等等。它不像传统的一些文字处理软件那样，需要寻找所在行的位置，而是可以由鼠标定在任意位置，都可以进行输入或编辑。

图 2.15 所示为 OneNote 的功能说明。

1. OneNote 的菜单

- 文件：打开、新建、共享、转换、导出、发送或者打印笔记。
- 开始：对文本应用格式，应用笔记标记，以及以电子邮件发送笔记本页面。
- 插入：插入表格、图片、链接、文件、音频和视频剪辑或者应用页面模板。

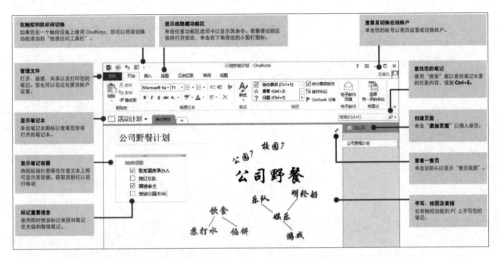

图 2.15 OneNote 的功能说明

- 绘图：画草图或形状，手写笔记，自定义墨笔，旋转对象，或者将墨迹转化成文本。
- 历史记录：标记笔记已读或者未读，按作者查找笔记，查看页面版本以及历史记录，或者清空笔记本回收站。
- 审阅：检查拼写，在线搜索，编译文本，使用密码保护笔记或记录链接笔记。
- 视图：最大化屏幕空间，打开或关闭基准线和页面标题，设置页边距，缩放页面，或创建"快速笔记"。

2. OneNote 的几大特点

- 知识管理：OneNote 是收集资料的利器，用户可以将自己觉得有用的信息都放入 OneNote，而且不用单击"保存"按钮，软件会自动保存。OneNote 也是做读书笔记的重要工具。所有的笔记都分层次。笔记的逻辑层次是：笔记本→分区组→分区→页→子页，还可以在"分区组"中新建"分区组"，这样笔记的逻辑层次很清楚。
- 复制图像的文字：OneNote 的一个特殊功能是可以帮用户将图像上的文字复制下来。也可以直接将 PDF 文档转化为文字，而不需要寻找 PDF 转 Word 的软件了。
- 注释功能：用户可以把任意格式的资料装载入 OneNote 里，例如 Word、Excel、PDF、TXT 等。OneNote 打开资料后，用户可以随意地在资料上进行注释和编辑，就像人可以拿笔在一张纸中的任何地方进行记录。
- OneDrive 功能：只要用户有微软账号，就可以将笔记实时备份到云端，防止丢失，同时可以在多台设备间无缝同步。随时随地查看 OneNote 里的内容。

3. 用 OneNote 复制图片里的文字

用 OneNote 复制图片里的文字操作如图 2.17 所示。

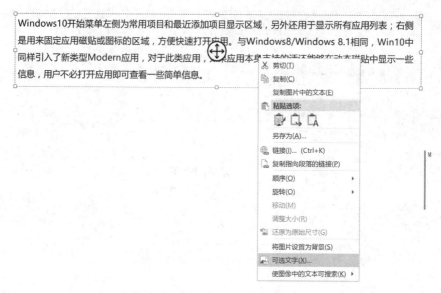

(a) 选择快捷菜单中的"可选文字"选项

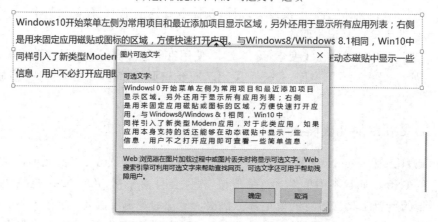

(b) 复制图片里的文字

图 2.17　用 OneNote 复制图片里的文字

① 鼠标右击图片，弹出菜单，选择"可选文字"。
② "图片可选文字"窗口显示出来，在其中选择复制相应的内容。

2.4　嵌入式操作系统

提起操作系统，一般都会想到的是个人电脑上安装的操作系统，例如 Windows 系列或者 Linux 系统。但实际上，有更多的操作系统应用在嵌入式系统中。

嵌入式系统无处不在，深入到日常工作学习之中。例如手机、数码相机、游戏机、机顶盒、汽车、电视机等各种电子设备。嵌入式系统是一个大设备、装置或系统中的一部分，它们可以不是"计算机",由于被嵌入在各种设备、装置或系统中,因此称为嵌入式系统。

嵌入式操作系统(Embedded Operating System)是用在嵌入式系统中的操作系统。它的使用非常广泛。嵌入式设备包括专用嵌入式操作系统(经常是实时操作系统,如 VxWorks、eCos)或者程序员移植的新系统,以及某些功能缩减版本的 Linux(如 Android、Tizen、MeeGo、webOS)或者其他操作系统。在某些情况下,嵌入式操作系统指的是一个自带了固定应用软件的巨大泛用程序。在许多最简单的嵌入式系统中,所谓的操作系统就是指其上唯一的应用程序。

2.4.1 Android

Android 是 Google 公司开发的一款基于 Linux 平台的开源的移动操作系统。它采用了软件堆层(software stack)的架构,主要分为三部分:底层以 Linux 核心为基础,由 C 语言开发,只提供基本功能。中间层包括函数库 Library 和虚拟机 Virtual Machine,由 C++ 开发。最上层是各种应用软件,包括通话程序、短信程序等,应用软件则由各公司自行开发,用 Java 编写。

图 2.17 所示为 Android 系统架构图。

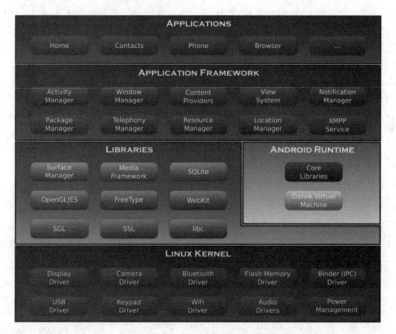

图 2.17　Android 系统架构图

1. Android 架构

和其操作系统一样,Android 的系统架构采用了分层的架构。Android 分为 4 层,从高层到低层分别是应用程序层、应用程序框架层、系统运行库层和 Linux 内核层。

① Linux 内核层(Linux Kernel):Android 系统基于 Linux 2.6 内核。该层为

Android设备的各种硬件提供底层驱动。

② 系统运行层：该层通过一些C/C++库来为Android系统提供主要的特性支持，例如SQLite库提供了数据库的支持，OpenGLES库提供了3D绘图的支持，Webkit库提供浏览器内核的支持等。同时，这一层还有Android运行时库，它提供了核心库，能允许开发者使用Java来编写Android应用。Dalvik虚拟机使得每一个Android应用都能运行在独立的进程当中。Dalvik是专门为移动设备定制的，它对手机内存、CPU性能有限等情况做了优化处理。

③ 应用框架层（Application Framework）：该层主要提供了构建应用时可能用到的API，Android自带的一些核心应用程序就是使用这些API完成的。开发者可以通过使用这些API构建自己的应用程序。例如活动管理器、View系统、内容提供器、通知管理器等。

④ 应用层（Applications）：所有安装在手机上的应用程序都属于该层。例如系统自带的联系人、短信等程序，或者用户从应用商店中下载的程序，包括用户自己开发的应用程序。

2. 安全

Android是一个权限分立的操作系统。在这类操作系统中，每个应用都以唯一的一个系统识别身份运行(Linux用户ID与群组ID)。系统的各部分也分别使用各自独立的识别方式。Linux就是通过这个方法将应用与应用、应用与系统隔离开。系统更多的安全功能通过权限机制提供。权限可以限制某个特定进程的特定操作，也可以限制每个URI权限对特定数据段的访问。

Android安全架构的核心设计思想是，在默认情况下，所有应用程序都没有权限对其他应用程序、操作系统或用户进行较大影响的操作。这其中包括读写用户隐私数据(联系人或电子邮件)、读写其他应用文件、访问网络等。

安装应用时，操作系统检查程序签名所涉及的权限。得到用户授权后，软件包安装器会给予应用权限。从用户角度看，Android应用程序通常会要求拨打电话、发送短信或彩信、修改/删除SD卡上的内容、读取联系人的信息等权限。

2.4.2 iOS

iOS是由苹果公司开发的一款移动操作系统。与Android系统相反，它是封闭的，不开源的。它应用在iPhone、iPod touch、iPad以及Apple TV等产品上。iOS与苹果的Mac OS X操作系统一样，属于类UNIX的商业操作系统。它管理设备硬件，并为手机本地应用程序的实现提供技术。根据设备的不同，iOS提供不同版本的系统应用程序，例如电话、电子邮件以及浏览器。但是这些应用程序呈现给用户统一的标准系统服务。

iOSSDK包含开发、安装、运行以及测试应用程序所需的工具和接口。应用程序基于iOS系统框架，由Objective-C语言进行开发，直接运行在iOS之上。应用程序和用户数据都可以通过iTunes同步到用户计算机。

1. iOS 架构

iOS 扮演硬件和应用程序之间的中间人的角色。应用程序不能直接访问硬件,而是通过 iOS 提供的系统接口与硬件打交道。这样的方式使得应用程序在不同的硬件上都能正常运行,而不用关心底层的细节。

iOS 的系统架构图如图 2.18 所示。

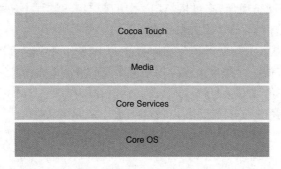

图 2.18　iOS 系统架构图

如图 2.18 所示,iOS 由上而下分为 4 层:

(1) 可触摸层(Cocoa Touch)

Cocoa Touch 层中的很多技术都是基于 Objective-C 语言的。Objective-C 语言为 iOS 提供了集合、文件管理、网络操作等支持,包含创建 iOS 应用程序所需的关键框架。这些框架不仅可以决定应用程序的界面,也为多任务、推送消息和各种高级系统服务提供了技术支持。例如 UIKit 框架,它为应用程序提供了各种可视化组件,例如像窗口(Window)、视图(View)和按钮组件(UIButton)。它还有访问用户通信录功能框架、获取照片信息功能的框架、负责加速感应器和三维陀螺仪等硬件支持的框架。

(2) 媒体层(Media)

Media 层提供了图片、音乐、影片等多媒体功能。图像分为 2D 图像和 3D 图像,前者由 Quartz2D 支持,后者则是用 OpenGL ES。与音乐对应的模组是 Core Audio 和 OpenAL,Media Player 实现了影片的播放,Core Animation 为动画视图提供高级别支持。

(3) 核心服务层(Core Services)

Core Services 层为所有的应用程序提供 iOS 的基础系统服务。如 Accounts 账户框架、广告框架、数据存储框架、网络连接框架、地理位置框架、运动框架等。这些服务中最核心的是 CoreFoundation 和 Foundation 框架,它们定义了所有应用所使用的数据类型。同时,该层还含有一些独立的技术,用于支持例如网络、社交媒体、定位和 iCloud 等特性。

(4) 核心操作系统层(Core OS)

Core OS 层包含的底层功能是很多其他技术的构建基础。通常情况下,应用程序不会直接使用这些功能,而是通过其他框架间接调用这些功能。该层的框架支持了安全和与外设通信的功能,它可以直接和硬件设备进行交互。但是由于安全问题,只有有限的系统框架类能访问内核和驱动。

2. 安全

iOS 能为用户提供内置的安全性。它专门设计了低层级的硬件和固件功能,用以防止恶意软件和病毒;同时还设计有高层级的 OS 功能,有助于在访问个人信息和企业数据时确保安全性。为了保护用户的隐私,应用程序必须先获得用户的许可,方可以获取各种信息。iOS 支持加密网络通信,它可供 APP 用于保护传输过程中的敏感信息。

在 iOS 的 4 层结构中,有 2 层提供了与安全相关的服务。

① 核心服务层提供了数据保护。和敏感用户数据打交道的应用程序可以使用设备内建加密功能保护数据。如果应用程序指定某个文件受保护,系统会对文件加密,并保存在磁盘。当设备锁住的时候,应用程序以及其他潜在的闯入者都不能访问该文件,而当用户解锁设备后,系统会生成一份密钥,以便应用程序访问该文件。

② 核心操作系统层提供了安全框架,用于保证应用程序所管理之数据的安全。该框架提供的接口可用于管理证书、公钥、私钥以及信任策略。它支持生成加密的安全伪随机数。同时,它也支持对证书和 Keychain 密钥进行保存,是用户敏感数据的安全仓库。

3. iOS 越狱(iOS Jailbreaking)

iOS 系统为闭源系统,为了保证设备的安全,用户权限很低。所有的应用程序都需要从苹果商店下载。很多习惯使用 Windows 的用户无法适应,他们希望 iOS 能放松权限管理,使得用户拥有更高的自由度,于是采用了"越狱"的方法。"越狱"是用于获取 iOS 最高权限的一种技术手段,用户使用这种技术及软件可以获取到 iOS 的最高权限,可以随意修改系统文件,安装插件,以及安装一些苹果商店中没有的软件,甚至可能进一步解开营运商对手机网络的限制。

用户越狱完毕之后,可以透过如 Cydia 这一类包管理器来安装苹果商店以外的扩展软件,或是完成越狱前无可能进行的动作,如安装 Linux 系统。改装操作系统使用命令执行 Shell 程序访问 Root 内部的文件,可写入提取重要文件。越狱后的 iPad、iPhone 或 iPod touch 运行的依然是 iOS 操作系统,仍然可以使用苹果商店与 iTunes 及其他普通功能。

2.4.3 iOS 与 Android 的区别

目前,手机、平板电脑上的操作系统主要为安卓和 iOS。两者之间最大的差别就在于一个是闭源系统,另外一个是开源系统。iOS 是闭源系统,只有苹果公司在使用。而安卓是开源系统,很多厂商都可以在自己的硬件上安装安卓。所以现在安卓的用户要远远多于 iOS 的用户。两者在各种处理机制上有很大的差别,体现在以下几方面:

① 两者的权限侧重不同:iOS 中用于 UI 指令权限最高,安卓中数据处理指令权限最高。

② 两者的运行机制不同:iOS 采用的是沙盒运行机制,安卓采用的是虚拟机运行机

制。iOS 中的沙盒机制(SandBox)是一种安全体系。它规定了应用程序都运行在自己的沙盒内,只能在为该应用创建的文件夹内读取文件,不能随意跨越自己的沙盒去访问别的应用程序沙盒中的内容。应用程序向外发出请求或接收数据都需要经过权限认证。而安卓的所有应用程序都是运行在一个虚拟的环境中,由底层传输数据到虚拟机中,再由虚拟机传递给用户 UI,任何程序都可以访问其他程序的文件。

③ 两者的后台制度不同:iOS 中的任何第三方程序都不能在后台运行。当应用程序不在前台运行时,除了 GPS 服务、音频播放服务和 VOIP 服务以外,其他支持后台执行的程序会在一定时间后被系统挂起,即仅仅在内存中保存数据。所以可以认为 iOS 系统多任务是假象;安卓中任何程序都能在后台运行,直到没有内存才会关闭。而且某些程序会自动启动,并且在后台运行占用系统资源。用户很难发现,并且很难彻底关掉。

2.5 本章小结

操作系统是硬件与应用程序之间的桥梁。它管理协调硬件来满足应用程序运行的需求。同时也使得应用程序在开发过程中不用考虑过多的细节,大大缩短了软件的开发周期,提高了程序的可移植性。本章介绍了操作系统的基本知识、基本特征以及功能;同时还详细阐述了计算机的启动、操作系统是如何载入并运行的整个过程;也讨论了操作系统的安全以及其相应的安全管理。本章以 Windows 10 为例,介绍了它的运行环境、开始菜单和 Windows 10 自带的一些能够体现 Windows 10 特殊性的软件。最后介绍了嵌入式操作系统,并且分别介绍了 Android 和 iOS 两个操作系统,并且对它们进行了简单的比较。通过本章的学习,读者将掌握操作系统的基础知识、了解操作系统的安全机制和几个不同的操作系统。

习 题

一、单选题

1. OS 是( )的英文缩写。
   A. 网络　　　　B. 内核　　　　C. 数据库　　　　D. 操作系统
2. Android 是( )操作系统。
   A. 嵌入式　　　B. 分布式　　　C. 多处理机　　　D. 多媒体
3. iOS 是( )操作系统。
   A. 闭源　　　　B. 开源　　　　C. 多媒体　　　　D. 桌面
4. 下列说法,不正确的是( )。
   A. 线程是最小调度单位
   B. iOS 数据处理指令权限最高

  C. 为了保障计算机系统的安全运行,可以采取隔离保护

  D. Cortana 可以用于搜索本机文件

5. 下列说法,不正确的是( )。

  A. iOS 中任何程序都不能在后台运行

  B. iOS 采用的是沙盒运行机制

  C. iOS 的系统结构分四层

  D. iOS 的数据和应用程序通过 iTunes 同步到用户计算机

6. 下列说法,不正确的是( )。

  A. 如果计算机装了其他杀毒软件,则 Windows Defender 不会运行

  B. Edge 浏览器能向下兼容旧版 IE 浏览器

  C. OneNote 可以识别图片中的文字

  D. Windows 10 可以支持 ARM 架构平台

二、填空题

1. 根据操作系统的使用环境和对作业处理方式的不同,可分为_____、_____、和_____。

2. 计算机的启动过程分为四个阶段:_____、_____、_____和_____。

3. iOS 分为四层,从高层到低层分别是_____、_____、_____和_____。

4. Android 分为四层,从高层到低层分别是_____、_____、_____和_____。

三、简答题

1. 操作系统有哪些功能?

2. Windows 7 的启动过程与 Windows XP 有区别吗?区别在哪儿?

3. 请简述 iOS 与安卓的优缺点。

4. 请画一个图,阐述操作系统在计算机系统中的位置。

第 3 章　Office 2010 办公自动化软件

本章学习目标

- 熟练掌握 Word 2010 的基本操作，并熟练进行排版
- 熟练掌握 Excel 2010 的基本操作，并对表格数据进行处理
- 熟练掌握 PowerPoint 2010 的基本操作

本章介绍 Office 办公软件中 Word、Excel 和 PowerPoint 的使用，每个软件都按照基本操作、高级应用的顺序撰写。对 Word 高效排版、Excel 数据处理和函数应用进行了重点讲解。

3.1　图文编辑软件 Word 2010

Word 2010 用来创建和编辑具有专业外观的文档，如信函、论文、报告和小册子。Word 2010 具有友好的图形界面，可以对文字、图形、图像和数据进行编辑处理，实现"所见即所得"的效果。

3.1.1　Word 2010 的工作窗口

启动 Word 2010 应用软件之后，显示如图 3.1 所示的工作窗口。它由快速访问工具栏、标题栏、窗口控制按钮、功能选项卡、功能区、编辑区、状态栏、视图栏和缩放工具栏组成。

3.1.2　文档的基本操作

1. 启动 Word 2010

① 单击"开始"按钮，选择"所有程序"，找到 Microsoft Office 2010，打开文件夹，找到 Microsoft Word 2010，单击即可打开 Word 2010。

② 双击桌面上的 Word 2010 快捷图标。

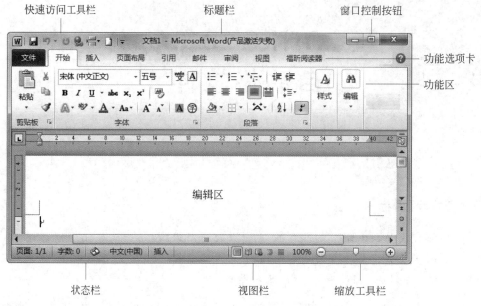

图 3.1 Word 2010 的工作窗口

2. 建立 Word 文档

① 打开 Word 2010,自动建立空白新文档,文档名为"文档1"。

② 单击"文件"菜单的"新建"命令,可以建立空白文档或者选择模板建立文档。也可以单击图标 建立文档。

③ 在要建立文件的文件夹空白处右击,弹出快捷菜单,选择"新建"→Microsoft Word,建立新文档。

3. 打开文档

① 双击要打开的 Word 文档图标。

② 启动 Word 2010 后,单击"文件"菜单中"打开"命令,弹出打开文档对话框,选中要打开的文档,单击"打开"按钮即可。

4. 保存文档

① 对新建立的文档,执行"文件"菜单中的"保存"命令,或者单击快速工具栏中的图标 ,弹出如图 3.2 所示的"另存为"对话框,选择保存文件的位置和名称,单击"保存"按钮。

② 对已经保存过的文件执行"文件"菜单中的"保存"命令或者单击图标,将不弹出对话框,直接保存。

③ 对已经保存过的文档,可以执行"文件"菜单中的"另存为"命令,进行更名保存。

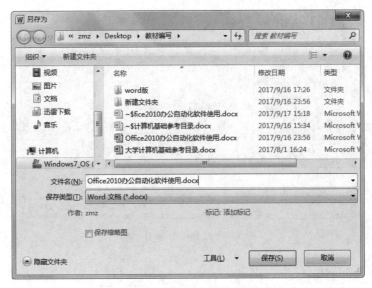

图 3.2 "另存为"对话框

3.1.3 编辑文本

1. 文本的复制和剪贴

选定要复制的文本。单击"开始"选项卡中"剪贴板"组中的"复制"图标，也可以右击，在弹出的快捷菜单中选择"复制"。将光标移到要插入文本的位置，选择工具栏中的"粘贴"图标；也可以右击，在弹出的快捷菜单中选择"粘贴"，即可将所选内容复制到新的位置。

"复制""剪贴"和"粘贴"可以用快捷键完成，对应的快捷键是 Ctrl+C、Ctrl+X 和 Ctrl+V。

粘贴操作可以选择"选择性粘贴"，单击"开始"选项卡中"剪贴板"组中的"粘贴"按钮下的三角，弹出图 3.3 所示的列表，然后单击"选择性粘贴(S)…"，弹出"选择性粘贴"对话框，如图 3.4 所示，可以选择要粘贴内容的格式。在图 3.3 中选择"设置默认格式粘贴(A)"，可以对粘贴内容的格式进行软件默认的设置。

图 3.3 粘贴选项

2. 删除文本

① 删除插入点左侧的文本，用 BackSpace 键。
② 删除插入点右侧的文本，用 Del 键。
③ 删除连续的文本或成段的文本，选定要删除的文本块后按 Del 键。

3. 查找和替换

查找可以快速定位到指定字符处，使用替换可以快速修改指定文字，替换本文档内所

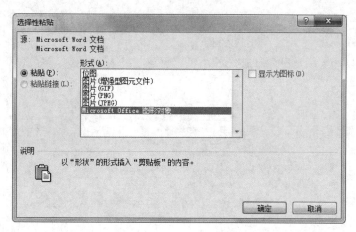

图 3.4　选择性粘贴对话框

有与要查找文字相同的文字。

单击"开始"选项卡中"编辑"组中的"查找"图标下拉按钮,在弹出的列表框中有三个选项,分别是选择"查找(F)""高级查找(A)…"和"转到(G)…"。

选择"查找(F)"可以在左侧打开导航窗口,查找通过在搜索框键入的内容来搜索文档中的文本,也可以通过按钮的下拉菜单搜索对象,如图形、表格、公式和批注。

选择"高级查找(A)…",可以打开图 3.5 所示的"查找和替换"对话框,查找通过在导航窗口键入的内容来搜索文档中的文本。

单击"替换"选项卡,弹出选中替换标签的"查找和替换"对话框,在"替换为"框内输入要替换的文字,单击"替换",则选中文字被替换,按"查找下一处(F)",选中下一个查找到的内容。若要一次替换查找到的全部字符串,单击"全部替换(A)"按钮。

4. 撤销和重复

如果在编辑过程中发生误操作,可以单击快速工具栏上的按钮,撤销此次操作。单击旁边的黑色箭头,可以选择要撤销的操作。图 3.6 所示为撤销列表。撤销一个操作的同时也就撤销了此操作之后的所有操作。

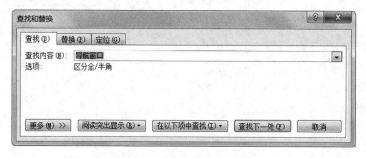

图 3.5　"查找和替换"对话框　　　　图 3.6　撤销列表

重复键入功能,用于恢复被撤销的操作,单击快速访问工具栏中的即可。

3.1.4 文档排版

Word 2010 可以对文字、图形、图像等对象进行高效的排版,排版可分为三个层次,即字符、段落和页面排版。

1. 字符排版

字符排版可以对字符的字体、大小、颜色、显示效果、字符间距、字符位置等格式进行设置。

选中需要排版的文字,在"开始"选项卡中的"字体"组可以按照要求完成字体的格式化。也可以右击选择的文字,在弹出的快捷菜单中选择"字体"命令,或者单击"开始"选项卡"字体"组右下角的显示对话框按钮 ,弹出如图 3.7 所示的"字体"对话框,通过"字体"标签设置字体、字形、字号、颜色、下划线、效果等,在预览区可以看到文本的显示效果。

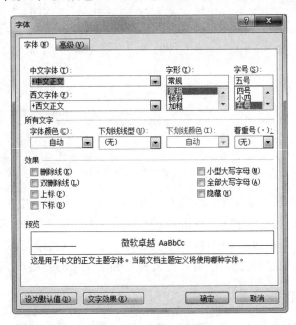

图 3.7 "字体"对话框

单击"文字效果"按钮,弹出如图 3.8 所示对话框,可以按左侧的样式类型对所选文本进行设置。单击"高级"标签可以设置字体缩放、字符间距和位置。

2. 段落排版

在 Word 2010 中,按一次 Enter 键就形成一个段落,段落排版主要包括段落对齐、段落缩进、行距、段间距等。选中一个段落或者多个段落,使用"开始"选项卡中"段落"组中的功能按钮,如图 3.9 所示,可以将段落设置为相应的格式。

段落缩进功能可以通过拖曳水平标尺上的 3 个三角形标记和 1 个方块标记来完成。

即首行缩进、悬挂缩进、左缩进和右缩进，如图 3.10 所示。

图 3.8 "设置文字效果格式"对话框　　　　图 3.9 段落组功能按钮

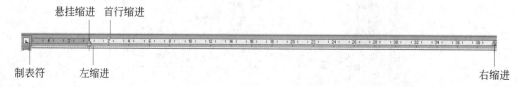

图 3.10 水平标尺拖曳按钮

如果要对段落进行更多设置，可以单击"开始"选项卡"段落"组中右下角的"打开对话框"按钮，或者选择要设置的段落，右击，在弹出的快捷菜单中单击"段落"命令，弹出如图 3.11 所示的"段落"对话框，在标签"缩进和间距"中可以设置对齐方式、缩进、间距。通过标签"换行和分页"和"中文版式"可以设置分页和中文书写习惯。

3. 项目符号和编号

给列表添加项目符号和编号，可以提高文档的层次感，易于阅读和理解。项目符号使用相同的符号，项目编码采用连续的数字或字母。

选定要设置的段落，单击"开始"选项卡中"段落"组中的"项目符号"按钮，就可以为段落添加最近使用过的项目符号，再次单击此按钮可以删除项目符号。

单击段落工具栏中"项目符号"按钮右侧的下拉按钮，或者右击，在弹出的快捷菜单中选择项目符号，都会弹出图 3.12 所示的项目符号库列表，可以在项目符号库中选择合适的项目符号。

定义新项目符号。单击图 3.12 中的"定义新项目符号"选项，弹出如图 3.13 所示"定义新项目符号"对话框，可以选择"符号"，在符号库中选择合适的符号，添加为新的项目符号。单击"图片"，可以将图片作为新的项目符号。单击"字体"可以设置项目符号的格式。

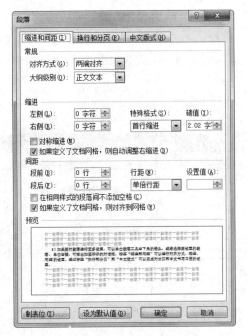
图 3.11 "段落"对话框

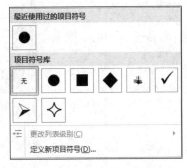
图 3.12 项目符号库

图 3.13 "定义新项目符号"对话框

更改列表级别。单击"更改列表级别",可以修改选中的列表级别,列表级别分为 1～9 级。

单击段落工具栏中的项目编号按钮,可以对所选段落进行连续编号,操作与项目符号相同。项目编号的起始编号可以是从头开始,也可以通过"设置编号值"来设置;可以"开始新列表"单独编号,也可以继续上一列表连续编号。

4. 边框和底纹

(1) 给文字添加边框和底纹

选择要添加边框和底纹的文字,单击"开始"选项卡下"段落"组中的"边框"按钮

(此图标随着默认的选择不同而不同)右侧的下拉菜单,弹出如图3.14所示的边框列表,单击不同的边框选项,可以给文字添加不同的边框。单击最下面的"边框和底纹"选项,打开如图3.15所示的"边框和底纹"对话框,单击"底纹"标签,显示如图3.16所示的"边框和底纹"中的底纹设置对话框。

图3.14 边框列表

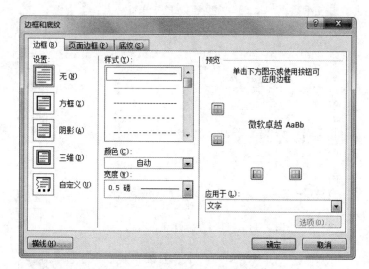

图3.15 "边框和底纹"对话框

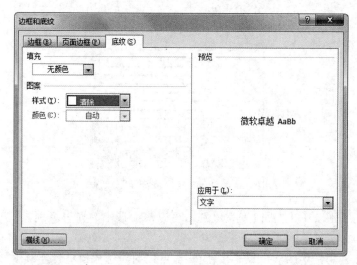

图3.16 底纹设置对话框

(2) 给段落加边框和底纹

给段落加边框和底纹的方法和文字相同,在"应用于"文本框中选择"段落"即可。

5. 分栏

分栏是文本在同一页面上从一栏排至下一栏，例如新闻稿样式。分栏排版使得版面更加生动、美观。

选择要分栏设置的文本，如整篇文档或者部分文档。

选择"页面布局"选项卡下"页面设置"组中的"分栏"按钮，弹出下拉列表，单击内置的分栏样式，即可得到所看到的分栏效果。

如果要自己设置分栏效果，可单击"更多分栏"命令，弹出如图 3.17 所示的"分栏"对话框。在对话框中设置分栏数、栏宽、间距等，单击"确定"按钮即可完成设置。

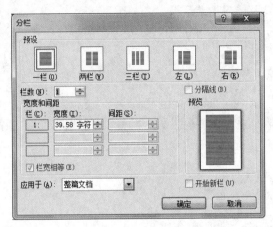

图 3.17　分栏对话框

3.1.5　应用样式

在文档编辑中，为使不同的段落具有相同的格式，必须重复对文本进行格式化设置。针对这种情况，Word 提供了样式功能，提高工作效率。

样式是 Word 中已命名的字符和段落格式的组合。在编辑文档过程中，可以直接使用系统预先定义的这些标准样式，也可以根据需要自定义样式。

1. 应用样式

将插入点放入到要格式化的段落"第三章…"，单击"开始"功能菜单下"样式"组中的"快速样式"库中的按钮"标题 1"，可以将"标题 1"样式应用于该段落，效果如图 3.18 所示。

如果在"快速样式库"中没有需要的样式，单击样式工具栏右下角的打开对话框按钮，弹出图 3.19 所示的"样式列表"。单击右下角的"选项"命令，弹出图 3.20 所示的样式窗格"选项"框，在"选择要显示的样式"中选择"所有样式"的可见类别，单击"确定"按钮，就可以看到所有的内置样式。

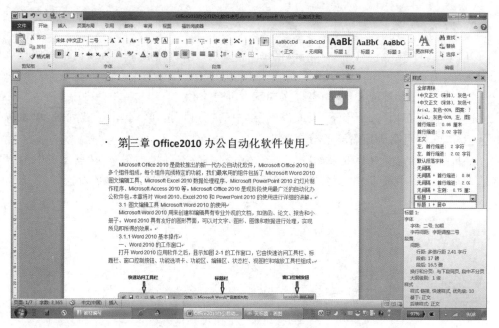

图 3.18　插入样式效果

图 3.19　样式列表

图 3.20　样式窗格

2. 修改样式

当样式组中的某一样式不符合要求时，可以对样式进行修改。

鼠标指向图 3.18 "样式"窗格中要修改的样式。单击右侧的向下箭头，选择"修改"命令,弹出图 3.21 所示的"修改样式"对话框。在对话框中可以对样式的格式进行修改。

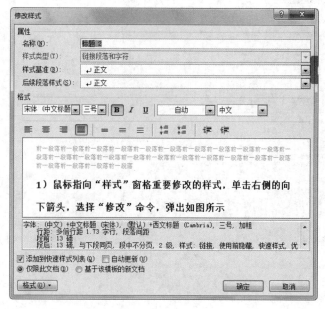

图 3.21 "修改样式"对话框

3. 新建样式

若样式组中缺少需要的样式,就需要自己新建样式。

在图 3.18 中单击"新建样式"按钮,弹出图 3.22 所示的"利用格式设置创建新样式"对话框。对新样式进行命名和样式设置,单击"确定"按钮。

4. 新文档套用已有文档的格式

Word 提供了文档间格式的调用,可以快速地把同类文档的格式统一。

打开被套用的文档,单击"开始"选项卡中"样式"组中的"更改样式"按钮,弹出如图 3.23 所示列表。

选择菜单中的"样式集",单击"另存为快速样式集",为新建的样式集命名,可以把此文档应用的所有样式创建为一个新的样式集。

打开新文档,单击"开始"选项卡中"样式"组中的"更改样式"按钮,在样式集中选择刚命名的快速样式集,单击,新文档就套用了这个样式集。

3.1.6 表格编辑

Word 2010 提供了绘制各种复杂表格的绘制表格功能,也提供了大量专业级的表格样式,套用这些样式可以绘制出精美的表格。

图 3.22 "利用格式设置创建新样式"对话框　　　　图 3.23 样式集列表

1. 创建表格

单击"插入"选项卡中"表格"组的表格按钮,弹出图 3.25 所示列表,其中列举了创建表格的几种方法。

① 在图 3.24 中的网格中移动鼠标,对话框的顶部会出现要插入的表格的行数和列数,同时在插入点可以显示表格预览。当插入的表格满足需要时,单击即可插入表格。

② 单击图 3.24 中的"插入表格"按钮,弹出图 3.25 所示的"插入表格"对话框,根据需要在行、列文本框中输入表的行数和列数,设置表格的列宽,单击"确定"按钮,即可得到需要的表格。若选中了"为新表格记忆此尺寸",以后采用这个方法在这个文档中建立的表格套用这个尺寸。

图 3.24 插入表格列表　　　　图 3.25 "插入表格"对话框

③ 利用"绘制表格"可以绘制出各种复杂表格,单击图 3.24 中的"绘制表格",鼠标变为笔状,先用鼠标拖曳出表格的总体大小,然后可以在框架内绘制横线、竖线或者斜线。绘制出复杂表格。

④ 插入"Excel 电子表格"的方法很简单,单击图 3.24 中的"Excel 电子表格"命令,打开 Excel 应用程序。窗口的功能选项卡和功能工具与 Excel 应用程序相同,这样就可以和在 Excel 中一样对表格进行操作。

⑤ 单击图 3.24 中的"快速表格"命令,弹出图 3.26 所示的表格内置样式列表,可以选择适合表格内容的表格样式来建立表格。如选择"带副标题 1"表格,显示如表 3.1 所示。

2. 文本和表格的相互转换

选中要转换成表格的文字,如下列带底纹的文字,项目之间用空格分隔。单击图 3.24 中的"文本转换成表格"命令,弹出图 3.27 所示的"将文字转换成表格"对话框,合理设置对话框中的各项属性,单击"确定"按钮,文字如下所示。

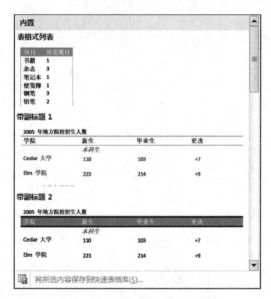

图 3.26　表格内置样式列表

图 3.27　"文字转换成表格"对话框

姓名	数学	语文	英语	历史	地理
张力	80	75	68	86	74
李飞	83	90	89	98	82
王琛	71	98	76	82	85

同样,选中表 3.2,单击图中"表格转换成文字",可以将所选表格转换成文字。

3. 编辑表格

在文档中插入一个空表格后,单击可以将插入点定位在某单元格内,即可在此单元格内输入文本。

表 3.1 2005 年地方院校招生人数

学院	新生	毕业生	更改
	本科生		
Cedar 大学	110	103	＋7
Elm 学院	223	214	＋9
Maple 高等专科院校	197	120	＋77
Pine 学院	134	121	＋13
Oak 研究所	202	210	－8
	研究生		
Cedar 大学	24	20	＋4
Elm 学院	43	53	－10
Maple 高等专科院校	3	11	－8
Pine 学院	9	4	＋5
Oak 研究所	53	52	＋1
总计	998	908	90

表 3.2 文字转换成的表格

姓名	数学	语文	英语	历史	地理
张力	80	75	68	86	74
李飞	83	90	89	98	82
王琛	71	98	76	82	85

选定单元格：将鼠标放置在单元格内部左侧，鼠标指针变为斜向上的黑色箭头形状时单击鼠标，可以选中当前单元格。

选定一行：将鼠标放置在表格左侧，鼠标指针变为向右的黑色箭头形状时单击鼠标，可以选中当前行。

选定一列：将鼠标放置在单元格上部，鼠标指针变为向下的黑色箭头形状时单击鼠标，可以选中当前列。

选定整表：单击表格左上角的控制点，可以选中整个表格。

按 Ctrl 键单击各个单元格，选中多个不连续的单元格、行、列。

要插入行、列和单元格，可以将插入点放置在要插入新行的单元格中，在"表格工具"下"布局"选项卡中的"行和列"组选择相应的按钮，即可完成所对应的功能。也可以通过右击，在弹出的快捷菜单中选择"插入"，单击弹出的下级菜单中的相应命令来完成。

要删除行、列和单元格，可以将插入点放置在要删除的单元格中，单击表格"布局"功能按钮中的"删除"功能按钮，在弹出的快捷菜单中选择相应的按钮，即可完成所对应的功能。也可以通过右击，在弹出的快捷菜单中选择"删除"，单击弹出的对话框中的相应命令来完成。

要拆分单元格,可以将插入点放置在要拆分的单元格中,单击"表格工具"下"布局"选项卡下"合并"组中的"拆分单元格"按钮,或者右击,在弹出的快捷菜单中选择"拆分单元格",都将弹出图3.28所示的"拆分单元格"对话框,完成对话框内的参数设置,单击"确定"按钮即可。

要合并单元格,可以用鼠标选中连续的单元格,单击"表格工具"下"布局"选项卡中"合并"组中的"合并单元格"按钮,或者右击,在弹出的快捷菜单中选择"合并单元格",就可以完成对连续单元格的合并。

要拆分表格,可以选择要拆分的表格,将插入点放置到要成为新表格的首行的单元格内,单击"表格工具"下"布局"选项卡下"合并"组中的"拆分表格"按钮,表格分为上下两个表格。

4. 在表格中输入内容

在 Word 表格的单元格中可以输入所有的 Word 对象,包括文字、图像、图形等,也可以在单元格中输入公式,进行简单的计算。表格中每个单元格都有默认的名字,列号用英文字母表示,行号用阿拉伯数字表示,列号和行号组合确定了唯一的单元格名字,例如 A1、A2、B1、B2 等。

表格中的计算可以通过内置的函数和简单的数学运算完成。数学运算符包括+、-、*、/、^五个运算符,对应加、减、乘、除和幂。内置函数包括 ABS()、SUM()等简单的函数。在单元格中输入公式的具体方法如下:

① 将插入点放置在要输入公式的单元格内。

② 选择"表格工具"下"布局"选项卡中的"数据"功能组中的"公式"命令,弹出图3.29所示的"公式"对话框。

图 3.28 "拆分单元格"对话框

图 3.29 公式对话框

③ 在"公式"框中输入数学表达式,或者在"粘贴函数"框的下拉菜单中选择需要的函数。单击图3.29中的"确定"按钮。

5. 表格排序

Word 提供了按表格中的内容进行排序的功能,具体操作如下:

① 将插入点放置在表格中,单击"表格工具"下"布局"选项卡下"数据"组中的"排序"命令,弹出图3.30所示的"排序"对话框。

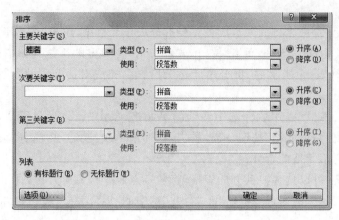

图 3.30 排序对话框

② 在对话框中选择"有标题行",姓名作为"主关键字",排序依据为"拼音"后,表的排序结果如表 3.3 所示。

表 3.3 排序结果表

姓名	数学	语文	英语	历史	地理
李飞	83	90	89	98	82
王琛	71	98	76	82	85
张力	80	75	68	86	74

6. 表格格式化

利用"表格属性"设置,可以对表格的整体尺寸、对齐方式、文字环绕方式、行高、列宽、单元格中文字的对齐方式、文字方向进行设置。

选择"表格工具"下"布局"选项卡中"表格"组中的"属性"命令,或者选中表格,右击,在弹出的快捷菜单中选择"表格属性"命令,弹出图 3.31 所示对话框。

选择"表格"标签,选中"指定宽度"选择框,输入希望的表格宽度,就可以得到相应大小的表格。

在"对齐方式"中可以设置表相对页面位置的对齐方式,包括"左对齐""居中"和"右对齐"。

在"文字环绕"中可以设置表格和页面文字的位置关系,可以选择"无"文字环绕,这时表格的左右都没有文字出现;也可以选择"文字环绕",在表格的右侧有文字出现。

设置行高在"行"标签下进行,可指定行的高度;设置列宽在"列"标签下进行,指定列的宽度。调整行高和列宽的另一种方法是将表指针移到要调整行高或列宽的行边框、列边框上,当指针变为双箭头时,拖动即可调整行高或者列宽。

要平均分布行和列,可以选择"表格工具"下"布局"选项卡中"单元格大小"组中的"分布行"和"分布列"图标,行高和列宽就会平均分布。

图 3.31　表格属性对话框

7. 表格的边框设置

表格边框设置在"边框和底纹"中进行,和其他的边框设置相同。

① 单元格中的文字对齐方式、文字方向和单元格边距可在"表格工具"下"布局"选项卡"对齐方式"组中设置,如图 3.32 所示。

② 单击"单元格边距"命令,可以在图 3.33 中设置单元格中的文字距离上、下、左、右边框的边距。

图 3.32　"对齐方式"功能组

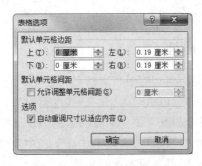

图 3.33　"表格选项"选择框

8. 表格自动套用格式

Word 有多种已定义好的内置样式,用户可以通过自动套用格式快速格式化表格。

在表格任意处单击,选择"表格工具"中"设计"选项卡中的"表格样式"组,单击"其他"按钮,弹出图 3.34 所示的内置样式列表。单击选择套用的样式即可。

如果对内置表格样式不满意,还可以单击"修改表样式"选项修改表格样式,也可以单击"新建表格样式"建立新样式。

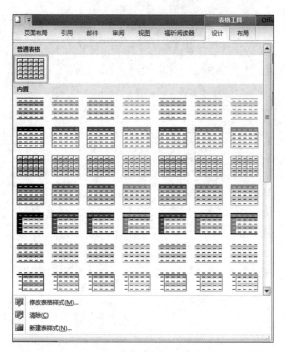

图 3.34 表格内置样式列表

3.1.7 绘制图形

利用 Word 提供的绘制图形工具,可以向文档中插入各种形状,并把所绘制的形状组合起来,当做一个整体来使用,这为绘制包含各种形状的图形提供了有力的支持。

1. 使用画布

绘图画布在绘图和文档之间建立了一条框架式的边界。默认情况下,画布没有背景或边框,但也可以对画布的格式进行设置。绘图画布还能把放入画布的图形、图片组合起来,方便绘制既有图片又有图形的情况。

新建画布,将插入点定位在文档中要插入画布的位置,在图 3.35 中单击"新建绘图画布"命令,即可在插入点插入绘图画布。

2. 绘制图形

单击"插入"选项卡中"插图"工具组中的"形状"命令,弹出图 3.35 所示的形状列表,选择要绘制的形状按钮,例如"云形"按钮。将插入点移动到要绘制图形的位置,拖曳鼠标,就可绘制出所选图形状,如图 3.36 所示。

图中角上的四个圆点为四角控制点,拖动控制点可以同时改变图形的高度和宽度;四个小方框为四周控制点,拖动控制点可以改变图形的高度或者宽度;上方的圆点为旋转图形控制点,拖动控制点可以对图形进行任意角度的旋转。

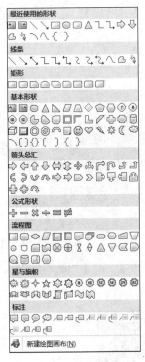

图 3.35　形状列表

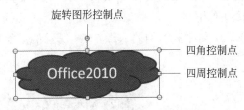

图 3.36　绘制的云图形和形状控制点

向图形中添加文字：选定要添加文字的图形，右击，在弹出的快捷菜单中选择"添加文字"，即可在图形中输入文字。

3. 插入文本框

文本框，顾名思义是在一个框内输入 Word 对象的区域，文本框可以作为一个图形来处理，可以放置在页面的任何位置，适合绘制流程图或者作为图片中的标注来使用。选择"插入"选项卡中"文本"功能区中的"文本框"，单击，弹出内置的文本框样式，选择合适的样式单击，即可插入文本框；选择"绘制文本框"命令，就像绘制其他形状一样，用鼠标拖曳出文本框。可以设置文本框的填充、边框的有无和颜色等。

组合图形是将绘制的多个形状的图形组合在一起，作为一个图形使用，方便排版。方法是按住 Shift 键，单击要组合的图形，选择"绘图工具—格式"选项卡中排列工具中的"组合"按钮，即可把所选形状组合起来。

图形的叠放次序：绘制多个形状的图形时，Word 会根据绘制的先后次序，将图形放置在不同的层中，每个图形就占据一个层。当绘制的图形有重叠时，后绘制的图形将覆盖住早前所绘制的图形，如图 3.37 所示。选中椭圆形状，右击，在弹出的快捷菜单中选择"上移一层"，或者选中三角形状，选择"下移一层"，得到图 3.37 所示图形。

修改图形：可以对图形的大小、颜色、阴

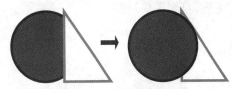

图 3.37　层次叠放效果

影、三维效果进行修改。修改前先选定要修改的图形对象,然后选择"图片工具"下的"格式"选项卡,选择需要的效果即可。

3.1.8 编辑图片

1. 插入剪贴画

单击"插入"选项卡中"插图"工具组中的"剪贴画"命令,窗口右侧弹出"剪贴画"列表。单击"搜索"按钮,显示出找到的所有剪贴画。选定要插入的对象,双击,就可以插入剪贴画。

2. 插入图片

将插入点定位到文档中要插入图片的位置,单击"插入"选项卡中"插图"组中的"图片"命令,弹出"插入图片文件"对话框,选择要插入的图片文件,单击"插入"按钮,插入所选中的图片文件。本例插入图 3.38 所示的原始图片。

图 3.38　原始图片

Word 功能区显示出"图片工具"的"格式"选项卡。单击"格式"选项卡,可以在"调整"中设置图片的亮度、删除背景、颜色、艺术效果,"图片样式"是内置的设定好的图片样式。在"大小"组可以对图片进行"裁剪"和尺寸的设定。对图片进行这些改变,只是图片显示格式的改变,原始图片一直保留在文档中不变。如果要恢复原始图片,可以单击"重设图片"图标,在弹出的下拉列表中单击"重设图片和大小",就可以完全恢复原始图片。

选中要设置格式的图片,右击,在弹出的快捷菜单中选择"设置图片格式",弹出图 3.39 所示的"设置图片格式"对话框,对图片所有格式的设置都可以在这个对话框里完成,设置更方便,设置效果更好。

图 3.40 所示为对原始图片进行柔化边缘矩形、铅笔素描、棱台透镜和冲蚀的设置效果。

图 3.39 "设置图片格式"对话框

(a) 柔化边缘矩形　　　　(b) 铅笔素描

(c) 棱台透镜　　　　(d) 冲蚀

图 3.40　图片设置效果对比

3. 插入 SmartArt 图

SmartArt 图是表示对象之间的从属、层次关系，建立 SmartArt 图的方法是单击"插入"选项卡中"插图"组中的"SmartArt"按钮，弹出图 3.41 所示的对话框。选择列表中适合需要的图形,单击"确定"按钮,返回文档,编辑插入的对象即可。

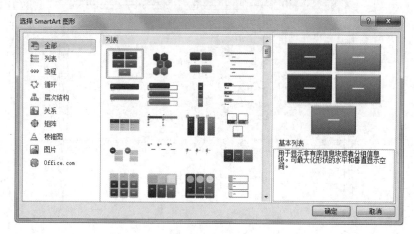

图 3.41 "选择 SmartArt 图形"对话框

4. 插入公式

Word 支持复杂的数学公式编辑功能,单击"插入"选项卡中"符号"组中的"公式"进项,弹出图 3.42 所示的内置公式库,在其中选择需要的公式即可。

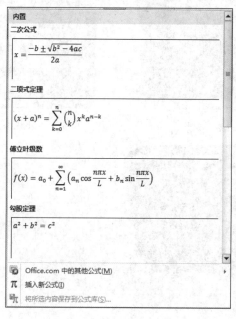

图 3.42 内置公式库

如果内置公式库中没有合适的公式,可以单击"插入新公式"选项,在"公式工具"中"设计"选项卡编辑新公式。

编辑新公式可以单击"插入"选项卡"文本"组的"对象"按钮,弹出图 3.43 所示的"对象"对话框,选择其中的"Microsoft 公式 3.0"(依据所安装的插件版本不同,可显示不同版本的公式插件),单击"确定"按钮,弹出"公式编辑器窗口"和"公式编辑工具栏",如图 3.44 所示。输入公式之后,单击文档的其他内容,就可退出公式编辑器,回到文档编辑窗口。

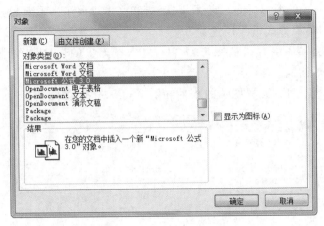

图 3.43 "对象"对话框

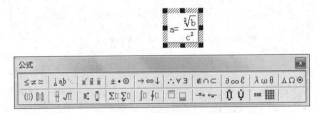

图 3.44 公式编辑工具栏

5. 插入对象

在图 3.43 的"对象"对话框中选择"新建"标签,在对象类型中选定一个对象,单击"确定"按钮,就可以打开相应的应用程序来建立新文件;选择"由文件创建"标签,则可以在文档中插入已经建立的文件。如果选择"显示为图标",就在文档中出现一个文件图标,如果不选择,则把文件按自己的格式插入到文档中。

6. 插入艺术字

艺术字是带有装饰的文字,利用艺术字可以使文档的部分文字显示得更加丰富多彩。选择"插入"选项卡中"文本"功能区中的"艺术字",在弹出的列表中单击要选择艺术字的样式,文档中会出现一个文本框,在文本框中输入需要的文字即可。图 3.45 为填充了背景的艺术字效果。

图 3.45 艺术字效果

7. 图文混排

在 Word 中插入的图形、图片、艺术字、公式和文本框属于图形对象，需要对图片的位置、大小和文字的环绕方式进行设置。

选中要设置文字环绕方式的图形对象，右击，在弹出的快捷菜单中选择"大小和位置"，弹出"布局"对话框。

在"位置"标签下可以设置图片的水平和垂直对齐方式，如图 3.46 所示。

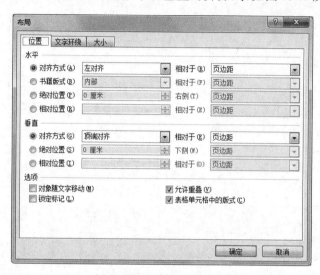

图 3.46　图片大小设置

在"文字环绕"标签下可以选择文字和图片的环绕方式，如图 3.47 所示，其中 Word 默认新插入的图形对象位置为"嵌入型"，图形随文字的变化而改变位置，用户不能自己改变图形的位置。在其他的环绕方式中，用户可以移动图片对象。

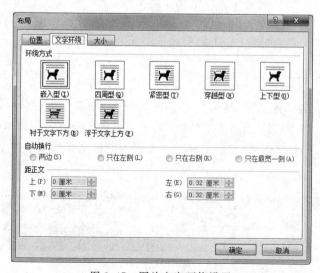

图 3.47　图片文字环绕设置

在"大小"标签下,用户可以设置图片的绝对大小和相对于页面的大小。

3.1.9 页面排版

1. 视图

视图是 Word 文档呈现给用户的显示方式。使用不同的显示方式,用户可以把注意力集中到文档的不同方面,从而高效、快捷地查看编辑文档。Word 提供了多种视图,其中"页面视图"和"大纲视图"最为常用。

(1) 页面视图

页面视图是 Word 的默认视图,它可以显示整个页面的分布情况和文档中的各种对象,并能对它们进行编辑,在页面视图方式中,显示效果反映了打印的真实效果,即"所见即所得"的功能。

(2) 大纲视图

大纲视图使得查看长文档的结构变得很容易,并且通过拖动标题来移动、复制或重新组织正文。在大纲视图中,可以折叠文档,只查看主标题;也可以扩展文档,查看整个文档。

各种视图之间可以方便地切换,"视图"选项卡"文档视图"中的功能按钮实现视图间的切换;也可以使用状态栏右面的切换按钮进行切换。

图 3.48 文字方向列表

2. 页面设置

页面设置可在"页面布局"选项卡的"页面设置"功能组中进行。

(1) 设置文字方向

单击"页面布局"选项卡中"页面设置"功能组中的"文字方向"按钮,显示图 3.48 所示文字方向列表,选择需要的文字方向即可。

(2) 设置页边距

单击"页面布局"选项卡中"页面设置"功能组中的"页边距"按钮,显示图 3.49 所示的页边距列表。如果需要自己定义就单击"自定义边距",在弹出的图 3.50 所示的"页面设置"对话框中设置页边距。

(3) 纸张方向

单击"页面布局"选项卡中"页面设置"功能组中的"纸张方向"按钮,在弹出的列表中选择,或者在图中选择纸张方向。

(4) 纸张大小

单击"页面布局"选项卡中"页面设置"功能组中的"纸张大小"按钮,显示"纸张大小"列表。如果需要自己定义就单击"其他页面大小",在弹出的对话框中选择"纸张"标签,进行设置。

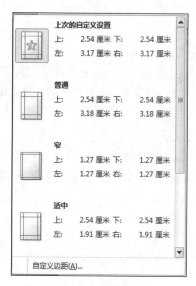

图 3.49　页边距列表

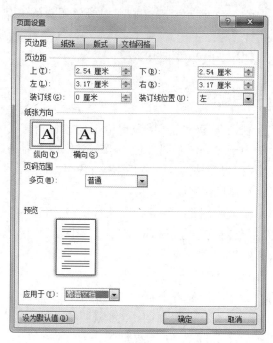

图 3.50　"页面设置"对话框

3. 插入分隔符

分隔符分为分页符、分栏符、自动换行符和分节符。

Word 文档到达页面末尾时,Word 会自动插入分页符。如果想要在其他位置分页,就需要插入分页符来完成。

(1) 插入分页符

选择"插入"中"页"功能区中的"分页"选项,文档就被强行从下一页开始。

分节符改变文档中一个或多个页面的版式或格式。例如,可以将单列页面的一部分设置为双列页面。可以分隔文档中的各章,以便每一章的页面设置不同。也可以为文档的某节创建不同的页眉或页脚。

(2) 插入分节符

选择"页面布局"中"页面设置"功能区中的"分隔符"选项,弹出图 3.51 所示的分节符列表,选择需要的分节符即可。

3.1.10　设置页眉页脚

页眉和页脚是文档中页面的顶部和底部的区域,可以

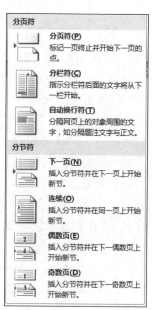

图 3.51　分节符列表

在页眉页脚区域中插入文本或图形,例如文件名、章节名、页码、日期、公司 Logo 等。在文档中,可以自始至终用同一个页眉页脚,也可以在文档的不同部分应用不同的页眉页脚。例如:首页不同、奇偶页不同、各章节不同等。

1. 创建页眉页脚

双击页眉页脚区域,进入到页眉和页脚编辑区域,选择"页眉页脚工具"的"设计"选项卡中的"页眉和页脚"功能区的"页眉"选项。弹出图 3.52 所示的页眉内置列表。选择满意的格式,单击即可。

图 3.52　页眉内置列表

编辑选择好的页眉页脚,完成后单击"关闭页眉页脚"按钮,可返回文档编辑。
设置页脚的方法与设置页眉基本相同。

2. 创建不同的页眉页脚

(1) 首页不同的页眉页脚
该方法创建首页的页眉页脚与其他页面的页眉页脚不同,操作方法如下:
在文档中双击页眉或页脚区域,进入功能区"页眉页脚工具"中的"设计"选项卡。
在"选项"组中选中"首页不同"复选框,这时首页中已设置的页眉页脚就删除了,用户另行设置。
(2) 奇偶页不同的页眉页脚
操作方法与首页不同一样,只是由选择"首页不同"复选框改为选择"奇偶页不同"复选框。

同时选中两个复选框,可以同时设置"首页不同"和"奇偶页"不同的页眉页脚。

（3）为文档各节创建不同的页眉页脚

首先为文档分节,在需要分节的位置插入分隔符,单击"页面布局"选项卡"页面设置"功能组中的"分隔符"按钮,单击"分节符"列表中的下一页,将文档分为两节。

双击第一节,设置页眉或页脚区域,进入页眉页脚编辑状态。

分别设置页眉和页脚,这时文档的所有页眉页脚都是相同的,页眉区和页脚区的转换可以通过"页眉页脚工具"中"设计"选项卡中"转至页眉"和"转至页脚"按钮进行转换。

单击"页眉页脚工具"中"设计"选项卡中的"导航"功能区"下一节"按钮,进入文档第二节的页眉页脚编辑区。

在"导航"功能区单击"链接到前一个页眉"按钮,断开新节中的页眉和前一节页眉之间的链接,这时页面中不再显示"与上一节相同"的提示信息,用户就可以修改或创建新的页眉页脚了。设置的多个页眉效果如图 3.53 所示。

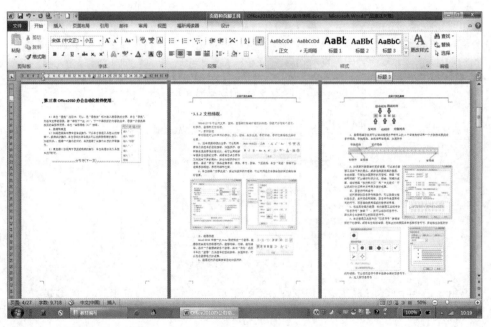

图 3.53　不同页眉页脚效果

3. 为文档设置页码

文档的页码可以放置在页眉区,也可以放置在页脚区。双击页眉或者页脚区域,进入页眉页脚编辑状态,将插入点放置在要插入页码的位置,单击"页眉页脚工具"中"设计"选项卡中"页眉和页脚"功能区中的"页码"按钮,弹出图 3.54 所页码格式列表,可以选择页码的位置在页面顶端、页面底端、当前位置和页边距,在下级菜单中选择页码的形状。

单击图中的"设置页码格式"选项,弹出图 3.55 所示的页码格式对话框,在"编号格式"框中选择采用的格式,例如阿拉伯数字、大写罗马数字等。

图 3.54　页码格式列表　　　　图 3.55　页码格式对话框

如果在页码编号区选中单选按钮"续前节",则页码接着前节的页码继续;如果选择了单选按钮"起始页码",则本节的页码从输入的起始值开始编排。

4. 在文档中插入引用内容

在长文档的编辑过程中,在文档中添加脚注、尾注、索引就显得非常重要,这将使文档的引用内容和关键内容得到有效组织。

5. 添加脚注

Word 将在文本中插入一个引用标记,并在页面底部添加脚注。

将插入点放置在要添加脚注的位置,单击"引用"选项卡"脚注"组中的"插入脚注"按钮,输入脚注文本。完成后要返回到文档中的原始位置,双击脚注标记即可。也可以按 Ctrl+Alt+F 快捷键插入脚注。

6. 添加尾注

添加尾注的方法与添加脚注相同,单击"插入尾注"按钮。也可以按 Ctrl+Alt+D 快捷键插入脚注。

7. 添加题注

题注是可以为图表、公式或其他对象添加的带编号的标签(例如"图 1"),可将其添加到图表、表格、公式或其他对象。它包括可自定义文本("图表""表格""公式"或输入的其他文本),后跟序数或字母(典型的为"1、2、3…"或"a、b、c…"),并可根据需要选择性添加额外描述性文本。添加题注的方法如下:

选择要添加题注的对象(表、公式、图表或其他对象),在"引用"选项卡的"题注"组中单击"插入题注"选项。弹出图 3.56 所示的"题注"对话框。在"标签"列表中选择能最贴切描述该对象的标签,例如图表或公式。单击"确定"按钮,即可将题注添加到对象的指定位置。

如果列表未提供所需标签,单击"新建标签"选项,在弹出的图 3.57"标签"对话框中输入新标签,然后单击"确定"按钮,输入标签名,单击"确定"按钮即可。

图 3.56 "题注"对话框

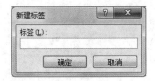

图 3.57 "新建标签"对话框

3.1.11 添加图表目录、索引和目录

1. 添加图表目录

为文档中的图、表和公式添加了题注之后,可以利用这些题注生成图表目录,以方便查找图、表和公式。

单击"引用"选项卡"题注"组中的"插入表目录"按钮,弹出图 3.58 所示的"图表目录"对话框,选择要生成表目录的题注标签,单击"确定"按钮。生成图 3.59 所示的图表目录。

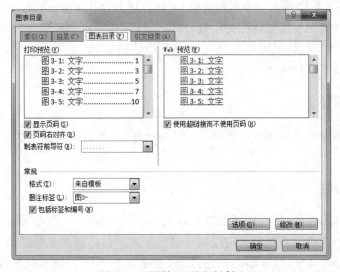

图 3.58 "图标目录"对话框

图 3.59 图表目录

2. 添加索引

索引列出文档中讨论的术语和主题及其出现的页码。若要创建索引,可以通过提供文档中主索引项的名称和交叉引用标记索引项,然后生成索引。可以为单个单词、短语或符号创建索引项,也可以为包含延续数页的主题创建索引项。

在文档中添加索引之前,应先标注出组成文档索引的词、短语之类的全部索引项。索引项是用于标记索引中的特定文字的域代码。当选择文本并将其标记为索引项时,Microsoft Word 添加特殊的 XE(索引项)域字段,其中包括已标记的主索引项和选择要包括的任何交叉引用信息。可以为单个单词、短语或符号创建索引项,也可以为包含延续数页的主题创建索引项。

(1) 标记索引项

选择要作为索引项的文本。在"引用"选项卡的"索引"组中单击"标记索引项"。弹出图 3.60 所示的标记索引对话框。选择要作为索引的文本会出现在"主索引项"文本框,也可以输入此文本框的内容或进行编辑。如果需要,可以通过创建次索引项、第三级项或对另一个项的交叉引用自定义项。

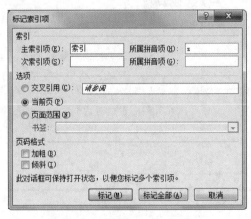

图 3.60 "标记索引项"对话框

若要创建次索引项,在"次索引项"框中输入文本。

若要包括第三级索引项,在次索引项文本后输入冒号(:),然后在框中输入第三级索引项文本。

若要创建对另一个索引项的交叉引用,单击"选项"下的"交叉引用",然后在框中输入另一个索引项的文本。

若要设置索引中将显示的页码的格式,选中"页码格式"下方的"加粗"复选框或"倾斜"复选框。

设置索引的文本格式,选择"主索引项"或"次索引项"框中的文本,右击,然后单击"字体"。选择要使用的格式设置选项;标记索引项,单击"标记",若要标记文档中与此文本相同的所有文本,单击"标记全部"。

重复上述过程,可以继续标记其他索引项。本例将 Microsoft Office 2010 和 Word

2010 标记为索引项。

（2）插入索引

标记了索引项后，就可以选择一种索引设计，并将索引插入文档中。具体操作如下：

单击要添加索引的位置。在"引用"选项卡的"索引"组中单击"插入索引"。弹出图 3.61 所示的"索引"对话框，单击"索引"标签。在"格式"框的下拉列表中单击自己需要的一种样式，单击"确定"按钮，生成图 3.62 所示的索引。

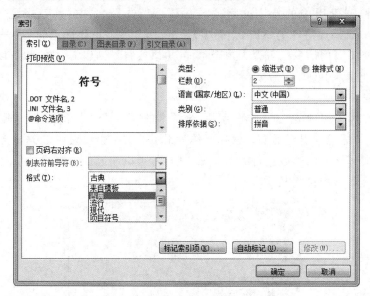

图 3.61　索引对话框

图 3.62　索引表

3. 创建文档目录

目录是篇幅较长的文档必备的一项内容，它列出了文档中各级标题和其所在页码，便于阅读者快速查找所需内容。Word 2010 提供了内置的目录库，使得目录的建立操作变得非常高效、简便，用户可以从中选择自己喜欢的样式。

创建文档目录的方法如下：

首先在文档中定义标题，标题的级别分为九级，可根据需要设置标题级别。

将鼠标定位在需要创建文档目录的地方。单击"引用"选项卡"目录"组中的"目录"按钮，弹出图 3.63 所示的内置目录样式下拉列表，系统内置的目录库以可视化的方式展现了各种目录的编排方式和显示效果。

单击一个中意的目录样式，就可以根据所标记的标题在指定位置创建目录。

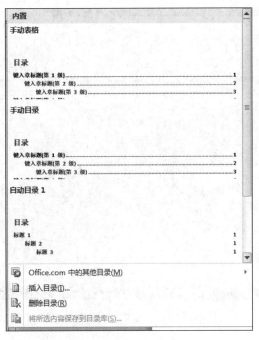

图 3.63 内置目录样式

如果已将自定义样式应用于标题,用户可以选择 Word 创建目录时使用的样式设置。

将鼠标定位在需要创建文档目录的地方,单击"引用"选项卡"目录"组中的"目录"按钮,或者在图 3.63 中选择"插入目录",弹出图 3.64 所示的"目录"对话框。在对话框中设置目录的格式,单击"确定"按钮生成的目录如图 3.65 所示。

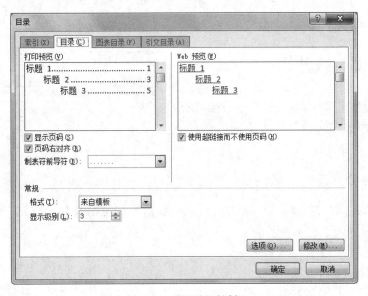

图 3.64 "目录"对话框

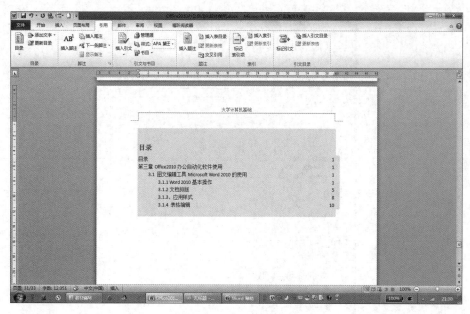

图 3.65 生成的目录样式

如果创建目录之后,再次对文档标题进行了更改,如添加、删除、修改了标题或其他目录项,可以更新目录,方法如下:

单击"引用"选项卡"目录"组中的"更新目录"按钮,弹出图 3.66 所示的"目录选项"对话框。

在对话框中选择一个单选框,单击"确定"按钮即可更新目录。

3.1.12 邮件合并

Word 提供了强大的邮件合并功能,使用户批量创建内容相同但收件人不同的邮件和信函更高效、快捷。

图 3.66 "目录选项"对话框

1. 邮件合并前的准备

Word 的邮件合并是将一个主文档与一个数据源有机结合起来,最终生成一系列的输出文档。

(1) 创建主文档

主文档是经过插入域(标记)的特殊 Word 文档,是每个邮件的"母版"。它包含了每封邮件都具有的基本文本内容,例如邮件的头、主体及发件人落款等。每封邮件中需要变化的文本,例如收件人的姓名和地址等,需要使用一些列的指令(合并域),将数据源的数据插入到不同的邮件中。

(2)选择数据源

数据源是已经建立的一个数据列表,它包含了要插入到邮件中变化部分的数据。例如姓名、通讯地址、邮编、电子邮件地址等数据段。Word 的邮件合并支持的数据源类型如下:

① Office 地址列表。

在邮件合并过程中,用户可以在任务窗格中的新建列表中输入收件人的姓名、地址等相关信息。只适用于不经常使用的小型、简单列表。

② Word 数据源。

可以使用 Word 的制表功能建立一个第一行包含标题、其他行包含邮件所需要的数据的表。

③ Excel 工作表。

第一行包含标题的工作表或者一个命名的区域。

④ Microsoft Outlook 联系人列表。

可以在 Outlook 联系人列表中直接检索联系人的信息。

⑤ Access 数据库。

在 Access 数据库中的表。

2. 使用邮件合并技术制作录取通知书

(1)制作主文档

新建一个 Word 文档,绘制一个文本框,大小为 16cm×16cm。

选中文本框,右击,在弹出的快捷菜单中选择"设置形状格式",在弹出的图 3.67 所示的"设置图片格式"对话框中选择"填充"项,在右边的列表中选择"图片或纹理填充",单击"文件"按钮,将一幅图像作为文本框的背景。

图 3.67 设置图片格式对话框

在文本框里输入邀请函的主要内容。主文档建立完成,如图3.68所示。

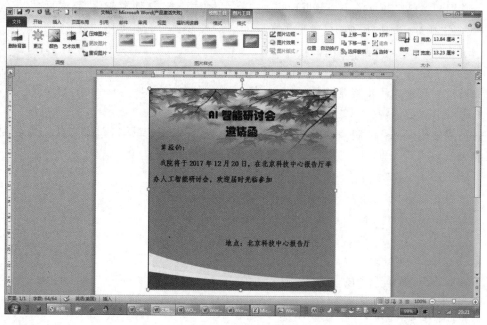

图 3.68　主文档

(2) 准备数据源

建立一个名字为"通讯录"的Excel表,内容如图3.69所示,如已有此文档,可省略此步骤。

单击"邮件"选项卡"开始邮件合并"组中的"开始邮件合并",显示如图3.70所示的列表。

	A	B	C	D
1	姓名	性别	工作单位	
2	包宏伟	男	北京大学	
3	李娜娜	女	南京大学	
4	杜学江	男	中国人民大学	
5	符合	男	北京航天航空大学	
6	吉祥	女	浙江大学	
7	李北大	男	电子科技大学	
8	刘康锋	男	浙江大学	
9	刘鹏举	男	武汉大学	

图 3.69　数据列表

图 3.70　邮件合并列表

选择"邮件合并分步向导"选项,弹出如图3.71所示列表。

在"选择文档类型"区单击"信函"单选按钮。

单击"下一步",进入"邮件合并向导"第二步。如图3.72所示,在"选择开始文档"中选择"使用当前文档"。以当前文档作为主文档。

单击"下一步"按钮,进入"选择收件人",如图3.73所示,选择"使用现有列表"选项,选择"浏览"选项。

图 3.71　邮件合并第一步　　图 3.72　邮件合并第二步　　图 3.73　邮件合并第三步

打开"选取数据源"对话框,选择保存被邀请人的"通讯录.xlsx",单击打开按钮,进入"选择表格"对话框,如图 3.74 所示,选择"通讯录",单击"确定"按钮,显示图 3.75 所示的"邮件合并收件人"对话框,可以对人员的信息进行修改。单击"确定"按钮完成此步骤。

图 3.74　"选择表格"对话框

选择图 3.73 中的"下一步:撰写信函"选项,进入"邮件合并分步向导"第四步,如果用户还未撰写信函正文部分,可以在正文中编写信函正文。现在将收件人信息添加到信函中,先将插入点放置在文档的适当位置,单击"地址块""问候语""电子邮件""其他项目"等。本例选择"其他项目"。

打开图 3.76 所示的"插入合并域"对话框,在域列表框中选择要添加到"邀请函"中邀请人姓名所在位置的域,本例选择"姓名"域,单击"插入"按钮。

将插入点放置在姓名域之后,在"邮件"选项卡的"编写和插入域"组中单击"规则",弹出图 3.77 所示的"插入 Word 域:IF"对话框,按图 3.77 中所示输入规则,则在最终形成的信函中,姓名之后会根据规则加上尊称。

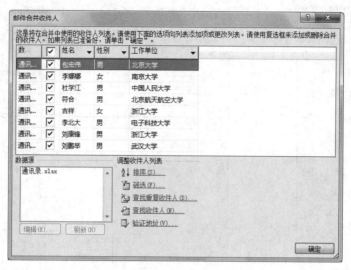

图 3.75　选择"邮件合并收件人"对话框

 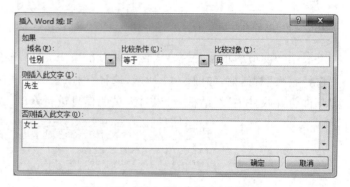

图 3.76　"插入合并域"对话框　　　　图 3.77　"插入 Word 域：IF"对话框

单击"下一步"按钮，进入"信函预览"，单击"下一个"按钮，可以看到下一封邮件的预览。单击"排除此收件人"按钮，可以将此收件人排除在收件人之外。

单击"下一步"按钮，完成合并，选择"打印"，则弹出图 3.78 所示"合并到打印机"对话框，将所有信函打印输出。选择"编辑单个信函"，则弹出图 3.79 所示"合并到新文档"对话框，形成新的包含所有信函的文档。邮件合并完成，图 3.80 显示了两封信函的界面。

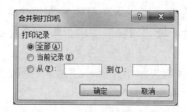 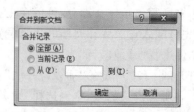

图 3.78　"合并到打印机"对话框　　　　图 3.79　"合并到新文档"对话框

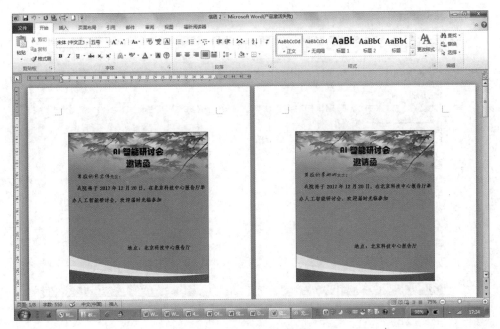

图 3.80　合并后的信函

3.2　电子表格软件 Excel 2010

　　Excel 是 Microsoft Office 套件中的电子表格程序。使用 Excel 创建工作簿(电子表格集合)并设置工作簿格式,可以分析数据和做出更明智的业务决策。特别地,使用 Excel 跟踪数据,生成数据分析模型,编写公式,以对数据进行计算,以多种方式透视数据,并以各种具有专业外观的图表来显示数据。

3.2.1　Excel 2010 窗口

1. 窗口视图

　　打开 Excel 2010 应用软件之后,显示图 3.81 所示的工作窗口,它由快速访问工具栏、标题栏、窗口控制按钮、功能选项卡、功能区、工作表、缩放工具栏等组成。
　　快速工具栏、菜单栏、功能区、控制按钮、缩放工具与 Word 2010 的使用方法相同。

2. Excel 2010 基本概念

　　Excel 2010 工作簿:启动 Excel 2010 后,标题栏显示的是 Excel 2010 自动建立的一个新工作簿,是 Excel 2010 中独立的、在文件夹中可见的文件,其扩展名为.xlsx。工作簿是由若干工作表组成的。一个工作簿中最多可容纳 255 个工作表。

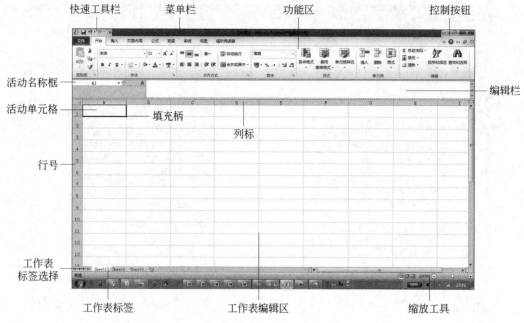

图 3.81　Excel 2010 窗口

Excel 2010 工作表：在 Excel 2010 中，工作表是一个一个独立的表格，是用来存储数据的。每个工作表由 1048576 行和 16384 列组成。"在工作表标签"列出了工作表的名称，一个工作簿默认由 3 个工作表组成，名字为 sheet1、sheet2 和 sheet3。

Excel 2010 单元格：在工作表中，行和列的交叉区域称为单元格。单元格是构成工作表和存储数据的最小单位，输入的各种类型的数据都存放在单元格中。

活动单元格：单击某一单元格，单元格变为黑色的边框，左下角的一个黑色方点称为填充柄，称为活动的单元格。可以在活动单元中输入数据或者编辑数据。

单元格地址：每一个单元格都有一个唯一的地址，即用列标和行号作为地址，列标用英文字母（不区分大小写）来表示，从 A 到 XFD，行号用阿拉伯数字表示，从 1 到 1048576，有效的列标和行号组成一个单元格的地址。例如：D9，表示第 D 列和第 9 行的交叉处的单元格地址。其他单元格引用此单元格的数据时，引用地址就可以。

单元格区域：Excel 2010 支持单元格区域的命名和引用，单元格区域的地址可以用区域左上角的单元格地址和右下角的单元格地址组合而成，中间用冒号分开。例如，A1：C9 就表示了单元格 A1～C9 的矩形区域。

3.2.2　Excel 2010 工作簿的基本操作

Excel 2010 工作簿的基本操作包括工作簿的建立、保存和关闭。这些操作和其家族的 Word 2010 相同，不再赘述。

3.2.3　在工作表中输入数据

打开工作簿，选定工作表之后，可以在单元格内输入数据。在 Excel 2010 中可以输入数值、文本、日期、时间等各种类型的数据或公式。

单元格默认的数字类型是“常规”，在“常规”类型下，单元格内可以输入任何类型的数据，如建立一个图 3.82 所示的学生情况表。

	A	B	C	D	E	F	G
1	数学教育1班学生基本情况表						
2	学号	姓名	性别	民族	出生日期	寝室号	家庭住址
3	100618201	张妙可	女	汉	1996年8月12日	128	辽宁省朝阳市
4	100618202	李佳鑫	男	蒙	1995年12月25日	215	辽宁省鞍山市
5	100618203	赵　伟	男	汉	1996年3月14日	215	辽宁省锦州市
6	100618204	任长杰	男	汉	1998年1月21日	214	辽宁省盘锦市
7	100618205	吴兴国	男	汉	1995年4月25日	215	辽宁省营口市
8	100618206	金盛华	女	回	1996年12月22日	128	山东省日照市
9	100618207	梁　爽	男	汉	1995年4月18日	214	河北省承德市

图 3.82　学生情况表

1. 直接向单元格内输入数据

在 A1 单元格内输入标题，在 B2～G2 中分别输入各列的标题。

在 A3～A9 单元格输入数据时，首先输入一个“'”作为开头，如'100618201，表示将这些单元格定义为字符类型，即单元格内输入的数字是字符而不是数值。单元格左上角绿色的三角表示此单元格是字符类型。

在出生日期列的 E3 内输入“1996/8/12”，按 Enter 键，就显示表 3.82 中所示的日期格式。依次在表中输入数据，完成图 3.82 所示表格。

2. 向单元格中自动填充数据

向单元格中输入数据时，经常会遇到一些有规律的数字序列，例如序号、学号、星期几等，Excel 2010 提供了快速填充方法来填充序列值。

(1) 填充相同的数据

在第一个单元格内输入数据，如在 A1 中输入任意数据，不仅仅局限于数值类型。

将鼠标指针指向填充柄，向下拖动，在要填充数据的最后一个单元格释放鼠标，填充区都被填充了相同的数据。

(2) 填充递增序列

Excel 2010 支持的序列包括等差序列和等比序列。

(3) 填充增量等差序列

在 A1 单元格中输入 30，A2 单元格内输入 33，选中这两个单元格，拖动填充柄，在 A5 单元格释放鼠标，效果如图 3.83 所示，这个序列的步

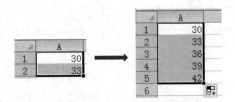

图 3.83　填充等差序列

长为两个数据之差。

（4）填充等比序列

选定第一个单元格，输入1，选定要填充的单元格，单击"开始"选项卡"编辑"组中的"填充"按钮，在弹出的图3.84所示的下拉菜单下选择"系列"命令，弹出图3.85所示的序列对话框，选择等比序列，步长值设为2，单击"确定"按钮，填充结果如图3.86所示。如果选中"预测趋势"框，在终止值框内输入本次填充的最大值，则填充值在最接近或等于最终值时结束。

  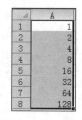

图3.84　填充列表　　　　图3.85　"序列"对话框　　　　图3.86　填充结果

（5）填充预定义序列

Excel 2010 内置了一些常用的序列，如在图中选择"日期"，就可以按"日""工作日"等来填充数据。

（6）填充自定义序列

通过自定义序列，用户可以将一些常用的序列，如星期、甲乙丙丁……等作为填充序列来使用，提高工作效率。

单击"文件"按钮，在下拉菜单中选择"选项"命令，弹出图3.87所示的"Excel 选项"对话框，选择"高级"命令，在"常规"区单击"编辑自定义列表"按钮，弹出图3.88所示"自定义序列"对话框，在输入序列区输入自定义序列，在每项末尾按 Enter 键。输入完成后，单击"添加"按钮，完成自定义序列添加。

3. 删除自定义序列

在图3.88中选择需要删除的自定义序列，单击"删除"按钮即可删除。

4. 数据有效性设置

为了防止输入的数据不在数据的有效范围之内，在输入数据之前，对数据有效性范围进行设置。如果输入数据超出数据的有效性范围，则软件给出"输入非法值"的提示。例如，输入人的性别只能是"男"和"女"。

选定要输入数据的单元格。

单击"数据"选项卡"数据工具"组中的"数据有效性"按钮，弹出图3.89所示的"数据有效性"对话框。

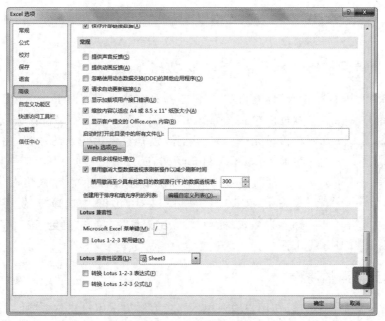

图 3.87 "Excel 选项"对话框

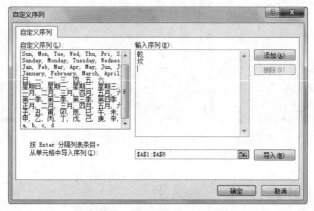

图 3.88 "自定义序列"对话框

图 3.89 "数据有效性"对话框

第 3 章　Office 2010 办公自动化软件

选择"设置"标签,在"允许"下拉列表中选择"序列";在"来源"文本框中输入"男,女",单击"确定"按钮完成设置。

5. 设置单元格输入为下拉菜单中的数据

在图 3.89 中选择"设置"标签,在"允许"下拉列表中选择"序列",在弹出的"来源"文本框中输入"河北,北京,天津",单击"确定"按钮完成设置。此时单击单元格右方的下拉按钮,显示出输入的序列,用鼠标单击即可输入,如图 3.90 所示。

图 3.90 下拉输入菜单

通过对输入信息和出错警告的设置,输入错误信息之后,回车确认时会弹出警告框。在图 3.89 中选择"出错警告"标签,选择警告样式、标题,输入错误信息,单击"确定"按钮完成。输入错误时弹出图 3.91 所示提示框。

6. 单元格添加注释

为单元格添加注释可以在用户输入单元格内容时提示用户注意事项。

选中一个单元格或单元格区域。右击,在弹出的快捷菜单中选择"插入批注"。插入批注的单元格右上角会出现一个红色的三角,如图 3.92 所示。在弹出的输入框内输入相关信息即可。

图 3.91 错误信息提示框

图 3.92 插入批注

3.2.4 Excel 2010 工作表的操作

1. 插入工作表

工作簿默认由 3 个工作表组成,名字为 sheet1、sheet2 和 sheet3,在工作簿中插入工作表的方法如下:

① 单击工作表标签区域的工作表名右边的"插入工作表"图标,插入一个工作表,即名称默认为"sheetx"的空白工作表,x 为工作表的编号。

② 在工作表标签上右击,弹出快捷菜单,单击快捷菜单中的"插入"命令,弹出"插入"对话框,如图 3.93 所示,双击"工作表"图标,即可插入一个空白的工作表。

③ 单击"开始"选项卡"单元格"组中的"插入"按钮,弹出如图 3.94 所示列表,单击"插入工作表"命令,即可插入一张空白工作表。

图 3.93 "插入"对话框

图 3.94 插入下拉列表

2. 删除工作表

右击要删除的工作表标签,在弹出的快捷菜单中选择"删除"命令,删除此工作表。

3. 重命名工作表

右击要重命名的工作表标签,在弹出的快捷菜单中选择"重命名"命令,在工作表标签上输入修改过的工作表名字即可。

4. 移动或复制工作表

右击要重命名的工作表标签,在弹出的快捷菜单中选择"移动或复制"命令,弹出图 3.95 所示"移动或复制"工作表对话框。

如果选中"建立副本"框,则是复制此工作表,否则是移动此工作表。

在"工作簿"的下拉菜单中选择要移动或复制工作表的目的工作簿,如果目的是其他工作簿,则需要打开该工作簿才能完成此操作。

在原工作簿中移动或复制工作表,只需在"下列选定工作表之前"中选择移动或复制的位置即可。

在原工作表中移动或复制工作表,可以采用鼠标拖曳工作表标签的方式移动,拖曳鼠标的同时按下 CTRL 键,完成复制。

图 3.95 "移动或复制工作表"对话框

5. 显示或隐藏工作表

右击要隐藏的工作表,在弹出的快捷菜单中选择"隐藏"命令,完成工作表的隐藏。
取消隐藏工作表的操作与隐藏相同。

6．工作表标签颜色设置

右击要改变标签颜色的工作表标签,在弹出的快捷菜单中单击"工作表标签颜色"选项,在弹出的调色板中可以改变工作表标签的颜色。

3.2.5 格式化工作表

1．选择单元格和区域

选择单元格:单击可以选择单元格。

选择行:单击行号选择一行;用鼠标在列标上拖曳可以选择连续的多列;按下 Ctrl 键单击列标,可以选择不相邻的列。

选择列:单击列标选择一行;用鼠标在行号上拖曳可以选择连续的多行;按下 Ctrl 键单击行号,可以选择不相邻的行。

选择连续区域:选中起始单元格,拖动,可选择一个区域。单击该区域的第一个单元格,按住 Shift 键,单击最后一个单元格。

选择不连续区域:先选择一个区域,按下 Ctrl 键,同时用鼠标单击其他区域。

选中整个工作表:单击行号列和列标行的交叉点,可以选中整个工作表。

为选中的区域命名:选中一个区域后,在"活动名称框"中输入为此区域起的名字,按 Enter 键完成区域命名。以后只要在"活动名称框"中输入区域名称,就可以选中这个区域。

2．设置行高和列宽

设置行高:将鼠标指向行号的下边线,当鼠标变为双箭头时,拖动鼠标可以改变行高;如果要精确设置行高,可以选择"开始选项卡"中"单元格"组中的"格式"按钮,弹出图 3.96 所示的"单元格大小"列表,单击"行高"命令,在弹出的对话框中输入行高值,单击"确定"按钮。

设置列宽:将鼠标指向列标的右边线,当鼠标变为双箭头时,拖动鼠标可以改变列宽;如果要精确设置列宽,可以选择"开始选项卡"中"单元格"组中的"格式"按钮,弹出如图 3.96 所示的列表,单击"列宽"命令,在弹出的对话框中输入列宽值,单击"确定"按钮。

3．隐藏行、列和取消隐藏行、列

用鼠标拖动行号区的下边线与上边线重合,可以隐藏行;用鼠标拖动列标区的左边线与右边线重合,可以隐藏列。也可以单击图中的"隐藏和取消隐藏",在弹出的图 3.97 所示的列表中选择隐藏选项。

4．在工作表中插入单元格、行或列

选中活动的单元格,右击,在弹出的快捷菜单中选择"插入"命令,在弹出的对话框中选择插入单元格、行或列。插入单元格要选择位置，插入行在当前行的下方，插入列在当前列的左侧。单击"确定"按钮。

图 3.96　单元格大小列表　　　　图 3.97　隐藏和取消隐藏

5. 删除单元格、行或列

选中要删除的单元格、行或列，右击，在弹出的快捷菜单中选择"删除"命令，在弹出的对话框中选择删除单元格、行或列，单击"确定"按钮。

6. 移动行或列

选择要移动的行或列，将鼠标指针指向所要移动的行或列的边线。当鼠标指针变为✥形状时，拖动到适当的位置放开鼠标左键即可完成行或列的移动。

7. 设置字体和对齐方式

选择要设置字体和字号的单元格，在"开始"选项卡的"字体"组进行相应的设置。也可以单击"字体"组右下角的 ，打开图 3.98 所示的"设置单元格格式"对话框，在"字体"标签下进行设置。

选择要设置对齐方式的单元格，在"开始"选项卡的"对齐方式"组进行相应设置，也可以单击"字体"组右下角的 ，打开图 3.99 所示的"设置单元格格式"对话框，在"对齐"标签下进行设置。

8. 设置数字格式

数字格式是单元格中数据显示的外观形式。输入单元格的数字以默认格式显示，Excel 2010 支持多种数字格式。如数值格式、文本格式、日期格式等。

选定要设置数字格式的单元格，选择"开始"选项卡中"数字"组中的选项，进行相应设

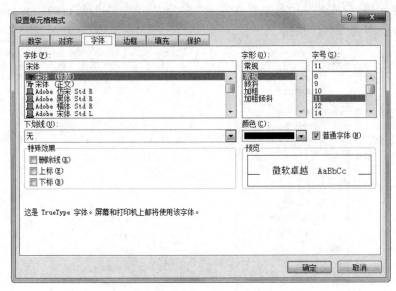

图 3.98　设置字体对话框

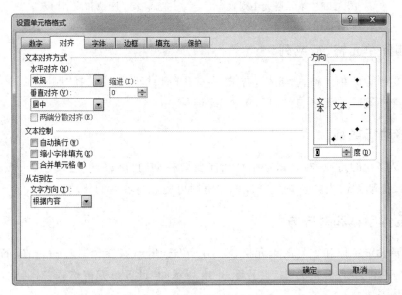

图 3.99　设置对齐方式对话框

置；也可以单击"数字"组右下角的 ，在弹出的图 3.100 所示的"设置单元格格式"对话框的"数字"标签下设置。

9. 设置边框

在默认的情况下，工作表是没有边框和底纹的。可以通过设置工作表或者数据区域的边框和底纹，使工作表在视觉上更加美观、易读，数据显示更加清晰。

选定要设置边框的区域，选择"开始"选项卡中"字体"组中的"边框"按钮，弹出

图 3.101 所示的下拉列表,单击选中的边框类型,完成边框设置。选择"绘制边框"下的选项,可以绘制边框,并设置绘制边框的线条颜色和线形,也可以擦除边框。选择"其他边框",则弹出"设置单元格格式"对话框,在"边框"标签下设置边框。

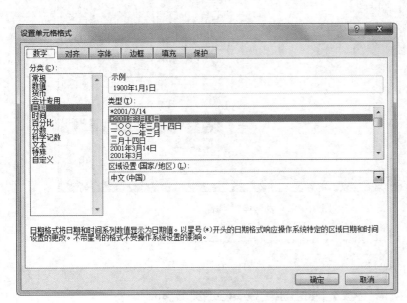
图 3.100　设置单元格数字对话框

图 3.101　边框列表

10. 设置底纹

选定要设置边框的区域,选择"开始"选项卡中"字体"组中的"填充颜色"选项,在弹出的下拉列表中单击选中的颜色,完成底纹设置。也可以右击,在弹出的快捷菜单中选择"设置单元格格式",弹出"设置单元格格式"对话框,在"填充"标签下完成设置。

11. 自动套用格式

Excel 2010 内置了大量的表格式,称为表样式。用户可以使用这些表样式,快速格式化工作表或所选区域。

选定要套用表格格式的区域,选择"开始"选项卡中"样式"组中的"套用表格格式"按钮,弹出图 3.102 所示的表格样式下拉列表。单击选中的表格样式,本例选择"表样式中等深浅 1"样式,单击,在弹出的对话框中确定选定区域包含标题行。自动套用后的工作表如图 3.103 所示。

12. 设置工作表背景

选择要设置背景的工作表,单击"页面布局"选项卡中"页面设置"组中的"背景"按钮,弹出选择用做工作表背景的图片对话框,单击满意的图片,单击"确定"按钮完成。

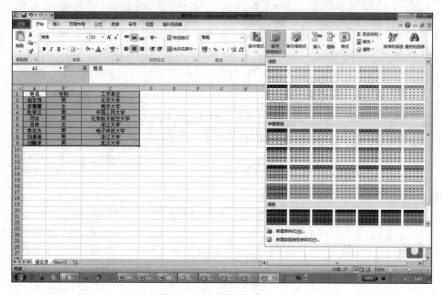

图 3.102　表格样式列表

	A	B	C
1	姓名	性别	工作单位
2	包宏伟	男	北京大学
3	李娜娜	女	南京大学
4	杜学江	男	中国人民大学
5	符合	男	北京航天航空大学
6	吉祥	女	浙江大学
7	李北大	男	电子科技大学
8	刘康锋	男	浙江大学
9	刘鹏举	男	武汉大学

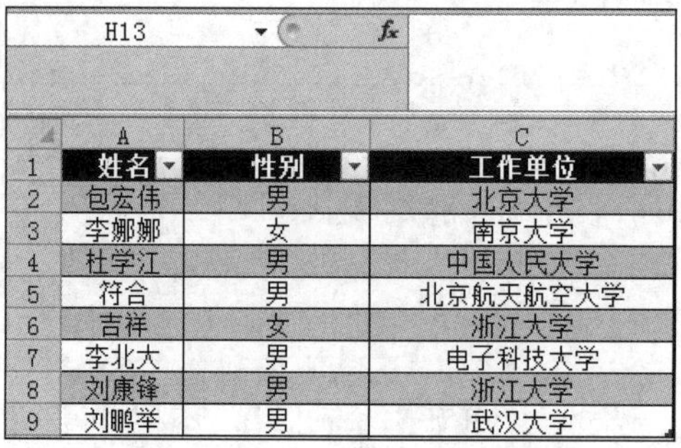

图 3.103　套用样式效果

13. 设置条件格式

条件格式，是指在工作表中，用设定的特殊格式显示满足条件的数据，提醒用户注意此数据；不满足条件的数据的显示格式不变。

选定要设置条件格式的区域，单击“开始”选项卡中“样式”组中的“条件格式”按钮，弹出图 3.104 所示的条件格式列表。

突出显示单元格规则：单击“突出显示单元格规则”，弹出图 3.105 所示的对话框，通过对单元格的数据和限定的数据进行大于、小于、介于、包含等关系运算，运算结果为真，就设置为突出显示格式。例：将工资在 5000～7000 元所有单元格标记为浅红填充深红色文字。

项目选取规则：可以将选定单元格区域中的若干个值中的最高值或者最低值(可以是绝对数，也可以是相对数)，大于平均值，小于平均值的单元格设置为突出显示格式。

图 3.104　条件格式列表　　　　图 3.105　条件格式运算

数据条：数据条可帮助用户查看某个单元格相对于其他单元格的值。数据条的长度代表单元格中的值。数据条越长，表示值越高，数据条越短，表示值越低。在观察大量数据(如节假日销售报表中最畅销和最滞销的玩具)中的较高值和较低值时，数据条尤其有用。

图标集：使用图标集可以对数据进行注释，并可以按阈值将数据分为 3~5 个类别。每个图标代表一个值的范围。例如，在三向箭头图标集中，绿色的上箭头代表较高值，黄色的横向箭头代表中间值，红色的下箭头代表较低值。

新建格式规则：在图 3.104 中单击"新建规则"按钮，弹出图 3.106 所示的"新建格式规则"对话框。首先在"选择规则类型"区域选择一个规则类型，然后在"编辑规则说明"中设定需要的条件和格式，单击"确定"按钮推出新建格式规则。

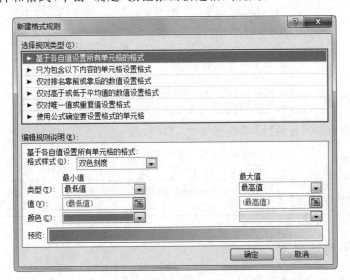

图 3.106　"新建格式规则"对话框

若要编辑或者删除规则，在图 3.104 中单击"管理规则"按钮，弹出"条件格式规则管理器"对话框。在规则列表中选择要编辑或删除的规则,单击"编辑规则"可以修改此规则,单击"删除规则"则删除此规则。

3.2.6 公式和函数

Excel 2010 的工作表中不仅可以输入数据,还可以对公式和函数进行统计计算,如求和、求平均值、求方差等。Excel 内置了大量各种类型的函数。可以使用各种运算符、常量和函数构成公式,以满足各类计算的需求。通过公式和函数计算的结果,在原始数据改变后,计算结果还可以自动更新。

1. 公式的组成

公式是由运算符将函数、引用的单元格或区域地址、常量连接起来的一个表达式,公式以"="开始。图 3.107 是一个公式的构成。

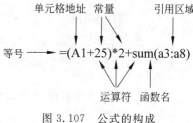

图 3.107 公式的构成

2. 运算符

Excel 有三类运算符,即算数运算符、关系运算符和字符连接符。运算的优先级是算数运算符最高,然后是字符连接符,最低的是关系运算符。表 3.3 列举了运算符的类型和运算符。

表 3.3 运算类型和运算符

运算符类型	运算符	含 义	示 例
算数运算符	+、-、*、/、%、^	加法、减法(负号)、乘法、除法、百分比、乘方	A1+A2,A1-A2,A1*A2,A1/A2,20%,2^3
比较运算符	=、>、<、>=、<=、<>	等于、大于、小于、大于或等于、小于或等于、不等于	A1=B1、A1>B1 A1<B1、A1>=B1 A1<=B1、A1<>B1
引用运算符	:(冒号)	区域运算符,生成一个对两个引用之间所有单元格的引用(包括这两个引用)。	B5:B15
	,(逗号)	联合运算符,将多个引用合并为一个引用	SUM(B5:B15,D5:D15)
	(空格)	交集运算符,生成一个对两个引用中共有单元格的引用	B7:D7 C6:C8
字符连接符	&("与"号)	将两个值连接(或串联)起来产生一个连续的文本值	"North"&"wind" 的结果为 "Northwind"

3. 单元格地址引用

在公式中,单元格的地址引用分为三种,即相对引用、绝对引用和混合引用。在公式移动和复制时,数据源的变化和引用方式是相关的。

相对引用:也称为相对地址,如 A1、E5、C3:F7。采用相对引用地址,当公式移动后,会根据移动的目标位置,自动将公式中引用的单元格地址变为相对目标位置的地址。相对引用如图 3.108 所示。在 E1 中输入公式＝sum(A1:C1),将 E1 中的公式复制到 F2,其引用的单元格地址也发生了编辑栏所示的变化。注意行号和列标的变化与公式复制、移动位置的关系。

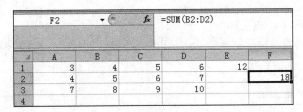

图 3.108　相对引用公式复制

绝对引用:在行号前和列标前都加上符号"＄",如＄A＄1、＄E＄1、＄C＄3;＄F＄7 就是绝对引用。在公式中采用绝对引用,在复制、移动公式时,公式中引用的单元格的地址是不发生变化的,如公式＝sum(＄A＄1:＄C＄1),不论复制、移动到什么位置,其引用的单元格区域还是 A1:C1。

混合引用:混合引用是指在单元格引用时既有相对引用,也有绝对引用,如＄a1 表示列是绝对引用,行是相对引用,也就是说,在公式复制、移动之后,列标不便,行号根据目标位置的变化而变化。

3.2.7　函数的使用

函数实际是 Excel 预先编辑好的、内置的公式。函数通常表示为:函数名([参数 1],[参数 2],…),函数中参数之间的分隔符用半角下的逗号,方括号里的参数是可选的,没有方括号的参数是必选的。参数也不是函数必需的。如＝TODAY()函数就不需要参数。

Excel 的函数分为几大类,每类都包含了很多独立的函数,主要可参考"插入函数"对话框中"或选择类别"列表中列举的函数种类。"选择函数"列表中列举了这类函数的具体函数。

函数输入和公式输入方法类似,可以在单元格内输入,也可以在编辑栏中编辑,但都要以"＝"开始。

由于 Excel 函数种类众多,要全部记住每一个函数名和参数很困难,也没有必要。下面是函数输入的两种方法:

1. 通过功能面板上的函数库插入函数

选定要输入函数的单元格,在"公式"选项卡的"函数库"组中选择一个类别,单击,弹出该类别的所有函数列表,在列表中选择一个函数,如 SUM()求和函数,弹出图 3.109 所示的"函数参数"对话框。

在参数框中可以直接输入常量、单元格地址、单元格区域,也可以单击输入参数文本

图 3.109 "函数参数"对话框

框右边的数据拾取按钮![],函数参数对话框变小,用鼠标来选择数据,如图 3.110 所示。再次单击数据拾取按钮![],返回到函数参数对话框,单击"确定"按钮,完成函数的输入。

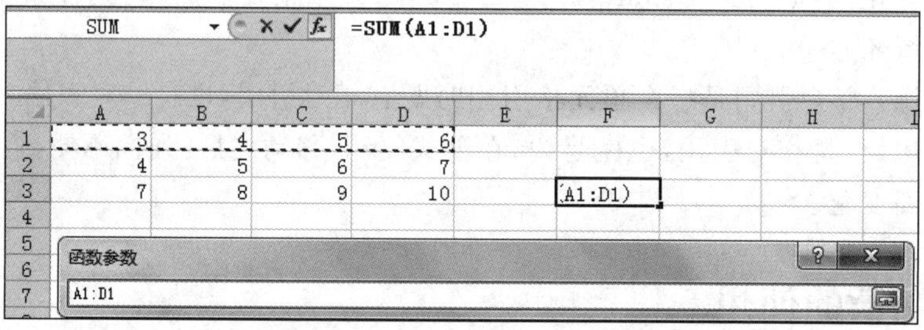

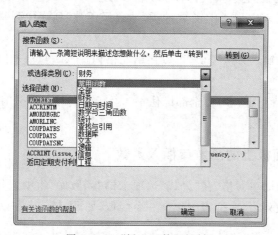

图 3.110 用鼠标选取数据

2. 通过"插入函数"按钮输入函数

单击"公式"选项卡中"函数库"组的"插入函数"按钮,或者单击编辑栏左边的 f_x 按钮,弹出图 3.111 所示的"插入函数"对话框。

图 3.111 "插入函数"对话框

在"选择类别"下拉列表中选择函数类别,在"选择函数"列表框中选择具体的函数,单击"确定"按钮,弹出图 3.109 所示的函数参数对话框。

3.2.8 常用函数的应用

1. 求和函数 SUM(参数 1,[参数 2],…])

功能:指定为参数的所有数字相加。

参数说明:每个参数都可以是区域、单元格引用、数组、常量、公式或另一个函数的结果。

例如:=SUM(A4:A9,B2:B5,A1,25)表示将区域 A4:A9 中所有单元格、区域 B2:B5 种所有单元格、单元格 A1 和常量 25 相加。

2. 求平均值函数 AVERAGE(参数 1,[参数 2],……)

功能:指定为参数的所有数字的平均值。

参数说明:每个参数都可以是区域、单元格引用、数组、常量、公式或另一个函数的结果。

例如:=AVERAGE(A2:A6,5)。单元格区域 A2~A6 中数字与数字 5 的平均值。

3. 计数函数 COUNT(参数 1,[参数 2],…)

功能:计算包含数字的单元格以及参数列表中数字的个数。

参数说明:这些参数可以包含或引用各种类型的数据,但只有数字类型的数据才被计算在内。

例如:=COUNT(A2:A8,2),计算单元格区域 A2~A8 中包含数字的单元格的个数和参数是数字的个数之和。本例参数为数字的个数为 1。

4. 绝对值函数:ABS(参数)

功能:返回 number 的绝对值。
例如:=ABS(-8.9),返回 8.9。

5. 向下取整函数:INT(参数)

功能:将 number 舍入到小于或者等于它的最接近的整数。
例如:=INT(7.1)的返回结果为 7;=INT(-7.1)的返回结果为-8;=INT(-7)的返回结果为-7。

6. 四舍五入函数 ROUND(参数,数值)

功能:按数值指定的位数返回对参数四舍五入的结果。
例如:=ROUND(16.6676,2)返回 16.67;=ROUND(1666.76,-2)返回 1700。

7. 最大值函数 MAX(参数 1,[参数 2],……)、最小值函数 MIN(参数 1, [参数 2],……)

功能：=MAX(参数 1,[参数 2],……)返回参数中的最大值；=MIN(参数 1,[参数 2],……)返回参数中的最小值。

8. 返回数组中第 N 大的值 LARGE(单元格区域,数值 N)

功能：返回指定单元格区域中第 N 大的数值。

9. SMALL(单元格区域,数值 N)

功能：返回指定单元格区域中第 N 小的数值。

10. MOD 函数

语法：MOD(参数 1,参数 2)

功能：返回两数相除的余数。结果的正负号与除数相同。

例如：=MOD(10,3)返回 1；=MOD(-10,-3)返回-1；=MOD(-10,3)返回 2；=MOD(10,-3)返回-2。

11. SUMIF()

语法：SUMIF(range, criteria, [sum_range])

功能：使用 SUMIF 函数可以对其中符合指定条件的值求和。

参数含义：range 为必需参数，用于条件计算的单元格区域。

criteria 为必需参数，用于确定对哪些单元格求和的条件，其形式可以为数字、表达式、单元格引用、文本或函数。

注意：任何文本条件或任何含有逻辑或数学符号的条件都必须使用双引号" "括起来。如果条件为数字，则无须使用双引号。

sum_range 为可选参数，指要求和的实际单元格(如果要对未在 range 参数中指定的单元格求和)。如果 sum_range 参数被省略，Excel 会对在 range 参数中指定的单元格(即应用条件的单元格)求和。

12. COUNTIF() 函数

语法：COUNTIF(range, criteria)

参数说明：range 为必需参数。指要对其进行计数的一个或多个单元格，其中包括数字或名称、数组或包含数字的引用。

criteria 为必需参数。用于定义将对哪些单元格进行计数的数字、表达式、单元格引用或文本字符串。

例如：求男生的数学成绩之和。

在 G4 单元格中输入公式=SUMIF(B4:B11,"男",E4:E11)，执行结果如图 3.112 所示。

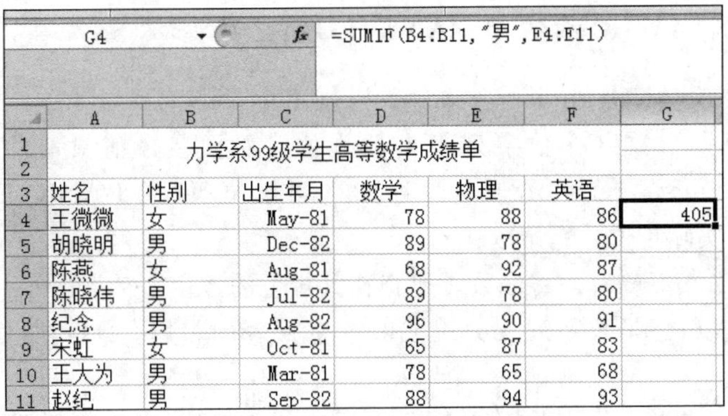

G4 =SUMIF(B4:B11,"男",E4:E11)

	A	B	C	D	E	F	G
1	力学系99级学生高等数学成绩单						
2							
3	姓名	性别	出生年月	数学	物理	英语	
4	王微微	女	May-81	78	88	86	405
5	胡晓明	男	Dec-82	89	78	80	
6	陈燕	女	Aug-81	68	92	87	
7	陈晓伟	男	Jul-82	89	78	80	
8	纪念	男	Aug-82	96	90	91	
9	宋虹	女	Oct-81	65	87	83	
10	王大为	男	Mar-81	78	65	68	
11	赵纪	男	Sep-82	88	94	93	

图 3.112　条件求和函数实例

例如：对成绩大于等于 90 分的成绩进行计数，在 G4 单元格中输入图 3.113 中的公式。

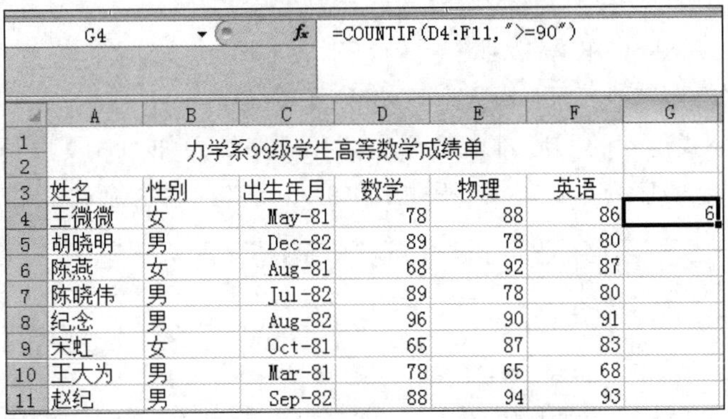

G4 =COUNTIF(D4:F11,">=90")

	A	B	C	D	E	F	G
1	力学系99级学生高等数学成绩单						
2							
3	姓名	性别	出生年月	数学	物理	英语	
4	王微微	女	May-81	78	88	86	6
5	胡晓明	男	Dec-82	89	78	80	
6	陈燕	女	Aug-81	68	92	87	
7	陈晓伟	男	Jul-82	89	78	80	
8	纪念	男	Aug-82	96	90	91	
9	宋虹	女	Oct-81	65	87	83	
10	王大为	男	Mar-81	78	65	68	
11	赵纪	男	Sep-82	88	94	93	

图 3.113　条件计数函数实例

13. LEFT()

语法：LEFT(字符串,数值 N)
功能：从字符串的左边截取 N 个字符
例如：= LEFT("字符串",2)返回“字符”。

14. RIGHT()

语法：RIGHT(字符串,数值 N)
功能：从字符串的右边截取 N 个字符
例如：=RIGHT("字符串",2)返回“符串”。

15. MID()

语法：MID(字符串,数值 N,数值 M)
功能：从字符串指定的第 N 个字符开始截取 M 个字符
例如：=RIGHT("字符串",2,1)返回“符”。

16. RANK.AVG()函数和 RANK.EQ()函数

语法：RANK.AVG(number,ref,[order])、RANK.EQ(number,ref,[order])

功能：返回一个数字在数字列表中的排位。如果多个值具有相同的排位，使用 RANK.AVG(number,ref,[order])将返回平均排位；使用 RANK.EQ(number,ref,[order])将返回实际排位。

参数说明：number 为必需参数。要查找其排位的数字。

ref 为必需参数。是数字列表数组或对数字列表的引用。ref 中的非数值型值将被忽略。

order 为可选参数。指定数字列表的排序方式。如果 order 为 0 或忽略，Excel 对数字的排位就会基于 ref 是按照降序排序的列表；如果 order 不为 0，Excel 对数字的排位就会基于 ref 是按照升序排序的列表。

例如：对表中的总分按升序进行平均排位和实际排位。

在 H4 中输入＝RANK.AVG(G4,$G$4:$G$11)，用鼠标拖动“填充柄”，复制公式得到平均排名次序。在 I5 中输入＝RANK.EQ(G4,$G$4:$G$11)，用鼠标拖动“填充柄”，复制公式得到的实际排名次序。两种排序结果如图 3.114 所示。注意：因为排名是在一个固定的序列中进行的，所以引用的单元格区域用绝对引用。

H4 =RANK.AVG(G4,$G$4:$G$11)

	A	B	C	D	E	F	G	H	I
1	力学系99级学生高等数学成绩单								
2									
3	姓名	性别	出生年月	数学	物理	英语	总分	平均排位	最佳排位
4	王微微	女	May-81	78	88	86	252	3	3
5	胡晓明	男	Dec-82	89	78	80	247	5	4
6	陈燕	女	Aug-81	68	92	87	247	5	4
7	陈晓伟	男	Jul-82	89	78	80	247	5	4
8	纪念	男	Aug-82	96	90	91	277	1	1
9	宋虹	女	Oct-81	65	87	82	234	7	7
10	王大为	男	Mar-81	78	65	67	210	8	8
11	赵纪	男	Sep-82	88	94	92	274	2	2

图 3.114　两种排序方法结果比较

17. IF()函数

语法：IF(logical_test, [value_if_true], [value_if_false])。

功能：如果指定条件的计算结果为 True，IF 函数将返回某个值；如果该条件的计算结果为 False，则返回另一个值。

参数说明：

logical_test 为必需参数，计算结果为逻辑值的表达式。

value_if_true 为可选参数，是 logical_test 参数的计算结果为 True 时所要返回的值。value_if_false 为可选参数。logical_test 参数的计算结果为 False 时所要返回的值。

IF()函数支持嵌套，最多可以使用 64 个 IF()函数进行嵌套。

例如：根据数学百分成绩给出五级成绩。在图 3.115 的 C2 中输入编辑框中的函数，结果如图 3.114 所示。

C2 =IF(B2>=90,"优",IF(B2>=80,"良",IF(B2>=70,"中",IF(B2>=60,"及格","不及格"))))

	A	B	C
1	姓名	数学	等级
2	王微微	78	中
3	胡晓明	89	良
4	陈燕	68	及格
5	陈晓伟	89	良
6	纪念	96	优
7	宋虹	51	不及格
8	王大为	78	中
9	赵纪	88	良

图 3.115　条件函数举例

18. NOW()函数、TODAY()函数

功能：NOW()函数返回系统的日期时间，TODAY()函数返回系统的日期。

19. YEAR()函数、MONTH()函数、DAY()函数

语法：YEAR(serial_number)、MONTH(serial_number)、DAY(serial_number)。

功能：三个函数按语义分别返回一个日期的年份、月份和天数。

参数说明：serial_number 为必需参数。为一个日期值。

20. DATE()函数

语法：DATE(year,month,day)

功能：返回由年份、月份和天数表示的特定日期。

参数说明：year 为必需参数。year 参数的值可以包含 1～4 位数字。month 为必需参数。它是一个正整数或负整数，表示一年中 1～12 月的各个月。day 为必需参数。它是一个正整数或负整数，表示一月中 1～31 日的各天。

例如：根据身份证号求出出生日期和年龄(周岁)。执行的函数如图 3.116 的编辑框所示。

D2 =INT((TODAY()-DATE(MID(A2,7,4),MID(A2,11,2),MID(A2,13,2)))/365)

	A	B	C	D	E
1	身份证	姓名	性别	年龄	出生日期
2	431381198109106xxx	罗淳亚	男	36	1981/9/10
3	360829197304203xxx	史俊洁	女	44	1973/4/20
4	340304197401107xxx	卫心伊	女	44	1974/1/10
5	130628197707129xxx	滕伟成	男	40	1977/7/12
6	341422197003286xxx	汤博朝	男	47	1970/3/28
7	542326198001221xxx	褚伟宇	男	38	1980/1/22
8	430300197209175xxx	雷雄伯	男	45	1972/9/17
9	130634199008147xxx	秦英颉	男	27	1990/8/14

图 3.116　日期函数应用举例

首先将单元格 C2:C9 设置为日期格式，在 C2 中输入编辑框中的函数，用鼠标拖动"填充柄"，复制公式得到每个人的出生日期。在 D2 中输入函数=INT((TODAY()－

C2)/365),用鼠标拖动“填充柄”,复制公式得到每个人的年龄。

21. VLOOKUP()函数、HLOOKUP()函数

语法：VLOOKUP(lookup_value，table_array，col_index_num，[range_lookup])

HLOOKUP(lookup_value，table_array，col_index_num，[range_lookup])

功能：查询某个单元格区域(区域：工作表上的两个或多个单元格。区域中的单元格可以相邻或不相邻。)的第一列,然后返回该区域相同行上任何单元格中的值。

参数说明：lookup_value 为必需参数。它是要在表格或区域的第一列中搜索的值。lookup_value 参数可以是值或引用。

table_array 为必需参数。它是包含数据的单元格区域。

col_index_num 为必需参数。它是 table_array 参数中必须返回的匹配值的列号。

range_lookup 为可选参数。它是一个逻辑值,指定希望 VLOOKUP 查找精确匹配值还是近似匹配值,如果 range_lookup 为 True 或被省略,则返回精确匹配值或近似匹配值。如果找不到精确匹配值,则返回小于 lookup_value 的最大值;如果 range_lookup 的参数为 False,VLOOKUP 将只查找精确匹配值。如果 table_array 的第一列中有两个或更多值与 lookup_value 匹配,则使用第一个找到的值。如果找不到精确匹配值,则返回错误值 #N/A。

例如：在表中按身份证中的省市代码补充省市地址。

身份证号的前 6 位是省市代码,E、F 列是省市代码和所属省市的列表,在 C2 中输入图 3.117 编辑框中的函数,就可以根据省市代码和所属省市的列表填入所属省市。

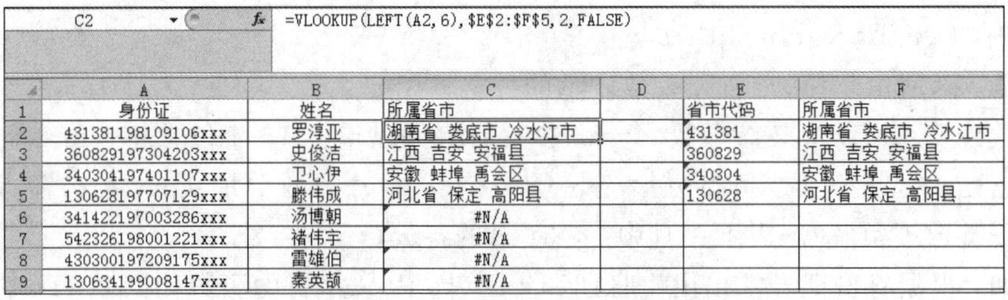
C2 =VLOOKUP(LEFT(A2,6),$E$2:$F$5,2,FALSE)

	A	B	C	D	E	F
1	身份证	姓名	所属省市		省市代码	所属省市
2	431381198109106xxx	罗淳亚	湖南省 娄底市 冷水江市		431381	湖南省 娄底市 冷水江市
3	360829197304203xxx	史俊洁	江西 吉安 安福县		360829	江西 吉安 安福县
4	340304197401107xxx	卫心伊	安徽 蚌埠 禹会区		340304	安徽 蚌埠 禹会区
5	130628197707129xxx	滕伟成	河北省 保定 高阳县		130628	河北省 保定 高阳县
6	341422197003286xxx	汤博朝	#N/A			
7	542326198001221xxx	褚伟宇	#N/A			
8	430300197209175xxx	雷雄伯	#N/A			
9	130634199008147xxx	秦英颉	#N/A			

图 3.117　LOOKUP 函数应用举例

3.2.9　Excel 2010 图表

图表是数据的一种可视表示形式。通过使用类似柱形(在柱形图中)或折线(在折线图中)的元素,图表是按照图形格式显示系列数值数据,可让用户更容易理解大量数据和不同数据系列之间的关系。图表还可以显示数据的全貌,可以分析数据并找出重要趋势。

1. 建立图表

在数据工作表中选择要建立图表的区域(是一个数据清单),可以选择不连续的区域。本例选择图 3.118 所示的数据源。

	A	B	C	D	E	F
1	2016年计算机产品产量表					
2	季度	CPU	主机板	2GB内存	声卡	DVD-ROM
3	一季度	45076	51060	78554	32643	63344
4	二季度	31045	73040	43090	45454	53687
5	三季度	67596	78640	71047	65587	58389
6	四季度	55076	73060	78254	85454	43344

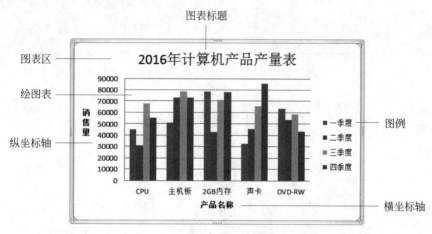

图 3.118　数据源

单击“插入”选项卡中“图表”组中的一个图表类型，在弹出的这类图表样式列表中选择一个合适的样式，单击生成图 3.119 所示的图表。本例中选择了“柱形图”中“二维柱形图”的第一个“簇状柱形图”样式。

图 3.119　图表示例

2. 更改图表数据源

选中图表，右击，在弹出的快捷菜单中选择“选择数据”，打开图 3.120 所示的“选择数据源”对话框。

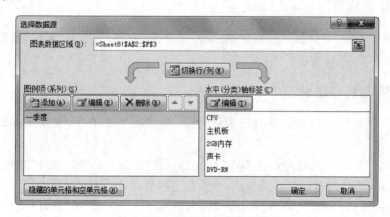

图 3.120　“选择数据源”对话框

单击"添加"标签,弹出图 3.121 所示"编辑数列系列"对话框,在"系列名称"中选择 A3 单元格,在系列值中选择 A3 单元格右边的各产品的值,单击"确定"按钮。

在"水平分类轴标签"下单击"编辑"按钮,在弹出的图 3.121 所示的"轴标签"对话框中选择 B2：F2,即选择各产品的列标题。单击"确定"按钮。

在"选择数据源"对话框中进行设置,如图 3.119 所示,单击"确定"按钮,生成如图 3.122 所示的图表。

重复前述方法,加入二、三、四季度的数据,就形成了图 3.122 所示图表。

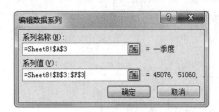
图 3.121　编辑数据系列对话框

图 3.122　轴标签

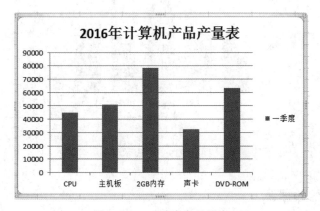
图 3.123　一季度产品图表

3. 删除数据源

在"选择数据源"对话框中选择要删除的"图例项（系列）",单击"删除"按钮即可删除该数据系列。

4. 修饰与编辑图表

创建图表后,可以根据需要对图表进行修改,使其更加美观,使其显示的信息更加丰富。

更改图表布局：单击要更改图表布局的图表,在"图表工具"的"设计"选项卡的"图表布局"组中选择合适的预定义布局样式,单击就可以套用这个布局样式。

更改图表样式：单击要更改图表样式的图表,在"图表工具"的"设计"选项卡的"图表样式"组中选择合适的预定义图表样式,单击就可以套用这个图表样式。

手动更改图表各元素的布局：单击要更改的布局的图表元素,在"图表工具"的"布局"选项卡中分别可以添加、删除、修改"标签""坐标轴""图例""图表标题"等,单击相应项按钮,在下拉列表中选择需要的选项,即可完成修改。

更改图表类型:单击要更改图表类型的图表,在"图表工具"的"设计"选项卡的"类型"组中选择"更改图表类型"选项,单击选中的类型即可完成更改。

添加数据标签:数据标签是将数据表中的数据值链接到图表中。添加数据标签可以更直观地标识图表中的数据系列,图表中的数据标签会根据数据表中数据的改变而自动更新。

在图表中选择要添加数据标签的数据系列,若单击图表区的空白位置,将给所有的数据系列添加数据标签。在"图表工具"的"布局"选项卡中的"标签"组中单击"数据标签"按钮,在弹出的下拉列表中选择数据标签相对数据系列的位置。

设置坐标轴:单击要设置坐标轴的图表,在"图表工具"的"布局"选项卡中的"坐标轴"组中单击"坐标轴"按钮,打开的下拉列表,根据需要分别设置坐标轴是否显示以及显示方式。

单击"主要横坐标轴"或"主要纵坐标轴",在弹出的快捷菜单中单击"其他主要横坐标轴选项""其他主要纵坐标轴选项",打开图3.124所示的"设置坐标格式"对话框。可以在对话框中设置刻度类型及间隔、标签的位置及间隔、坐标轴的颜色和粗细、对齐方式等。

图3.124 "设置坐标轴格式"对话框

显示和隐藏网格线:单击要显示或隐藏网格线的图表,在"图表工具"的"布局"选项卡的"坐标轴"组中单击"网格线"按钮,打开的下拉列表,根据需要分别设置网格线是否显示以及是否显示次要网格线。

双击要设置的网格线,打开"设置主要网线格式"对话框。设置指定的网格颜色等。

3.2.10 数据分析与处理

Excel 2010 具备很多数据分析与处理的功能,最常用的就是数据排序、数据筛选和分类汇总功能。在进行数据分析与处理之前,首先要规则化数据,即表格要满足以下要求:

数据列表要有标题行;列表是矩形区域,每一列的数据类型一致,数据表是一个行和列不能再分的二维表。

1. 数据排序依据

数据排序是将工作表中的一列或多列按升序或者降序方式排列,将无序数据变为有序数据的操作。排序的依据称为关键字,关键字可以有多个,数据类型不同,排序的规则也不同。

升序时的排序规则如下:

数值类型:是按从小到大排序的。

字符类型按照 ASCII 码从小到大或者笔画从少到多排序。

日期按照较早的日期到较晚的日期排序。

逻辑类型是按照 False、True 排序的。

2. 数据排序

选定作为数据排序的区域,但不能包括标题。在"开始"选项卡的"编辑"组中单击"排序和筛选"按钮,弹出下拉列表,如图 3.125 所示。选择"升序"或者"降序"命令,数据区域按要求进行排序。

自定义排序:自定义排序也就是按照多个关键字进行排序,选择图 3.124 中的"自定义排序"选项,弹出图 3.126 所示的"排序"对话框。

图 3.125 "排序和筛选"列表

图 3.126 "排序"对话框

设置排序的主关键字和主关键字的排序依据,在"次序"列表中选择排序是升序还是降序。添加次要关键字,然后依次设置"排序依据"和"次序"。

单击"选项"按钮,在弹出的对话框中选择是否区分大小写、按行还是按列、排序依据是按照字母还是按笔画。单击两次"确定"按钮,完成排序。

排序也可以选择"数据"选项卡"排序和筛选"组中的"排序"按钮,方法同上。

3. 数据筛选

数据筛选可以快速从数据列表中查找符合条件的数据,筛选的条件可以是各种数据类型,也可以是单元格颜色,还可以通过高级筛选查询同时满足多种条件的记录。

(1) 自动筛选数据

在工作表中选择要筛选的数据列表,或者用鼠标单击列表内的任一单元格。

单击"数据"选项卡中"排序和筛选"组中的"筛选"按钮,当前列表中的列标题旁会出现黑色的下拉筛选箭头。

单击某个列的筛选箭头,弹出图 3.127 所示的筛选器选择列表,列表中显示当前列中包含的所有值。在图中的"文本筛选"是随本列的数据类型不同而不同的,本例中,"姓名"字段是文本类型,所以出现的是"文本筛选",如果是数值字段,就显示"数字筛选",如果是日期类型,就显示"日期筛选"。

可以采用下述方法之一来完成筛选。

在"搜索"文本框内要搜索的内容,支持使用通配符"?"和"*"。

单击"文本筛选",弹出图 3.128 所示菜单。

图 3.127 筛选器选择列表

图 3.128 筛选条件菜单

设定一个条件或打开"自定义筛选",都会弹出图 3.129 所示的"自定义自动筛选方式"对话框,完成对话框内的设置即可。

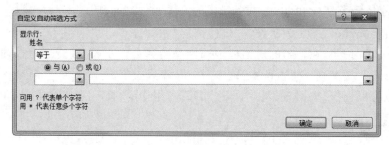

图 3.129 "自定义自动筛选方式"对话框

(2) 高级筛选

高级数据筛选可以筛选出满足多个字段要求的记录,根据需要实现多个字段条件的"与"和"或"关系的筛选。完成高级筛选的步骤如下:

(3) 建立条件区域

在数据清单的下方、距数据清单的最后一行至少两行处选择一个空白区域,输入要构成筛选条件的字段名,字段名与数据清单中的字段名必须一致,在字段名下输入筛选条件。如图 3.130 所示。在条件区域输入条件时,在同一行为"与"运算,不同行是"或"运算。

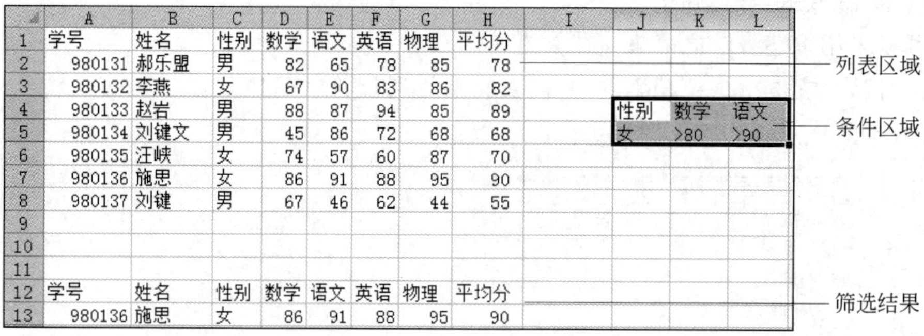

图 3.130 高级筛选示意图

(4) 确定数据区域、条件区域和结果存放区域

选中数据区域的任意一个单元格,单击"数据"选项卡中"排序和选项"组中的按钮 高级,弹出图 3.131 所示的"高级筛选"对话框。在对话框中单击"列表区域"的数据拾取按钮,返回工作表中,用鼠标选取 A1:H8,再次单击 ,返回对话框。用同样的方法选取条件区域和结果放置区域,单击"确定"按钮完成筛选。本例筛选出的是语文大于 90 数学大于 80 的女生。

图 3.131 "高级筛选"对话框

4. 数据分类汇总

分类汇总是指将数据清单按某个字段进行排序,这就把字段值相同的记录放在了一起,完成了按字段值进行分类。之后在完成分类的数据清单上的数据按类别分别进行

求和、求平均值和计数等汇总,在数据清单中将汇总结果以"分类汇总"和总计的方式展现出来。

分类汇总的过程如下:

选定"性别"数据列的任意单元格,根据性别对数据清单进行生序排列。

选定数据清单中的任意单元格,单击"数据"选项卡中"分级显示"组中的"分类汇总"按钮,弹出图 3.132 所示的"分类汇总"对话框。在"分类字段"的下拉列表中选择"性别",在"汇总方式"的下拉列表中选择"平均值",在"汇总项"选取数学、语文、英语、物理和平均分复选框,单击"确定"按钮完成,结果如图 3.133 所示。

图 3.132 分类汇总对话框

		A	B	C	D	E	F	G	H
	1	学号	姓名	性别	数学	语文	英语	物理	平均分
	2	980131	郝乐盟	男	82	65	78	85	78
	3	980137	刘健	男	67	46	62	44	55
	4	980134	刘健文	男	45	86	72	68	68
	5	980133	赵岩	男	88	87	94	85	89
	6			男 平均值	70.5	71	76.5	70.5	72
	7	980132	李燕	女	67	90	83	86	82
	8	980136	施思	女	86	91	88	95	90
	9	980135	汪峡	女	74	57	60	87	70
	10			女 平均值	75.67	79.33	77.00	89.33	80
	11			总计平均值	72.714	74.571	76.7143	78.5714	76

图 3.133 分类汇总结果

3.2.11 数据透视表和数据透视图

数据透视表是一种可以快速汇总大量数据的交互式方法。使用数据透视表可以深入分析数值数据,以汇总、分析、浏览和呈现汇总数据,方便查看、比较,建立模式分析趋势。

1. 创建数据透视表

在工作表中建立数据清单。单击数据清单中的任意一个单元格,在"插入"选项卡中的"表格组"中单击"数据透视表"按钮,弹出图 3.134 所示的"创建数据透视表"对话框,选择数据来源和透视表的存放位置。

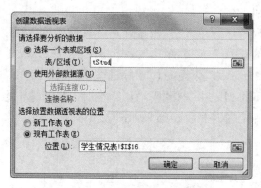

图 3.134 "创建数据透视表"对话框

单击"确定"按钮,弹出空数据透视表和"数据透视表字段列表"。选中"性别"字段前的复选框,或者将"性别"字段拖动到"行标签"区域,在数据透视图上看到"性别"的值成为行标题。

将"政治面目"字段拖曳到"列标签"区域,在数据透视图上看到政治面目的取值成为列标签。

将"政治面目"字段拖曳到"数值"区域,单击下拉菜单按钮,在弹出的列表中选择"值字段设置",弹出图 3.134 所示的"值字段设置"对话框,在"值汇总方式"列表中选择"计数"。单击"确定"按钮。"数据透视表字段列表"对话框如图 3.135 所示。生成的数据透视表如图 3.136 所示。

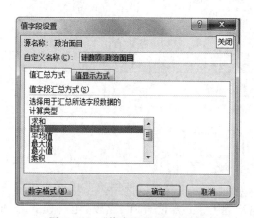

图 3.135 "值字段设置"对话框

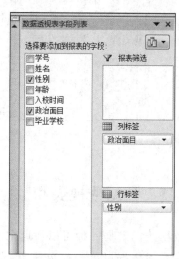

图 3.136 "数据透视表字段窗格列表"对话框

2. 数据透视图

数据透视图是以图的形式呈现汇总数据。数据透视图和图表的建立步骤、组成元素

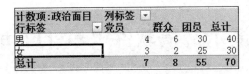

图 3.137　数据透视表

完全一样。两者的区别在于数据源不同，数据透视图的显示字段筛选器。图 3.138 为利用上例中的数据透视表建立的数据透视图。

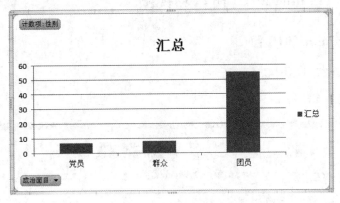

图 3.138　数据透视图

3. 创建迷你图

迷你图是插入到工作表单元格中的微型图表，让数据显示更加直观。迷你图不但能显示一个数据系列的数值趋势，还可以显示最大值和最小值。

打开一个工作簿，选择一个工作表。选定要插入迷你图的单元格。

在"插入"选项卡中的"迷你图"组中单击迷你图类型，例如折线图，在弹出的图 3.139 所示的"创建迷你图"对话框中选择所需数据和放置迷你图的位置，单击"确定"按钮。插入图 3.140 所示的迷你图。

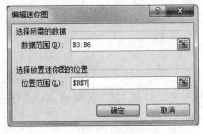

图 3.139　"编辑迷你图"对话框

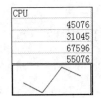

图 3.140　迷你视图实例

编辑迷你图：打开"迷你图工具"下的"设计"选项卡，在其中可以使用这些工具修改迷你图，包括改变图表类型、编辑数据、显示数据特点、样式和坐标轴，进行修改和编辑。

3.3 演示文稿软件 PowerPoint 2010

PowerPoint 2010 是 Microsoft Office 套件中的演示文稿制作软件，用于制作丰富多彩的幻灯片集，以便在计算机屏幕或者投影板上播放，用于授课、会议报告和展台浏览。

3.3.1 PowerPoint 2010 窗口和视图

1. PowerPoint 2010 窗口

PowerPoint 窗口如图 3.141 所示。

图 3.141　PowerPoint 窗口

2. 幻灯片视图

PowerPoint 2010 有四种视图，分别是普通视图、幻灯片浏览视图、阅读视图和幻灯片放映视图。

普通视图：这是最常用的一种视图，用于设计和创作演示文稿。右边为显示"普通/大纲"的视图窗格，右侧上方是"幻灯片"窗口，下侧是"备注窗口"。通过鼠标拖曳窗格之间的分割线可以调整窗格的大小。

幻灯片浏览视图：幻灯片浏览视图是以缩略图形式显示幻灯片的视图。通过此视图，可以轻松地排列和组织演示文稿的顺序。可以新建、复制、移动、插入和删除幻灯片，还可以在幻灯片浏览视图中添加节,并按不同的类别或节对幻灯片进行排序。

阅读视图:阅读视图是只有幻灯片窗口、标题栏和控制栏的查看幻灯片的视图,阅读到最后一张时单击时,退出阅读视图,或者按 Esc 键退出。

幻灯片放映视图:幻灯片放映视图是用于向受众放映演示文稿的视图,幻灯片放映视图会占据整个计算机屏幕,这与受众观看演示文稿时在大屏幕上显示的演示文稿完全一样。可以看到图形、计时、电影、动画效果和切换效果在实际演示中的具体效果。

3.3.2 演示文稿的基本操作

1. 建立演示文稿

建立演示文稿有四种方式:新建空白演示文稿、根据主题、根据模板和根据现有演示文稿。

启动 PowerPoint 2010,新建一个空白演示文稿。在"文件"选项卡下拉菜单中选择"新建"命令,弹出图 3.142 所示的窗口。可以根据"可用母板和主题"下的列表来建立演示文稿,还可以利用 Office.com 下的模板来建立(要保证计算机已经连接 Internet)。

图 3.142 新建演示文稿窗口

2. 幻灯片版式应用

PowerPoint 2010 提供了多个幻灯片版式,幻灯片版式确定了幻灯片的内容布局。用户可以根据幻灯片的内容选择,为一个演示文稿中的不同幻灯片选择不同的版式。

在"开始"选项卡的"幻灯片"组中单击"版式"按钮 版式▼,弹出图 3.143 所示的版式列表。

确定了幻灯片版式后,即可在相应的栏目单击对象图标,打开插入相应对象的对话框,以插入对象。

3. 幻灯片基本操作

插入新幻灯片:用鼠标单击幻灯片窗格中的幻灯片,在弹出的快捷菜单中选择"新建幻灯片"命令,在选中的幻灯片后插入新的幻灯片。也可以在"开始"选项卡的"幻灯片"组中单击"新建幻灯片"完成。

选中幻灯片:在窗口左侧的幻灯片窗格单击要选定的幻灯片,可以选定一张幻灯片,也可以按 Shift 键选中多张幻灯片。

删除幻灯片:在"幻灯片"窗格选中要删除的幻灯片,按 Delete 键删除;也可以右击选中的幻灯片,在弹出的快捷菜单中单击"删除幻灯片"命令。

图 3.143　幻灯片版式列表

4. 在幻灯片上插入对象

插入多媒体信息:幻灯片中支持插入来自文件或自己录制的多媒体信息,也可以根据需要对文件中的多媒体信息进行裁剪。

插入音频和视频:选中要插入音频、视频的幻灯片,选择"插入"选项卡中的"媒体"组,可以打开选择文件对话框,进行文件选择。

插入视频文件后,幻灯片里会出现播放视频窗口,在"视频工具"下的"播放"选项卡中的"视频选项"组中设置视频的音量、开始和是否循环播放。

插入音频文件后,幻灯片中会出现一个小喇叭图标,在"音频工具"下的"播放"选项卡中的"音频选项"组中设置视频的音量、开始和是否循环播放。

5. 插入超链接和动作

用户可以在幻灯片中插入超链接,以在放映过程中跳转到演示文稿中的另一张幻灯片或者其他文件,如另一个演示文稿、Word 文件等。

链接到文件或者 Internet 网址:幻灯片中的文本、图形、图片等元素都可以设置超链接。放映幻灯片时,单击这个元素就跳转到目标对象。

选中要插入超链接的幻灯片元素,右击,在弹出的快捷菜单中单击"超链接",或者在"插入"选项卡的"超链接"组中单击"超链接"按钮,弹出图 3.144 所示的"编辑超链接"对话框。

可以在对话框中选择要链接的文件和幻灯片。单击"确定"按钮完成。

图 3.144 "插入超链接"对话框

注意：链接到文件时，文件的路径要采用相对路径，如果采用绝对路径，在其他计算机上播放演示文稿时，就有可能出现找不到文件的情况。

使用动作按钮插入超链接：Power Point 2010 提供了一组动作按钮，可以作为超链接的起始对象，在"插入"选项卡的"插图"组的"形状"组中单击"形状"按钮，在弹出的列表中选择"动作按钮"列表中的任一个按钮，回到幻灯片，用鼠标拖曳绘制动作按钮，则弹出图 3.145 所示的"动作设置"对话框，可以选择文件或幻灯片。选中动作按钮并且右击，在弹出的快捷菜单中选择"编辑文字"，就可以给动作按钮添加文本，使该按钮的动作更加直观。

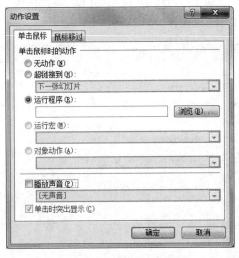

图 3.145 "动作设置"对话框

3.3.3 演示文稿的外观设置

1. 主题应用

主题是方便演示文稿设计的一种手段，它包含了背景图形、字体及各种元素的效果组合。

（1）使用内置主题

"设计"选项卡的"主题"组显示了部分主题列表,单击右下角的"其他"图标,就能显示所有的内置主题。鼠标指向哪个主题,幻灯片上就会显示应用这个主题的效果,右击,选择这个主题在演示文稿中应用于哪些幻灯片,如图3.146所示。

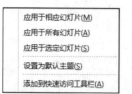

图3.146　应用范围列表

（2）使用外部主题

在打开的所有主题列表的下方选择"浏览主题"命令,便可以选择使用外部主题。

（3）自定义主题

对应用了主题的幻灯片,可以在"格式"选项卡的"主题"组中单击"颜色"按钮,在弹出的"内置主题颜色"列表中设置,也可以按"新建主题颜色"命令,在弹出的"新建主题颜色"对话框中设置。同样可以通过"字体""效果"图标选择字体和显示效果。

2. 幻灯片母版

幻灯片母版包含了幻灯片中所有共同出现的内容和构成要素,如标题、页眉页脚、背景等,用户可以直接使用已经设计好的母版创建演示文稿,使得创建的演示文稿具有统一的风格。

制作幻灯片母版：打开演示文稿,在"视图"选项卡的"母版视图"组中单击"幻灯片母版"图标,打开如图3.147所示的幻灯片母版视图。

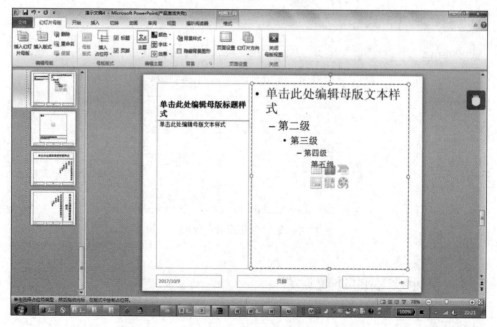

图3.147　幻灯片母版视图

在幻灯片母版视图中选中"单击此处编辑母版标题样式"文本框,可以在"开始"选项卡下设置标题文本。也可以用图片作为标题框的背景。

在幻灯片母版视图中选中"单击此处编辑母版文本样式"框,可以在"开始"选项卡下设置文本。也可以用图片作为文本框的背景。占位符决定了母版的版式,占位符的种类包括了幻灯片中的所有元素,如文本、视频、音频等。在文本占位符处插入的文本格式和级别已经被预先设置。

完成母版的修改和设置之后,单击"关闭母版"。

将演示文稿保存为扩展名为.potx的模板文件。再次建立演示文稿时,在"我的模板"中就可以使用这个模板了。

3.3.4 为幻灯片添加动画效果

动画可使幻灯片中的对象按照既定的顺序和规则动起来,包括进入、退出、颜色变化和移动等效果。它可以吸引观众的注意,对提升演讲效果很有帮助。

1. 添加动画

动画设置有4类,分别是"进入""强调""退出"和"动作路径"。添加动画的具体步骤如下。

选中要添加动画的对象,单击"动画"选项卡"动画"组中的"其他"按钮,打开图3.148所示的动画列表。单击列表中的动画效果图标,就为对象添加了这个动画效果。

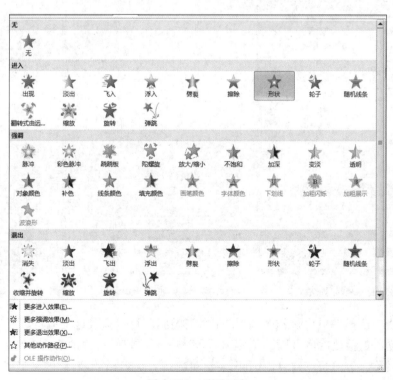

图3.148 动画列表

如果列表中没有需要的动画设置，可以根据要设置的动画类别单击对应类别的更多动画效果。如单击"更多强调效果"，弹出图 3.149 所示的"更改强调效果"对话框，在对话框的列表中选择中意的动画效果。

为对象设置了动画后，单击"动画"选项卡下"动画"组中的"效果选项"，不同的对象、设置的动画类型，显示不同的下拉列表，在其中可以设置动画效果。

要设置动画播放时间，可以选中已经设置了动画的对象，选择"动画"选项卡下的"计时"组，单击"开始"的下拉菜单按钮，弹出图 3.150 所示的下拉菜单，在其中选择触发动画播放的动作；设置持续时间，在"持续时间"的文本框内输入该动画持续的时间；设置延迟时间，在"延迟时间"的文本框内输入该动画延迟的时间。

2. 调整动画次序

当对多个对象设置了动画或者对一个对象设置了多个对象后，动画是按创建动画的顺序播放的，对象左边会出现播放次序号。如果要调整动画次序，可以使用"动画"选项卡下"计时"功能组中的"对动画重新排序"下的箭头进行调整。

使用动画窗格：选中设置了多个对象动画的幻灯片，选择"动画"选项卡下的"高级动画"功能组，单击"动画窗格"，在窗口的右侧弹出图 3.151 所示的动画窗格。

图 3.149　更改动画效果　　　图 3.150　动画开始菜单　　　图 3.151　动画窗格

在窗格中选择一个动画名称，单击"播放"按钮，就可以播放这个动画。

调整动画的播放次序，可以使用窗格下面的"重新排序"两边的箭头来完成。

动画名称右边的粉色方块，左边框表示动画是否延迟播放，默认的延迟时间是零；右边框表示从开始到停止的时间，默认时间是 0.5s。用鼠标指向粉色方块的边框，当鼠标指针变为双箭头时,可以拖动鼠标改变延迟时间和播放时间。

选中动画,单击右边的下拉按钮,在弹出的快捷菜单中可以改变触发动画的方式。单击"效果选项",弹出以动画名称为名字的对话框,如图3.152所示,本例的名字是"擦除"。可以对"擦除"动画的方向、声音、动画播放后的动画对象的颜色等进行设置。在"计时"标签下可以对动画的相关时间进行设置。

3. 自定义路径动画

除了按照预设的路径移动外,还可以由用户自己设定对象的移动路径。在"动画"选项卡的"高级"组中单击"添加动画"下拉列表中的"路径"动作中的"自定义路径"图标,鼠标指针变为"+"形状,拖动绘制动画的路径,双击结束路径绘制,对象会按照路径播放一次,使用户看到预览效果。对着动画路径右击,弹出图3.153所示的快捷菜单。单击"编辑顶点"命令,路径上出现黑色的拐点,将鼠标指向拐点,鼠标指针变为指向四周的箭头,拖动可以改变路径。选择"关闭路径"命令,动画对象的移动路径变为封闭的路径。选择"反转路径方向",动画对象的移动方向反转。

图3.152 擦除动画效果设置对话框

图3.153 编辑路径菜单

4. 复制动画

PowerPoint 2010提供了复制动画的新功能,这样就可以把已经设置动画的对象的动画效果复制到另一个对象上。操作步骤如下:选中一个设置了动画的元素,单击"动画"选项卡下"高级"组中的"动画刷",再用鼠标单击要复制动画的对象即可,双击"动画刷"可以将动画复制到多个对象上。

5. 幻灯片切换

幻灯片切换可以设置幻灯片放映时整体进入和离开播放画面时的视觉效果。

幻灯片切换样式设置:打开演示文稿,选择要设置幻灯片切换效果的幻灯片,在"切换"选项卡的"切换到此幻灯片"组单击"其他"按钮,弹出图3.154所示的下拉列表。在表中单击合适的切换样式图标,选择的切换样式应用于所选中的幻灯片。若希望此切换样式应用于整个演示文稿,单击"计时"组的"全部应用"图标。

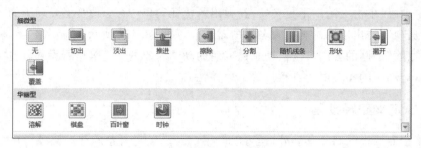

图 3.154　幻灯片切换样式列表

6. 幻灯片切换的其他设置

幻灯片切换的其他设置包括效果选项、换片方式、持续时间和声音效果,其中效果选项在"切换到此幻灯片"组完成,其他的设置在"计时"组完成。

3.3.5　幻灯片放映

1. 设置放映方式

打开演示文稿,在"幻灯片放映"选项卡"设置"组中单击"设置幻灯片放映"图标,弹出图 3.155 所示的"设置放映方式"对话框。在对话框中选择放映类型、放映幻灯片的范围、放映选项及换片方式,完成幻灯片放映方式设置。

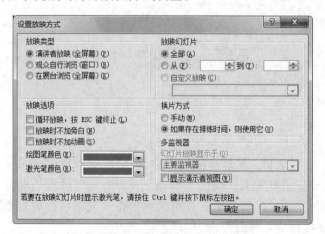

图 3.155　"设置放映方式"对话框

2. 排练计时

在"在展台浏览(全屏幕)"放映方式中,通常要事先进行排练,以确定每张幻灯片放映的时间。

打开要放映的演示文稿,在"幻灯片放映"选项卡的"设置"组单击"排练计时"图标,弹出"录制"工具栏。其中显示当前幻灯片的放映时间和演示文稿的总放映时间。关闭"录制"工具栏,会弹出是否保留新的幻灯片排练时间提示框,单击"是"按钮,则保留该幻灯片放映时间。窗口会返回到幻灯片浏览视图,对幻灯片逐个进行设置。当在"在展台浏览(全屏幕)"放映方式时,演示文稿会按照排练时间放映。

3. 为幻灯片录制旁白

在"幻灯片放映"选项卡的"设置"组单击"录制幻灯片演示"图标,弹出"录制幻灯片演示"对话框,选中两个复选框,单击"开始录制"按钮,返回到"排练计时"界面。

4. 隐藏幻灯片

如果放映幻灯片时不希望放映某一张或者多张幻灯片,可以选中这些幻灯片,右击,在弹出的快捷菜单中单击"隐藏幻灯片"命令。

5. 自定义幻灯片放映

自定义幻灯片放映可以为幻灯片建立多种放映方案,并命名保存。单击"幻灯片放映"选项卡"开始放映幻灯片"组中的"自定义幻灯片放映"图标,弹出图 3.156 所示的"定义自定义放映"对话框,选择要放映的幻灯片,单击"确定"按钮。

6. 设置鼠标指针

放映动画片时,右击,在弹出的快捷菜单中选择"指针选项",在弹出的图 3.157 所示的指针样式列表中选择指针样式。

图 3.156 "定义自定义放映"对话框

图 3.157 指针样式列表

3.4 本章小结

Microsoft Office 2010 是微软推出的新一代办公自动化软件,本章介绍了常用的组件,即 Microsoft Word 2010 图文编辑工具、Microsoft Excel 2010 数据处理程序、

Microsoft PowerPoint 2010 幻灯片制作工具。

本章第一节着重讲述了 Word 2010 图文编辑工具中的基本操作、图文编辑、样式应用、文档排版和邮件合并的操作过程。使用 Word 2010 图文编辑工具可以节约大量格式化文档的时间,在很短的时间内获得质量很高的排版效果。

本章第二节着重讲述了 Excel 2010 数据处理程序,使用 Excel 2010 中的表格格式化来得到美观的表格;利用数据处理功能完成数据的排序、筛选和分类汇总;利用公式和函数完成表格内容的计算、统计;利用图表功能直观地表达数据;利用透视表和透视图来深入分析数据,从而可以从不同角度查看数据。

本章第三节着重讲述了 PowerPoint 2010 幻灯片的制作过程,通过在幻灯片中插入不同的对象、应用动画和母版,使幻灯片的内容更加丰富多彩。

习 题

一、Word 排版练习

在互联网上自行下载一篇文章,并对之进行排版操作,要求如下:
1. 文档制作完成后,用"W_姓名",保存在以自己学号和姓名命名的文件夹中。
2. 文章标题采用仿宋、二号、加粗,居中格式。所有正文均采用宋体、四号字。
3. 每个段落都采用首行缩进 2 个字,行距为单倍行距,段前段后距离自动。
4. 将一个段落加边框和灰色底纹(15%)。
5. 将红色字体的段落分为 3 栏,栏宽相等,要分隔线。
6. 加入页眉页脚,奇偶页页眉不同,页脚要求加入页码,格式为大写罗马数字,居中。
7. 在最后一页插入空白页,绘制图 3.158 所示图形。

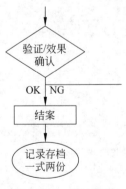

图 3.158 绘制图形

8. 为文章定义三级标题,并在文章的第一页插入目录。
9. 将最后一页设置为横向,B5 纸型。

二、Excel 练习

1. 建立工作簿"E_学生姓名.xlsx",文件保存到以"学号姓名"命名的文件夹中。参照图 3.159 所示的"学生成绩统计表"输入数据记录内容,将工作表命名为"成绩表"。

学生成绩单

姓名	专业	计算机	政治	英语	平均分	总分
章鑫	法学	89	80	90		
李毅	管理	90	98	89		
郭佳明	法学	66	80	45		
宋茜	管理	59	66	60		
马一帆	法学	78	76	95		

图 3.159　学生成绩单

2. 设置标题文字为 28 磅,华文楷体,倾斜,合并居中;列名称单元格文字竖排显示,加粗;设置表格边框,如图 3.158 所示。
3. 然后将该表复制为一张新工作表,并重命名为"统计表"。
4. 在"统计表"表格下方增加最高分、最低分行,应用函数求学生的平均分和总分,每门课程的最高分、最低分,平均分值保留 1 位小数。
5. 在"统计表"中绘制"前三名平均分成绩"图表,横轴为"姓名",显示图例(平均分)。
6. 建立数据透视表,对各专业的人数进行计数。
7. 筛选出计算机成绩大于 90,或者英语和政治都大于 75 的人。
8. 用两种排名方式对总成绩进行排名。

三、PowerPoint 练习

以"我最钦佩的一个人"为题目制作演示文稿,演示文稿不得少于 5 张幻灯片。

第 1 张为标题版式,第 2 张为标题与内容版式;第三张为空白版式,其余各张版式自定。

为演示文稿选择一个设计主题模板。

在第 3 张幻灯片中插入钦佩的人的照片或事迹图片,将图片设为高 12cm,宽 15cm,输入"她(他)的名字",为图片和文字设置动画,动画方案自定,图片动画为第一顺序,文本动画为第二顺序。

将全部幻灯片切换方式设置为"中央向上下展开"分割方案。

第 4 章 计算机网络与 Internet

本章学习目标

- 熟练掌握计算机网络的组成、分类
- 熟练掌握 OSI 参考模型及 TCP/IP 参考模型的体系架构
- 熟练掌握 Internet 常见功能的使用
- 了解局域网技术基础
- 了解移动互联网技术基础
- 了解物联网技术基础

本章首先介绍计算机网络的基本概念、计算机网络的体系结构,再介绍 Internet 的基础知识以及 Internet 常用功能的使用、局域网的技术基础,最后介绍移动互联网技术和物联网的技术基本概念。

4.1 计算机网络概述

计算机网络是计算机技术与通信技术发展相结合的产物,是当今信息社会重要的基础设施,支撑云计算、物联网、大数据、人工智能等技术的发展与应用。

4.1.1 计算机网络的定义与发展阶段

1. 计算机网络的定义

计算机网络是指利用通信线路,采用一定的连接方法,把分散的具有独立功能的多台计算机相互连接起来,在相应通信协议和网络软件的支持下彼此相互通信并共享资源的系统。

上述定义综述了计算机网络的构成与目标,首先是计算机网络如何将分布在不同地理位置的多台计算机连接起来,并且明确这些计算机是具有独立功能的计算机。独立的计算机就是每台计算机都有自己的操作系统,不连接网络可独立运行,处理事务,互联的计算机之间没有明确的主从关系,每台计算机既可以联网工作,也可以独立工作。其次是联网的计算机之间的通信必须遵守共同的网络协议。计算机网络是由多个互联的结点组成的,结点之间要做到有条不紊地交换数据,每个结点都必须遵守一些事先规定的约定和通信规则,这些约定和通信规则就是通信协议。计算机网络建立的主要目的是实现计算机资源的共享。计算机资源主要指计算机硬件、软件、数据与信息资源。网络用户不但可以使用本地计算机资源,而且可以通过网络访问联网的远程计算机资源。一般将实现计算机资源共享作为计算机网络的最基本特征。

2. 计算机网络发展阶段

当今得到广泛应用的 Internet,最早起源于美国国防部高级研究计划署(Advanced Research Projects Agency,ARPA)的前身 ARPAnet,该网于 1969 年投入运行,并迅速扩展到全球,让大家认识了因特网并使用。计算机网络发展的历程主要包括以下 4 个阶段:

(1) 面向终端的第一代计算机通信网络

第一代计算机网络始于 20 世纪 50 年代中期至 60 年代末期,当时的计算机网络是以单个主机为中心,实现与大量终端之间的连接和通信,终端只采集数据和接收数据,无独立处理数据的功能,如图 4.1 所示。美国 IBM 公司在 1963 年投入使用的飞机订票系统 SABRE-1 就是这类系统的典型代表之一。该系统以一台中央计算机为网络的主体,将全美范围内的 2000 多个终端通过电话线连接到中央计算机上,实现并完成了订票业务。单台计算机的联机网络中已经涉及了多种通信技术、多种数据传输与交换设备。从计算机技术看,这种系统

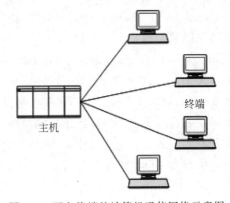

图 4.1 面向终端的计算机通信网络示意图

是多个用户终端分时使用主机上的资源,此时的主机既要承担数据的通信工作,又要完成数据处理任务。

(2) 以分组交换网为中心的第二代计算机网络

第二阶段的计算机网络从 20 世纪 60 年代末期开始,出现了多台计算机互联的计算机网络,这种网络将分散在不同地点的计算机经通信线路连接起来,这时的计算机网络是以分组交换技术为基础理论的,主机之间没有主从关系,网络中的多个用户可以共享计算机网络中的软件和硬件资源,因此这种计算机网络也称共享系统资源的计算机网络。这一阶段的计算机网络完成了计算机体系结构与协议的研究,形成了现在计算机网络的雏形,其典型代表是美国国防部高级研究计划署的 ARPAnet(通常称为 ARPA 网),这是 1969 年,美国国防部高级计划局提出将多个大学、公司和研究所的多台计算机互联的课题。ARPAnet 网络首先将计算机网络划分为"通信子网"和"资源子网"两大部分,当今的计算机网络仍沿用这种组合方式。在计算机网络中,计算机通信子网完成全网的数据传输和转发等通信处理工作,计算机资源子网承担全网的数据处理业务,并向用户提供各种

网络资源和网络服务,如图 4.2 所示。

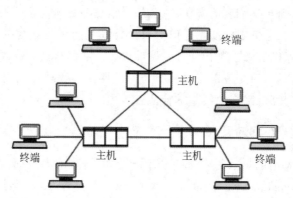

图 4.2　以分组交换网为中心的计算机通信网络示意图

(3) 体系结构标准化的第三代计算机网络

由于 ARPAnet 的成功,到了 20 世纪 70 年代,不少公司推出了自己的网络体系结构,如 IBM 公司的 SNA(System Network Architecture)和 DEC 公司的 DNA(Digital Network Architecture)。同一体系结构的网络设备互联比较容易,不同体系结构的网络设备互联非常困难。在各种不同的网络体系结构相继出现的情况下,国际标准化组织(International Organization for Standardization,ISO)专门研究网络通信体系结构,经过多年努力,于 1983 年提出著名的开放系统互联参考模型(Open System Interconnect Reference Model,OSI/RM),用于各种计算机在全球范围内互联。从此,开放系统互联参考模型成为世界上网络体系结构的国际标准。ISO 在推动开放系统参考模型与网络协议的研究方面做了大量的工作,对网络理论体系的形成与网络技术的发展起到了重要作用,促进了符合国际标准化的计算机网络技术的发展。

(4) 以网络互连为核心的第四代计算机网络

自 20 世纪 90 年代,随着人们对网络需求的不断增长,以及局域网的迅速增加,为了实现局域网之间信息资源的共享,对网络互联需求随之增加。将不同网络通过互联设备连接起来,就形成了互联网 Internet,如图 4.3 所示。第四代计算机网络就是向全面互联、高速和智能化方向发展的阶段,Internet 作为国际性的网际网和大型信息系统,正在当今经济、文化、科学研究、教育和人类社会生活等方面发挥着越来越重要的作用。

(5) 下一代互联网 NGI(Next Generation Internet)

下一代互联网 NGI 是实现多种业务融合、按需提供可靠 QOS 保证,实现灵活多样接入,可进行高速、海量传输服务的多媒体网络。下一代互联网的主要特征是:更大的地址空间:采用 IPv6 协议,使下一代互联网具有非常巨大的地址空间,网络规模将更大,接入网络的终端种类和数量更多,网络应用更广泛;更快:100MB/s 以上的端到端高性能通信;更安全:可进行网络对象识别、身份认证和访问授权,具有数据加密和完整性,实现一个可信任的网络;更及时:提供组播服务,进行服务质量控制,可开发大规模实时交互应用;更方便:无处不在的移动和无线通信应用;更可管理:有序的管理、有效的运营、及时的维护;更有效:有盈利模式,可创造重大社会效益和经济效益。

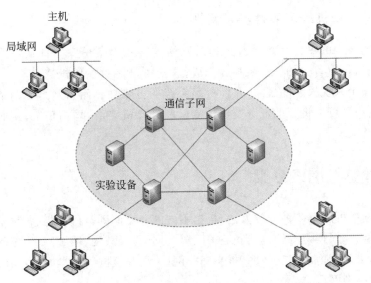

图 4.3 以网络互联为核心的计算机网络示意图

4.1.2 计算机网络功能

计算机网络的基本功能是实现计算机之间的网络通信、资源共享和分布式处理。此外,通过计算机网络可提高计算机的可靠性和可用性等,具体网络功能描述如下:

1. 数据通信

数据通信是计算机网络最基本的功能,可完成网络中各个节点之间快速、可靠地传输各种数据信息,包括文本、图形、图像、声音和视频流等各种多媒体信息。

2. 资源共享

资源共享是计算机网络最主要的功能,可以共享网络中的硬件、软件和数据资源。

硬件资源:包括各种类型的计算机、大容量存储设备、计算机外部设备,如彩色打印机、静电绘图仪等。

软件资源:包括各种应用软件、工具软件、系统开发所用的支撑软件、语言处理程序、数据库管理系统等。

数据资源:方便用户访问的各类大型信息资源库、办公文档资料、企业生产报表等。

3. 分布式处理

当网络中某台计算机的任务负荷太重时,通过网络将不同地点的,或具有不同功能的,或拥有不同数据的多台计算机通过通信线路连接起来,在控制系统的统一管理控制下分工协作,完成大规模信息处理任务。

4. 提高计算机的可靠性和可用性

计算机网络中的每台计算机都可通过网络连接互为备份。一旦某台计算机出现故障，它的任务就可由备份的计算机代为完成，这样可以避免在单机情况下，一台计算机发生故障引起整个系统瘫痪的现象，从而提高系统的可靠性。而当网络中的某台计算机负担过重时，网络又可以将新的任务交给较空闲的计算机完成，均衡负载，从而提高每台计算机的可用性。

4.1.3 计算机网络分类

计算机网络可以有多种分类方法，根据不同的分类原则，可以得到各种不同类型的计算机网络。例如，根据覆盖的范围和通信距离，可分为局域网、城域网、广域网。根据信息交换的方式，可以分为电路交换网、报文交换网、分组交换网。根据网络拓扑结构，可以分为星型网、总线型网、环形网、树型网。

1. 按网络的地理范围分类

计算机网络可按覆盖的范围和通信距离分为局域网、城域网和广域网三类。

(1) 局域网

局域网(Local Area Network，LAN)距离范围小，可分布在一个房间、一座建筑物或一个企事业单位内，覆盖范围为几百米到几公里，如图4.4所示。局域网内传输速率较高，常见的局域网速率为10Mb/s、100Mb/s、1000Mb/s。局域网误码率低，结构简单容易实现。目前局域网技术已日趋成熟，且发展较快，是计算机网络中最活跃的领域之一，常见的主要有以太网(Ethernet)和无线局域网(WLAN)。

(2) 城域网

城市地区网络常简称为城域网(Metropolitan Area Network，MAN)。城域网是介于广域网和局域网之间的一种高速网络。城域网设计的目标是要满足几十千米范围内的大量企业、机关、公司的多个局域网互联的需求，以实现大量用户之间的数据、语音、图形与视频等多种信息的传输功能。城域网距离范围为一个城市。地理范围为5～10km，传输速率在1Mb/s以上。城域网的一个重要用途是用做骨干网，通过它将位于同一城市内不同地点的主机、数据库以及局域网等互相连接起来，如图4.5所示。

(3) 广域网

广域网(Wide Area Network，WAN)也称为远程网。广域网的距离范围更大，覆盖的地理范围从几十千米到几千千米。广域网可以覆盖一个国家、地区，或横跨几个洲，形成国际性的远程网络。广域网的通信子网主要使用分组交换技术，可以利用公用分组交

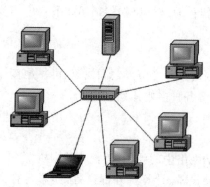

图4.4 局域网结构示意图

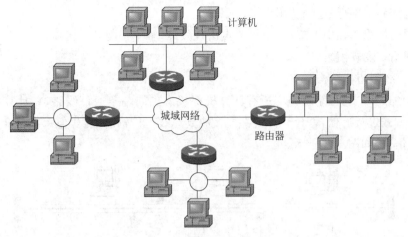

图 4.5 城域网结构示意图

换网、卫星通信网和无线分组网,它将分布在不同地区的计算机系统互联起来,达到资源共享的目的,如图 4.6 所示。

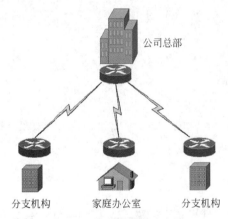

图 4.6 广域网结构示意图

随着网络技术的发展,LAN 和 MAN 的界限越来越模糊,各种网络技术的统一已成为发展趋势。

2. 按网络的拓扑结构分类

拓扑这个词是从几何学中借用而来。计算机网络的拓扑结构是指网络物理分布上的形状。我们将网络中的通信线路看成线,网络中的设备看成节点,这样由点线连接一起构成的结构图称为计算机网络的拓扑图。按拓扑图的形状,计算机网络可以分为星型拓扑结构、总线型拓扑结构、环型拓扑结构、树型拓扑结构。

(1) 星型拓扑结构

星型拓扑结构网络是最常用的网络拓扑结构,星型结构由中心设备(集线器或交换机),通过通信线路连接到各台计算机,计算机之间不能直接进行通信,必须由中央节点进行转发,如图 4.7 所示。

星型拓扑结构的优点如下:
- 结构简单,组网容易,控制相对简单;
- 通信协议简单,对外围站点要求不高;
- 计算机故障影响范围小,单个站点故障不会影响全网,且容易检测和排除。

星型拓扑结构的缺点如下:

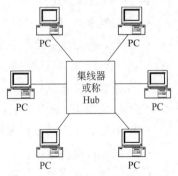

图 4.7 星型拓扑网结构示意图

- 电路利用率低,连线费用大;
- 网络性能依赖中央节点,中央节点出现故障,整个全网都将瘫痪;
- 网络扩展较困难。

(2) 总线型拓扑结构

总线型拓扑结构网络就是将所有计算机都接入到同一条通信线路,在计算机之间采用广播式方式进行通信,每台计算机都能接收到总线上传输的数据,但每次只允许一台计算机发送信息,如图 4.8 所示。

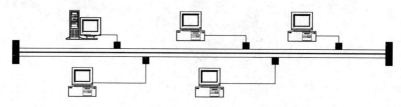

图 4.8 总线型拓扑网结构示意图

总线型拓扑结构的优点如下:
- 结构简单,可靠性高;
- 布线容易,连线总长度小于星型结构;
- 对站点扩充和删除容易;
- 多个节点共用一条传输信道,信道利用率高。

总线型拓扑结构的缺点如下:
- 总线任务重,易产生瓶颈问题;
- 总线的传输距离有限,通信范围受到限制;
- 故障诊断和隔离较困难。

(3) 环型拓扑结构

在环型拓扑结构网络中,每台计算机都与其相邻的两台计算机连接,最终网络中的所有计算机构成一个闭合的环,环中数据沿着一个方向绕环逐站传输,如图 4.9 所示。

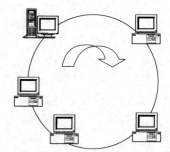

环型拓扑结构的优点如下:
- 传输速率高,传输距离远;
- 各节点的地位和作用相同;
- 各节点传输信息的时间固定;
- 容易实现分布式控制。

图 4.9 环型拓扑网结构示意图

环型拓扑结构的缺点如下:
- 环上任何一个站点的故障都会引起整个网络的崩溃;
- 难以进行故障诊断;
- 环上增删计算机会干扰整个网络的运行。

(4) 树型拓扑结构

树形拓扑可以认为是由多级星形结构组成的,计算机按层次进行连接,采用分级的集中控制方式,其传输介质可有多条分支,自上而下呈三角形分布,就像一颗倒置的树,如图 4.10 所示。

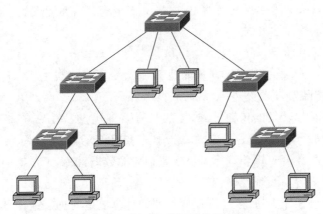

图 4.10 树型拓扑网结构示意图

树型拓扑结构的优点如下:

- 通信线路连接简单,易于扩展,这种结构可以延伸出很多分支和子分支,这些新节点和新分支都能容易地加入网内;
- 故障隔离较容易。如果某一分支的节点或线路发生故障,很容易将故障分支与整个系统隔离开来。

树型拓扑结构的缺点如下:

- 可靠性低,各个节点对根的依赖性太大,如果根发生故障,则全网不能正常工作。

3. 按网络交换技术分类

(1) 电路交换

电路交换是通信之前要在通信双方之间通过"建立连接—通信—释放连接"三个步骤建立一条临时的专用通路,用于双方通信。

电路交换的优点如下:

- 由于通信线路为通信双方用户专用,数据直达,所以传输数据的时延非常小;
- 通信双方之间的物理通路一旦建立,双方可以随时通信,实时性强;
- 双方通信时按发送顺序传送数据,不存在失序问题;
- 线路交换既适用于传输模拟信号,也适用于传输数字信号;
- 电路交换的交换设备(交换机等)及控制均较简单。

电路交换的缺点如下:

- 电路交换的平均连接建立时间对计算机通信来说太长;
- 电路交换连接建立后,物理通路被通信双方独占,即使通信线路空闲,也不能供其

他用户使用,因而信道利用低;
- 电路交换时,数据直达,不同类型、不同规格、不同速率的终端很难相互进行通信,也难以在通信过程中进行差错控制。

(2) 报文交换

报文交换是以报文为数据交换的单位,报文携带有目标地址、源地址等信息,在交换节点采用存储转发的传输方式。

报文交换的优点如下:
- 报文交换不需要为通信双方预先建立一条专用的通信线路,不存在连接建立时延,用户可随时发送报文;
- 由于采用存储转发的传输方式,使之具有下列优点:第一,在报文交换中便于设置代码检验和数据重发设施,加之交换节点还具有路径选择,就可以做到某条传输路径发生故障时重新选择另一条路径传输数据,提高了传输的可靠性;第二,在存储转发中容易实现代码转换和速率匹配,甚至收发双方可以不同时处于可用状态。这样就便于类型、规格和速度不同的计算机之间进行通信;第三,提供多目标服务,即一个报文可以同时发送到多个目的地址,这在电路交换中是很难实现的;第四,允许建立数据传输的优先级,使优先级高的报文优先转换;
- 通信双方不是固定占有一条通信线路,而是在不同的时间一段一段地部分占有这条物理通路,因而大大提高了通信线路的利用率。

报文交换的缺点如下:
- 由于数据进入交换节点后要经历存储、转发这一过程,从而引起转发时延(包括接收报文、检验正确性、排队、发送时间等),而且网络的通信量越大,造成的时延就越大,因此报文交换的实时性差,不适合传送实时或交互式业务的数据;
- 报文交换只适用于数字信号;
- 由于报文长度没有限制,而每个中间节点都要完整地接收传来的整个报文,当输出线路不空闲时,还可能要存储几个完整报文等待转发,要求网络中每个节点有较大的缓冲区。为了降低成本,减少节点缓冲存储器的容量,有时要把等待转发的报文存在磁盘上,进一步增加了传送时延。

(3) 分组交换

分组交换仍采用存储转发传输方式,但将一个长报文先分割为若干个较短的分组,然后把这些分组(携带源、目的地址和编号信息)逐个地发送出去,因此分组交换除了具有报文的优点外,与报文交换相比有以下优缺点。

分组交换的优点如下:
- 加速了数据在网络中的传输。因为分组是逐个传输,可以使后一个分组的存储操作与前一个分组的转发操作并行,这种并行式传输方式减少了报文的传输时间。此外,传输一个分组所需的缓冲区比传输一份报文所需的缓冲区小得多,这样因缓冲区不足而等待发送的机率及等待的时间也必然少得多;
- 简化了存储管理。因为分组的长度固定,相应的缓冲区的大小也固定,在交换节

点中,存储器的管理常被简化为对缓冲区的管理,相对比较容易;
- 减少了出错机率和重发数据量。因为分组较短,其出错机率必然减少,每次重发的数据量也就大大减少,这样不仅提高了可靠性,也减少了传输时延;
- 由于分组短小,更适用于采用优先级策略,便于及时传送一些紧急数据,因此对于计算机之间的突发式的数据通信,分组交换显然更合适些。

分组交换的缺点如下:
- 尽管分组交换比报文交换的传输时延少,但仍存在存储转发时延,而且其节点交换机必须具有更强的处理能力;
- 分组交换与报文交换一样,每个分组都要加上源、目的地址和分组编号等信息,使传送的信息量大约增大 5%～10%,在一定程度上降低了通信效率,增加了处理的时间,使控制复杂,时延增加;
- 当分组交换采用数据报服务时,可能出现失序、丢失或重复分组,分组到达目的节点时,要对分组按编号进行排序等工作,增加了麻烦。若采用虚电路服务,虽无失序问题,但有呼叫建立、数据传输和虚电路释放三个过程。

总之,若要传送的数据量很大,且其传送时间远大于呼叫时间,则采用电路交换较为合适;当端到端的通路有很多段的链路组成时,采用分组交换传送数据较为合适。从提高整个网络的信道利用率上看,报文交换和分组交换优于电路交换,其中分组交换比报文交换的时延小,尤其适合于计算机之间的突发式数据通信。

4. 按网络传输技术分类

在通信技术中,通信信道的类型有两类:广播通信信道与点对点通信信道。网络要通过通信信道完成数据传输任务,所采用的传输技术也是两类:广播式网络(Broadcast Networks)与点对点式网络(Point-to-Point Networks)。

(1) 广播式网络

在广播式网络中,所有联网计算机都共享一个公共通信通道。当一台计算机利用共享通信通道发送报文分组时,所有其他计算机都会"收听"到这个分组。由于发送的分组中带有目的地址与源地址,接收到该分组的计算机将检查目的地址是否与本地节点地址相同,如果被接收报文分组的目的地址与本节点地址相同,则接收该分组,否则丢弃该分组。在广播式网络中,发送的报文分组目的地址有 3 类:单一节点地址、多节点地址和广播地址。

(2) 点对点式网络

与广播式网络相反,在点对点式网络中,每条物理线路连接一对计算机。假如两台计算机之间没有直接连接的线路,那么它们之间的分组传输就要通过中间节点的接收、存储与转发,直至目的节点。由于连接多台计算机之间的线路结构可能是很复杂的,因此,从源节点到目的节点可能存在多条路由。决定分组从通信子网的源节点到目的节点的路径需要由路由选择。采用分组存储转发技术与路由选择机制是点对点式网络与广播式网络的重要区别之一。

5. 按传输介质分类

根据网络的传输介质,网络可分为有线网和无线网。有线网根据线路的不同可以分为同轴电缆网、双绞线网和光纤网,还有最新的全光网络;无线网有卫星无线网和使用其他无线通信设备的网络。

4.1.4 计算机网络组成

4.1.4.1 从逻辑功能角度看组成

从逻辑功能角度看,计算机网络系统由通信子网和资源子网构成,如图 4.11 所示。

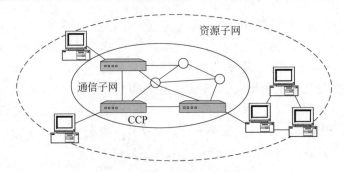

图 4.11　计算机网络组成示意图

通信子网:由通信控制处理机 CCP 组成的传输网络,位于网络内层,负责网络数据传输、转发等通信处理任务。

资源子网:网络的外围,负责全网的数据处理,向用户提供各种网络资源和网络服务。

4.1.4.2 从资源构成角度看组成

一个完整的计算机网络系统是由网络硬件系统和网络软件系统组成的。网络硬件是计算机网络系统的物理实现,网络软件是网络系统中的技术支持。两者相互作用,共同实现网络功能。

网络硬件系统:一般指网络的计算机、传输介质和网络连接设备等。

网络软件系统:一般指网络操作系统、网络通信协议、网络应用软件等。

1. 网络硬件系统组成

计算机网络硬件系统是由计算机(主机、客户机、终端),通信处理机(集线器、交换机、路由器),通信线路(同轴电缆、双绞线、光纤),信息变换设备(Modem、编码解码器)等构成。

(1) 主机

在一般的局域网中,主机通常被称为服务器,是为客户提供各种服务的计算机,因此对其有一定的技术指标要求,特别是主、辅存储容量及其处理速度要求较高。根据服务器在网络中所提供的服务不同,可将其划分为文件服务器、打印服务器、通信服务器、域名服务器、数据库服务器等。

(2) 网络工作站

除服务器外,网络上的其他计算机主要是通过执行应用程序来完成工作任务的,这种计算机称为网络工作站或网络客户机,用户主要通过使用工作站来利用网络资源并完成自己的任务。

(3) 网络互连设备

① 网络适配器(网卡)。

网卡通过总线与计算机设备接口相连,另一方面又通过电缆接口与网络传输媒介相连。目前大多数网卡集成在主板中,如图 4.12 所示。PC 机中主要使用 PCI 总线结构的网卡和 USB 接口的网卡,安装网卡后,还要进行协议的配置。例如 TCP/IP 协议。

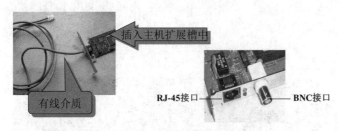

图 4.12　网络适配器示意图

② 集线器(HUB)。

集线器是网络传输媒介的中间节点,具有信号再生转发功能。集线器是一个多端口放大器,一个数据信号从源端口到 HUB 的过程中已有衰减,所以 HUB 对该信号进行整形放大,使信号恢复到发送时的状态,紧接着转发到其他正在工作的端口。HUB 的工作目的是扩大网络传输范围,而不具备信号定向传输能力,是一个标准的共享网络,属于广播传输方式,如图 4.13 所示。

图 4.13　集线器示意图

③ 交换机。

交换机采用交换方式工作,能够将多条线路的端点集中连接在一起,并支持端口工作站之间的多个并发连接,实现多个工作站之间数据的并发传输,而且每个端口都可视为独立的,相互通信的双方独自享有全部的带宽。交换机通常有多个端口,例如 8 口、16 口、24 口、48 口等,如图 4.14 所示。目前局域网内主要采用交换机连接计算机,其可以增加局域网带宽,改善局域网的性能和服务质量。交换机工作在 OSI 体系结构的数据链路层。

图 4.14 交换机示意图

④ 路由器(Router)。

路由器是网际互连设备,用于连接不同的网络,其可以把多个不同类型、不同规模的网络彼此连接起来,组成一个更大范围的网络。路由器是一种多端口设备,它可以连接不同传输速率并运行于各种环境的局域网和广域网,也可以采用不同的协议,如图 4.15 所示。路由器属于 OSI 模型的第三层——网络层设备,指导从一个网段到另一个网段的数据传输,也能指导从一种网络向另一种网络的数据传输。

图 4.15 路由器示意图

⑤ 传输媒介。

传输媒介是网络中连接计算机的通信线路。常用的传输介质分为有线传输介质和无线传输介质两大类。

有线传输介质是指在两个通信设备之间实现的物理连接部分,它能将信号从一方传输到另一方。有线传输介质主要有双绞线、同轴电缆和光纤。双绞线和同轴电缆传输电信号,光纤传输光信号。

双绞线:是由两条相互绝缘的导线扭绞而成,外部套上护套。双绞线分为:屏蔽双绞线(STP)和非屏蔽双绞线(UTP),屏蔽双绞线在电缆护套内增加一屏蔽层,能更有效地防止外界的电磁干扰。双绞线组网方便,价格最便宜,应用广泛,目前常用的是第五类双绞线,其最大传输率为 100Mbps,传输距离小于 100m。

同轴电缆:同轴电缆由内、外两条导线构成,内导线可以由单股或多股铜线构成,外导线是一条网状空心圆柱导体,内外导线之间有一层绝缘材料。同轴电缆抗干扰能力较强,传输速率可达每秒钟几兆字节至几百兆字节。有线电视网中使用的传输媒介是同轴电缆,现在基本上已被双绞线和光纤取代。

光纤:是光导纤维的简称,是一种传输光信号的介质。光纤主要由纤芯、涂层和外套组成。在实际应用中,通常将多根光纤合在一起,并在外面包上保护介质,组成光缆。根据性能不同,光纤分多模光纤和单模光纤。多模光纤由发光二极管产生用于传输的光脉冲,通过内部的多次反射沿芯线传输,其传输距离较短,仅为数百米至数千米,常用于局域网中。单模光纤传输距离远,单模光纤不必采用中继器就可传输数十公里,且具有很高的带宽,但价格较高。

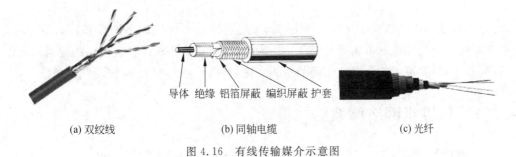

图 4.16 有线传输媒介示意图

无线传输介质指利用无线电波在自由空间的传播,可以实现多种无线通信。在自由空间传输的电磁波,根据频谱可分为无线电波、微波、红外线、激光等,信息被加载在电磁波上进行传输。

2. 网络软件系统组成

在计算机网络系统中,除了各种网络硬件设备外,还必须具有网络软件。网络软件系统主要包括以下内容:

(1) 网络操作系统

网络操作系统是网络软件系统中最主要的软件,用于实现不同主机之间的用户通信,以及全网硬件和软件资源的共享,并向用户提供统一的、方便的网络接口,便于用户使用网络。目前网络操作系统有三大阵营:UNIX、NetWare 和 Windows。

(2) 网络协议软件

网络协议是网络通信的数据传输规范,网络协议软件是用于实现网络协议功能的软件。目前典型的网络协议软件有 TCP/IP 协议、IPX/SPX 协议、IEEE802 标准协议系列等。其中 TCP/IP 是当前异种网络互联应用最为广泛的网络协议软件。

(3) 网络管理软件

网络管理软件是用来对网络资源进行管理以及对网络进行维护的软件,如性能管理、配置管理、故障管理、记费管理、安全管理、网络运行状态监视与统计等。

(4) 网络通信软件

是用于实现网络中各种设备之间进行通信的软件,使用户能够在不必详细了解通信控制规程情况下控制应用程序与多个站点之间进行通信,并对大量的通信数据进行加工和管理的软件。

(5) 网络应用软件

网络应用软件是为网络用户提供服务,最重要的特征是它研究的重点不是网络中各个独立的计算机本身的功能,而是如何实现网络特有的功能。

4.2 计算机网络的体系结构

计算机网络体系结构定义了一个框架，通过不同媒介连接起不同设备，构成网络系统，在不同的应用环境下可实现互操作，并满足各种应用的需求。任何厂商的任何产品以及任何技术，只要遵守这个网络空间的行为规则，就能够在其中生存并发展。

4.2.1 计算机网络体系结构概念

1. 网络协议

协议（Protocol）是指双方为实现交流而制定的规则。只有双方都遵守相同的规则，才能达到共同的目标。比如甲乙两人交谈，约定采用一种两人都能听懂的语言来讲话，保证双方的沟通。网络协议是指在计算机网络中，通信双方为了实现通信而设计的规则，具体由语法、语义、时序三部分组成。

（1）语法

语法（Syntax）：规定通信双方"如何讲"的问题，确定通信时双方交换数据与控制信息的结构和格式。

（2）语义

语义（Semantics）：规定通信双方"讲什么"的问题，是对数据和控制信息的具体解释，即每部分数据和控制信息所代表的含义。

（3）时序

时序（Timing Sequence）：确定通信双方"讲的步骤"的问题，是对事件实现顺序的详细说明，包括速度匹配和排序等。

网络协议是保证计算机之间正确传输信息，关于信息传输顺序、信息格式和信息内容等的约定、规则。

2. 计算机网络体系结构

计算机网络体系结构：指计算机网络的各个层和对等进程通信的全部协议的集合。

计算机网络是一个复杂的具有综合性技术的系统，为了简化网络设计的复杂性，计算机网络采用分层处理方法解决问题，一般将网络功能分成若干层，把复杂的网络互联问题划分为若干个较小的、单一的问题，在不同层上予以解决。每层完成既定的功能，上层功能建立在下层功能的基础之上，下层为上层提供服务，相邻层之间有定义清晰的接口。两个主机对应层之间均按照对等层的规则和约定进行通信，这些规则和约定的集合称为网络的通信协议，各层功能及其通信协议构成网络体系结构。

接口：每层都是建筑在它的前一层的基础上，每层间有相应的通信协议，相邻层之间的通信约束称为接口。

服务:在分层处理后,相似的功能出现在同一层内,每一层仅与其相邻上、下层通过接口通信,该层使用下层提供的服务,并向上层提供服务。

上、下层之间的关系是下层对上层服务,上层是下层的用户。

4.2.2 典型计算机网络体系结构

不同的计算机网络采用不同的网络协议,即采用不同的网络体系结构。最具代表性的有国际标准化组织(ISO)提出的开放系统互联(OSI)参考模型和 Internet 的 TCP/IP 体系结构。

1. OSI 参考模型

开放系统互联参考模型(Open Systems Interconnection Reference Model,OSI/RM)是国际标准化组织于 1983 年制定的,是计算机网络体系结构的国际标准。OSI 将计算机网络体系结构(Architecture)划分为 7 层,即将数据从一个站点到达另一个站点的工作按层分割成 7 个不同的任务。

OSI 参考模型的 7 层自上至下分别是:应用层、表示层、会话层、传输层、网络层、数据链路层和物理层,如图 4.17 所示。图中的实线表示实际通信,虚线表示逻辑上的通信。

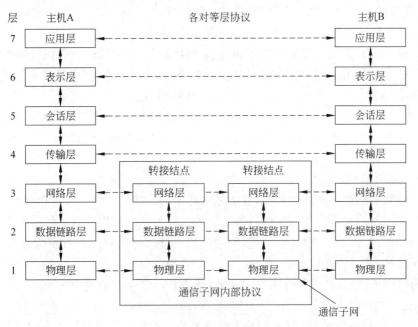

图 4.17 OSI 参考模型框架图

(1) 应用层

应用层是 OSI 参考模型的最高层,是用户与网络的接口,是计算机网络与最终用户间的交互应用界面。该层通过应用程序来完成网络用户的应用需求,如文件传输、收发电子邮件等。

（2）表示层

表示层主要用于处理两个通信系统中交换信息的表示方式，为上层用户提供共同的数据或信息的语法表示变换。为了让采用不同编码方法的计算机在通信中能相互理解数据的内容，定义数据结构、采用标准的编码表示形式，并将计算机内部的表示形式转换成网络通信中采用的标准表示形式。它包括数据格式交换，如提供了一种对不同控制码、字符集和图形字符等的解释，而这种解释是使两台设备都能以相同方式理解相同的传输内容所必需的；为安全性引入的数据提供加密与解密，以及为提高传输效率提供必需的数据压缩及解压等功能。

（3）会话层

会话层主要是管理和协调不同主机上各种进程之间的通信（对话），即负责在两个会话层实体之间进行对话连接的建立、管理和拆除，保证每次会话都正常关闭而不会突然断开，使用户被挂起在一旁。会话双方要确定通信方式，即允许信息双方进行全双工的通信还是半双工的通信。会话层还提供在数据流中插入同步点的机制，使得数据传输因网络故障而中断后，可以不必从头开始而仅重传最近一个同步点以后的数据。

（4）传输层

传输层是 OSI 的中间层，负责整个消息从信源到信宿（端到端）数据的透明传输服务，使高层用户不必关心通信子网的存在，同时保证整个消息无差错、按顺序地到达目的地，并在信源和信宿的层次上进行差错控制和流量控制。

（5）网络层

网络层负责数据包经过多条链路、由信源到信宿的传递过程，并保证每个数据包能够成功和有效率地从出发点到达目的地。为实现端到端的传递，网络层提供了两种服务：线路交换和路由选择。线路交换是在物理链路之间建立临时的连接，每个数据包都通过这个临时链路进行传输；路由选择是选择数据包传输的最佳路径，在这种情况下，每个数据包都可以通过不同的路由到达目的地，然后再在目的地重新按照原始顺序组装起来。

（6）数据链路层

数据链路层从网络层接收数据，并加上有意义的比特位形成报文头和尾部（用来携带地址和其他控制信息），这些附加信息的数据单元称为帧。数据链路层负责将数据帧无差错地从一个站点送达下一个相邻站点，即通过数据链路层协议完成在不太可靠的物理链路上实现可靠的数据传输。

在局域网中，硬件地址又称为物理地址，或 MAC(Medium/Media Access Control)地址。MAC 地址用来表示互联网上每一个站点的标识符，48 位二进制，采用十六进制数表示。其中，前 3 个字节是由 IEEE 的注册管理机构 RA 负责给不同厂家分配的代码（高 24 位），也称为"编制上唯一的标识符"，后 3 个字节（低 24 位）由各厂家自行指派给生产的适配器接口，称为扩展标识符（唯一性）。

网络层的 IP 地址专注于将数据包从一个网络转发到另外一个网络，而 MAC 地址专注于数据链路层，将一个数据帧从一个节点传送到相同链路的另一个节点。

(7) 物理层

物理层是 OSI 的最底层,它建立在物理通信介质的基础上,作为系统和通信介质的接口,用来实现数据链路实体间透明的比特(bit)流传输。为建立、维持和拆除物理连接,物理层规定了传输介质的机械特性、电气特性、功能特性和过程特性。

如图 4.17 所示,如果主机 A 上的应用程序向主机 B 上的应用程序传送数据,数据是不能直接由发送端到接收端的。主机 A 上的应用程序必须先将数据交给应用层,应用层在数据上加上必要的控制信息 H7 后,送交下一层。表示层收到应用层提交的数据后,加上本层的控制信息 H6,再交给会话层,以此类推。数据自上而下的递交过程是一个不断封装的过程。当数据到达物理层时,直接进行比特流的传送。当这一比特流经过网络的通信线路传送到目的地后,自下而上的递交过程就是一个不断拆封的过程。每一层根据对应的控制信息进行必要的操作,在剥去本层的控制信息后,将该层剩余的数据提交给上一层,最后,把主机 A 应用程序发送的数据交给主机 B 的应用程序。

2. TCP/IP 体系结构

TCP/IP 参考模型是 Internet 网络体系结构,是一组用于实现网络互联的通信协议。TCP/IP 的参考模型也是采用的分层结构,分为网络接口层、网络层、传输层和应用层,如图 4.18 所示。

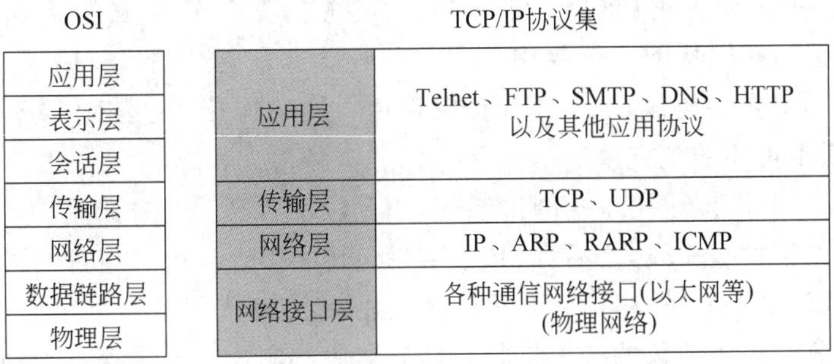

OSI	TCP/IP协议集	
应用层	应用层	Telnet、FTP、SMTP、DNS、HTTP 以及其他应用协议
表示层		
会话层		
传输层	传输层	TCP、UDP
网络层	网络层	IP、ARP、RARP、ICMP
数据链路层	网络接口层	各种通信网络接口(以太网等)(物理网络)
物理层		

图 4.18 OSI 与 TCP/IP 参考模型框架图

(1) 应用层

应用层对应于 OSI 参考模型的会话层、表示层和应用层三层,为用户提供所需要的各种服务,例如文件传输协议 FTP、远程访问协议 Telnet、域名服务 DNS、简单邮件传输协议 SMTP 等。

(2) 传输层

传输层对应于 OSI 参考模型的传输层,为应用层实体提供端到端的通信功能,保证了数据包的顺序传送及数据的完整性。该层定义了两个主要的协议:传输控制协议(Transmission Control Protocol,TCP)和用户数据报协议(User Datagram Protocol,UDP)。

TCP 协议提供的是一种可靠的、面向连接的数据传输服务;而 UDP 协议提供的则是不可靠的、无连接的数据传输服务。

(3) 网络层

网络层对应于 OSI 参考模型的网络层,主要解决主机到主机的通信问题。通过 IP

地址完成对主机的寻址,以及负责数据包在多种网络中的路由选择。该层有三个主要协议:网际协议(Internet Protocol,IP)、地址解析协议(Address Resolution Protocol,ARP)和互联网控制报文协议(Internet Control Message Protocol,ICMP)。IP协议是网际互联层最重要的协议,它提供的是一个不可靠、无连接的数据报传递服务。

(4) 网络接口层

网络接口层与OSI参考模型中的物理层和数据链路层相对应。它负责监视数据在主机和网络之间的交换。事实上,TCP/IP本身并没有定义该层的协议,而由参与互联的各网络使用自己的物理层和数据链路层协议,然后与TCP/IP的网络接入层进行连接。

TCP/IP协议栈中有100多个网络协议,其中最主要的是传输控制协议TCP和网际协议IP,因此Internet网络体系结构以这两个协议命名。

(1) IP协议

IP是为计算机网络相互连接进行通信而设计的协议。在因特网中,它是能使连接到网上的所有计算机网络实现相互通信的一套规则,规定了计算机在因特网上进行通信时应当遵守的规则。任何厂家生产的计算机系统,只要遵守IP协议,就可以与因特网互联互通。IP地址具有唯一性,根据用户性质的不同,可以分为5类。另外,IP还有进入防护、知识产权、指针寄存器等含义。

(2) TCP协议

TCP是一种面向连接(连接导向)的、可靠的、基于字节流的传输层(Transport Layer)通信协议。在因特网协议族中,TCP层是位于IP层之上,应用层之下的传输层。不同主机的应用层之间经常需要可靠的、像管道一样的连接,但是IP层不提供这样的流机制,而是提供不可靠的包交换。

应用层向TCP层发送用于网间传输的、用8位字节表示的数据流,然后TCP把数据流分割成适当长度的报文段,之后TCP把结果包传给IP层,由它通过网络将包传送给接收端实体的TCP层。TCP为了保证不发生丢包,就给每个字节一个序号,同时序号也保证了传送到接收端实体的包的按序接收。然后接收端实体对已成功收到的字节发回一个相应的确认(ACK);如果发送端实体在合理的往返时延(RTT)内未收到确认,那么对应的数据(假设丢失了)将会被重传。TCP用一个校验和函数来检验数据是否有错误;在发送和接收时都要计算和校验。

TCP建立连接之后,通信双方都同时可以进行数据的传输,它是全双工的。在保证可靠性上,采用超时重传和捎带确认机制。

(3) UDP协议

在网络中,UDP与TCP协议一样用于处理数据包,是一种无连接的协议。UDP有不提供数据包分组、组装和不能对数据包进行排序的缺点,也就是说,当报文发送之后,是无法得知其是否安全完整到达的。UDP用来支持那些需要在计算机之间传输数据的网络应用。包括网络视频会议系统、网络电话等在内的众多的客户/服务器模式的网络应用都需要使用UDP协议。因为这些应用对数据包损失有一定的承受度,但对传输时延的变化较敏感。有差错的UDP数据包在接收端被直接抛弃,TCP数据包出错则会引起重传,可能带来较大的时延扰动。

OSI 模型是理论上的模型、国际标准,但其并没有成熟的产品,而 TCP/IP 已经成为"事实上的国际标准"。

4.3　Internet 基础

Internet 一词往往被译为"交互网""国际互联网""互联网"或"国际计算机互连网"等。1997 年,我国正式确定中文名称为"因特网"。Internet 是当今世界上规模最大、用户最多、影响最广泛的计算机互联网络,其上连接有成千上万个大大小小不同地域、不同拓扑结构的局域网、城域网和广域网,包含了难以计算的信息资源,向全世界提供信息服务。

从技术上看,Internet 是基于 TCP/IP 协议的信息化的计算机网络。

从信息资源的角度看,Internet 是一个迅速发展的世界数字化信息资源库。Internet 提供了用以创建、浏览、访问、搜索、阅读、交流信息的多种服务。

从社会发展角度看,Internet 是一个渗透到社会各个层面的 cyberspace(电脑空间)。

4.3.1　Internet 概述

1. Internet 的发展

Internet 的雏形是美国国防部高级研究计划署资助的 ARPANET,发展到今天经历了半个多世纪。Internet 也从最初只有四个节点,发展到今天覆盖全球,连接无数台主机和数万个网络的巨型计算机网络。其发展历程主要分为以下几个阶段:

20 世纪 60 年代末期,美国国防部高级研究计划署 ARPA 为实现异种机的互联,建立了著名的 ARPANET,最初它是由四个节点组成的分组交换网。ARPANET 是最早出现的计算机网络之一,现代计算机网络的很多概念和方法都来自于 ARPANET。ARPA 研究的主要目的是将不同结构的局域网、广域网互联起来,构成网际网(Internetwork),缩写为 Internet。

20 世纪 70 年代,ARPANET 从一个实验性的网络变成一个可运行网络,并导致网络互联协议 TCP/IP 出现。计算机软件在网络互连中占据了重要地位,TCP/IP 协议的出现使网络中的大多数用户感觉不到底层的复杂性。

20 世纪 80 年代初,TCP/IP 协议成为标准,并以 ARPANET 为主干建立了 Internet。与此同时,当时流行的 UNIX 系统内核集成了 TCP/IP 协议,推动了 TCP/IP 协议的进一步研究与应用。1983 年,ARPANET 分为独立的两个部分,一个仍叫作 ARPANET,用于研究工作,另一部分是 MILNET,用于军方非机密通信。

20 世纪 80 年代后期,ARPANET 已变得拥挤不堪,难以应用,美国国家科学基金会 NSF 围绕其 6 个超级计算中心建立了 NSFNET,并与 ARPANET 实现互联,形成了 Internet 新的主干。

从 1991 年起,网络传输速度及使用 Internet 的组织数据不断增长,世界上许多公司纷纷接入Internet,掀起了Internet热潮。

到1996年底,全球已有186个国家和地区连入Internet。

2. Internet在我国的发展

Internet在中国起步较晚,但发展势头非常迅猛。Internet在我国的发展主要可分为以下两个阶段。

(1) 1987—1993年(第一阶段)

这个期间,只有国内一些科研部门、重点院校因科研需要而使用电子邮件服务。

(2) 1994年起(第二阶段)

自1994年开始,我国实现了与Internet的TCP/IP连接,开通了Internet上的全部功能,并先后组建了中国教育和科研网(CERNET)、中国金桥信息网(CHINAGBN)、中国公共计算机互联网(CHINANET)、中国科技网(CSTNET)等互联网络。

中国互联网络信息中心(CNNIC)在京发布的第40次《中国互联网络发展状况统计报告》显示,截至2017年6月,中国网民规模达到7.51亿,占全球网民总数的1/5,手机网民规模达7.24亿,互联网普及率为54.3%,超过全球平均水平4.6个百分点。基础资源保有量居世界前列,IPv4地址数量达到3.38亿个,IPv6地址数量达到21283块/32,二者总量均居世界第二;中国网站数量为506万个,".CN"下网站数为270万个;国际出口带宽达到7 974 779Mbps。

中国互联网应用虽然起步晚,但建设发展应用迅速,上述这些数据显示了中国互联网的大国规模。

4.3.2 Internet基本概念

1. IP地址

IP地址是IP协议提供的一种地址格式,它为Internet上的每一个网络和每一台主机分配一个网络地址,以此来屏蔽物理地址(网卡地址)的差异。它是运行TCP/IP协议的唯一标识。Internet的IP地址采用IPv4,根据规定,IPV4地址是一个32位的二进制数字,由Internet网络中心统一分配。

为了便于书写,IP地址每8位用一个等效的十进制数字表示,中间用"·"隔开。每个8位的值为0~255。例如,中国人民公安大学学校网站的IP地址如下:

二进制形式的IP地址:11010010 00011111 00110000 00000110

点分十进制形式地址:210.31.48.6

IP地址由两部分构成:网络地址和主机地址。根据网络地址的不同,将因特网的IP地址分为5类,即A、B、C、D、E类,如图4.19所示。

(1) A类地址

A类地址:网络地址部分占8位,其中最高位为0。由于全0和全1有特殊用途,所以A类可拥有126个网络。主机地址是24位,一个网络中拥有的主机数是$2^{24}-2$(全0

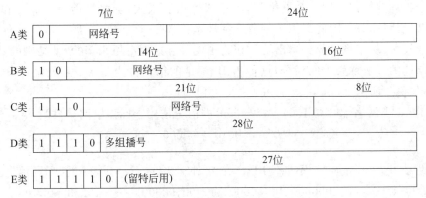

图 4.19　IPV4 地址分类图

和全 1)＝16 777 214 个。A 类地址范围：1.0.0.1 到 126.255.255.254。用于大型网络。

(2) B 类地址

B 类地址：网络地址部分占 16 位，其中最高 2 位为 10，所以 B 类可拥有 16384 个网络。主机地址是 16 位，一个网络中拥有的主机数是 $2^{16}-2$(全 0 和全 1)＝65534 个。B 类地址范围：128.0.0.1 到 191.255.255.254。用于中型网络。

(3) C 类地址

C 类地址：网络地址部分占 24 位，其中最高 3 位为 110，所以 C 类可拥有 20 971 152 个网络。主机地址是 8 位，一个网络中拥有的主机数是 $2^{8}-2$(全 0 和全 1)＝254 个。C 类地址范围：192.0.0.1 到 223.255.255.254。用于主机数较少的网络。

(4) D 类地址

D 类地址不分网络地址和主机地址，它的第 1 个字节的前 4 位固定为 1110。D 类地址范围：224.0.0.1 到 239.255.255.254。用于多点播送用。

(5) E 类地址

E 类地址也不分网络地址和主机地址，它的第 1 个字节的前 5 位固定为 11110。E 类地址范围：240.0.0.1 到 255.255.255.254。保留做研究用。

此外，上述 A、B、C 三类地址中还保留了部分 IP 地址，其在 Internet 上不能使用，而可重复用于组织内网中的私有地址，如表 4.1 所示。

表 4.1　私有 IP 地址

网络类别	地　址　段	网络数
A 类	10.0.0.0～10.255.255.255	1
B 类	172.16.0.0～172.31.255.255	16
C 类	192.168.0.0～192.168.255.255	256

2. 划分子网

IP 地址的资源非常紧张，但有时有些网络规模较小，其 IP 地址空间的利用率很低，如果每个物理网络都分配一个网络号,会造成路由表很大,网络性能下降。存在两级 IP 地址不够灵活等问题,因此引入了划分子网技术:即将一个网络分割成几个子网络,采用子网寻址技术,从主机号部分拿出几位作为子网号。这样在原来 IP 地址结构的基础上增加一级结构的方法称为子网划分,这使得 IP 地址的结构分为三部分:网络号、子网号和主机号,如例 1 所示。

例 1 C 类网络 192.3.1.0,主机号部分的前三位用于标识子网号,即:

$$\underbrace{11000000\ 00000010\ 00000001}_{\text{网络号}}\underbrace{xxx}_{\text{子网号}}\underbrace{yyyyy}_{\text{主机号}}$$

子网号为全"0"和全"1"不能使用,于是可划分出 $2^3-2=6$ 个子网,子网地址分别为:

11000000	00000011	00000001	00100000	— 192.3.1.32
11000000	00000011	00000001	01000000	— 192.3.1.64
11000000	00000011	00000001	01100000	— 192.3.1.96
11000000	00000011	00000001	10000000	— 192.3.1.128
11000000	00000011	00000001	10100000	— 192.3.1.160
11000000	00000011	00000001	11000000	— 192.3.1.192

子网编址使得 IP 地址具有一定的内部层次结构,这种层次结构便于 IP 地址分配和管理。

子网划分使用的关键在于选择合适的层次结构,即如何既能适应各种现实的物理网络规模,又能充分地利用 IP 地址空间(即:从何处分隔子网号和主机号)。

3. 子网掩码

引入子网概念后,网络号加上子网号才能全局唯一地标识一个网络。子网掩码也是 32 位,把所有的网络号用"1"来标识,主机号用"0"来标识,就得到了子网掩码。例 1 中的子网掩码转换为十进制之后为:255.255.255.224

前面的例 1 中:网络号 24 位,子网号 3 位,总共 27 位。所以子网掩码为:

     11111111 11111111 11111111 11100000

即   255 . 255 . 255 . 224

在寻址时,通过子网掩码对 IP 地址进行"与"运算,先找出网络部分,再确定子网中的主机地址。

因此,A、B、C 三类网络的子网掩码为:

A 类地址的掩码:255.0.0.0

B 类地址的掩码:255.255.0.0

C 类地址的掩码:255.255.255.0

4. IPv6

IP 协议是因特网的核心协议,现在使用的 IPv4 是 20 世纪 70 年代设计的,无论从因特网发展规模变化,还是网络传输速率需求,IPv4 都已不能满足。为此,互联网工程任务组(Internet Engineering Task Force,IETF)设计了用于替代现行版本 IP 协议(IPv4)的下一代 IP 协议 IPv6。

IPv6 使用 128 位 IP 编址方案,共有 2^{128} 个 IP 地址,这样就会有充足的地址量。

(1) IPv6 地址格式

与 IPv4 的"点分十进制"地址类似,IPv6 采用"冒号十六进制"表示,以 16 位划分为一组,每个 16 位分组写成 4 个十六进制数,中间用冒号分隔,称为冒号十六进制记法。

例如:21DA:00D3:0000:2F3B:02AA:00FF:FE28:9C5A

(2) IPv6 地址简化格式

由于 IPv6 地址格式较长,为便于书写,可简化表示,即允许省略数字前面的 0。

例如:21DA:D3:0:2F3B:2AA:FF:FE28:9C5A

(3) IPv6 地址其他格式

冒号十六进制记法还包含两个技术:

第一,"零压缩"法,即一连串连续的零可以为一对冒号所取代。

例如:FF05:0:0:0:0:0:0:B3

可以写成:FF05::B3

为了避免零压缩不出现混乱,规定在任一地址中只能使用一次零压缩。

第二,冒号十六进制记法结合使用点分十进制记法的后缀,这种结合在 IPv4 向 IPv6 转换阶段非常有用。

例如:0:0:0:0:0:0:128.10.2.1

使用零压缩写成:::128.10.2.1

5. 域名

由于数字组成的 IP 地址难于记忆和理解,为此,在 Internet 上使用域名来标识连接到网络上的服务器,用字母来代替 IP 地址中的数字,每一个域名对应着一个 IP 地址,如中国人民公安大学校园网站的域名为:www.ppsuc.edu.cn。

由于计算机不能直接识别域名,因此需要域名系统 DNS(Domain name system)对域名与 IP 地址进行管理与转换。

(1) 域名结构

域名的表示方法类似于点分十进制的 IP 地址格式,用点号将各级子域名分隔开来。域的层次次序从右到左(即由高到低或由大到小)分别为:顶级域名、二级域名、三级域名、主机名。典型的域名结构如下:

主机名.单位名.机构.国别

如前面所述域名www.ppsuc.edu.cn 表示中国(cn)教育机构(edu)中国人民公安大学(ppsuc)校园网上的 WWW 服务器。

从左到右,域的范围逐渐变大。

由于域名具有实际含义,所以比 IP 地址好记。

在 Internet 上,几乎每一子域都设有域名服务器,服务器中包含有该子域的全体域名和地址信息。Internet 每台主机上都有地址转换请求程序,负责域名与 IP 地址转换。域名与 IP 地址之间的转换称为域名解析,整个过程是自动进行的。有了 DNS,凡是有定义的域名都可以有效地转换成 IP 地址。反之,IP 地址也可以转换成域名。

(2) 顶级域名

为了保证域名系统的通用性,Internet 规定了一些正式通用的标准,分为区域名和类型名两类。区域名用两个字母表示世界各国和地区,如表 4.2 所示。

表 4.2 以国别或地区命名的域名

域	含 义	域	含 义	域	含 义
cn	中国	gb	英国	nl	荷兰
ca	加拿大	hk	中国香港地区	se	瑞典
de	德国	jp	日本	sg	新加坡
fr	法国	kr	韩国	tw	中国台湾地区
au	澳大利亚	my	马来西亚	us	美国

类型名共有 14 个,如表 4.3 所示。

表 4.3 以类别命名的域名

域名	含 义	域名	含 义	域名	含 义
com	商业类	edu	教育类	gov	政府部门
int	国际机构	mil	军事类	net	网络机构
org	非盈利组织	arts	文化娱乐	arc	康乐活动
firm	公司企业	info	信息服务	nom	个人
stor	销售单位	web	与 WWW 有关单位		

在域名中,除了美国的国家域名 us 可以缺省外,其他国家的主机若要按区域型申请登记域名,则顶级域名必须先采用该国家的域名,再申请二级域名。按类型名登记域名的主机,其地址通常源自于美国(俗称国际域名)。如 163.com 表示该网络的域名是在美国注册登记的,但网络的物理位置在中国。

(3) 中国互联网络的域名体系

中国互联网的域名体系顶级域名为 cn,二级域名共 40 个,分为类别域名和行政区划域名两类。其中类别域名共 6 个,如表 4.4 所示。行政区域名 34 个,对应我国 34 个省市自治区,采用两个字符的汉语拼音表示。例如,gd 代表广东省,bj 代表北京市,sh 代表上海市,xz 代表西藏自治区等。

表 4.4 中国互联网二级类别域名

域名	含 义	域名	含 义	域名	含 义
ac	科研机构	edu	教育机构	net	网络机构
com	商业机构	gov	政府部门	org	非盈利性组织

中国互联网络信息中心(China Internet Network Information Center,CNNIC)作为中国信息社会重要的基础设施建设者、运行者和管理者,负责我国顶级域名 cn 的注册管

理,以及 cn 域名根服务器的运行。中国互联网络信息中心网站为:http://www.cnnic.net.cn。

4.3.3 Internet 接入

Internet 服务提供商(Internet Service Provider,ISP)是用户接入 Internet 的驿站和桥梁。当计算机连接 Internet 时,它并不直接连接到 Internet,而是采用某种方式与 ISP 提供的某一台服务器连接起来,通过它再接入 Internet。

目前,Internet 的接入方式主要有非对称数字用户环路(Asymmetric Digital Subscriber Line,ADSL)接入、有线电视接入、光纤接入、无线接入。

1. ADSL 接入

ADSL 是一种异步传输模式(ATM),上行和下行带宽不对称,因此称为非对称数字用户环路。它采用频分复用技术,把普通电话线分成了电话、上行和下行三个相对独立的信道,从而避免了相互之间的干扰。即使边打电话边上网,也不会发生上网速率和通话质量下降的情况。ADSL 接入的优点如下:

(1) 下载速度高

通常,ADSL 在不影响正常电话通信的情况下可以提供最高 3.5Mbps 的上行速度和最高 24Mbps 的下行速度。一般用户下载数据多而上传数据少。

(2) 独享带宽

当多个用户连接到同一个 ADSL Modem 时,每一个用户的带宽都是 ADSL Modem 的带宽。

(3) 安装方便

如图 4.20 所示,线路接入简便,适宜家庭选用。

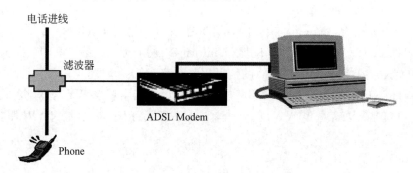

图 4.20 采用 ADSL 接入方式示意图

2. 有线电视接入

有线电视接入是利用有线电视接入网接入到 Internet,它通过连接有线电视网连接到 Internet,这是一种宽带的 Internet 接入方式。有线电视网接入方式分为对称型和非对称型两种。对称型的数据上传速率和下载速率相同,非对称型的数据下载速率高于上传速率。有线电视接入 Internet 的优点如下:

(1) 带宽上限高

有线电视接入使用的是同轴电缆,能达到的带宽要高于 ADSL。

(2) 上网、模拟节目和数字点播兼顾,三者互不干扰。

3. 光纤接入

光纤接入是一种以光纤为主要传输媒介接入 Internet。用户通过光纤 Modem 连接到光网络,再通过 ISP 的骨干网出口连接到 Internet,这是一种宽带的 Internet 接入方式。光纤接入的优点如下:

① 带宽高,一般可以达到 20MB、100MB。

② 端口带宽独享。

③ 抗干扰性能好,光纤信号不受强电、电磁和雷电的干扰。

④ 安装方便,光纤体积小、重量轻,容易施工。

4. 无线接入

个人计算机或者移动设备可以通过无线局域网 WLAN 连接到 Internet。在校园、机场、饭店等公共场所,单位统一部署了无线接入点,建立起无线局域网 WLAN,并接入 Internet。带有无线网卡的笔记本电脑、具有 WiFi 功能的移动设备,都可以利用 WLAN 接入 Internet。

4.3.4 Internet 提供的服务

1. WWW 服务

WWW 是万维网(World Wide Web),又称 Web、3W。采用超文本标记语言(HyperText Markup Language,HTML)与超文本传输协议(HyperText Transfer Protocol,HTTP)以及统一资源定位器(Uniform Resource Locator,URL)技术,提供面向 Internet 服务的、一致的用户界面的信息浏览系统。

其中,HTTP 是 WWW 服务使用的应用层协议,用于实现 WWW 客户机与服务器之间的通信;HTML 语言是 WWW 服务的信息组织形式,用于定义在 WWW 服务器中存储的信息格式。

(1) WWW 的工作过程

WWW 采用客户机/服务器(C/S)工作模式,用户在本地计算机上使用浏览器发出访问请求,服务器根据请求向浏览器返回信息,其工作过程如图 4.21 所示。

目前常用的浏览器有微软的 IE 浏览器(Internet Explorer)、360 浏览器、火狐 Firefox 浏览器、谷歌 Chrome 浏览器等。

(2) 网页和网站

网页是构成网站的基本元素,是在浏览器中所看到的画面,又称为 Web 页面。多个

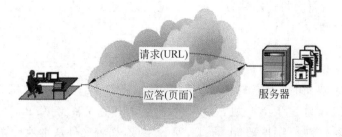

图 4.21 WWW 工作过程示意图

相关的 Web 页组合在一起,就组成了一个 Web 站点。站点的第一个页面称为主页(Home Page),它是一个网站的首页,从主页出发,通过超链接可以访问所有的页面,也可以链接到其他网站。主页的文件名一般为 index.htm 或者 default.htm。放置 Web 站点的计算机称为 Web 服务器。

(3) 统一资源定位器 URL

为了方便用户找到位于整个 Internet 范围内的某个信息资源,WWW 服务使用了统一资源定位器(URL)技术。URL 是指向 Web 服务器中某个页面的地址,其形式为字符串。

URL 的规范结构如下:资源类型、存放资源的主机域名、端口号、资源文件名,如图 4.22 所示。

图 4.22 URL 组成形式图

http:表示客户端和服务器使用的 HTTP 协议,将远程 Web 服务器上的网页传输给用户的浏览器。

① 主机域名:网站的计算机域名。

② 端口号:指网络中的逻辑端口,是用于区分 TCP/IP 协议中服务的端口。它是一种特定服务的软件标识,用数字表示,端口号的范围为 0~65535。一台拥有 IP 地址的主机可以提供许多服务,如 Web 服务、FTP 服务、SMTP 服务等,主机通过 IP 地址+端口号来区分不同的服务。常见 Internet 服务的端口号,如 WWW 服务器使用的是 80,FTP 服务器使用的是 21,SMTP 服务器使用的是 25。

③ 文件路径/文件名:网页在 Web 服务器中的位置和文件名。

(4) 超链接

超链接是指向 Web 页面的统一资源定位器的对象。用户通过单击超链接,可以跳转到指定 Web 节点上的某一页。

2. FTP 服务

文件传输(File Transfer Protocol,FTP)服务又称实时的联机服务,是依靠 FTP 协议实现将文件从一台计算机传输到另一台计算机上,并且保证传输的可靠性。使用 FTP 服务后,等于使每个联网的计算机都拥有一个容量巨大的备份文件库,这是单个计算机无法比拟的优势。

(1) FTP 工作过程

FTP 是一个双向的文件传输协议。FTP 服务采用典型的客户机/服务器工作模式,用户本地计算机称为 FTP 客户机,远程提供服务的计算机称为 FTP 服务器。从远程服务器上将文件复制到本地计算机上的过程称为下载,而将文件从本地计算机传输到 FTP 服务器的过程称为上传,如图 4.23 所示。

图 4.23　FTP 工作过程示意图

(2) 访问 FTP 服务器

FTP 服务可通过匿名方式或账号两种方式来访问。

① 匿名方式:提供服务的机构在它的 FTP 服务器上设立一个公开账户,并赋予该账户访问公共目录的权限,以便提供免费服务。

在 URL 地址栏输入 ftp://jsjjc.ppsuc.edu.cn。

② 使用账号和密码:通过账号和密码验证用户身份并授予相应权限。

在 URL 地址栏输入 ftp://users:123456@jsjjc.ppsuc.edu.cn。

其中,/users 是账号,123456 是口令。

3. 电子邮件服务

电子邮件(E-mail)是 Internet 用户通过电子邮件简单传输协议(Simple Mail Transfer Protocol,SMTP)来实现的一种快捷、廉价的发送和接收信息的现代化通信手段。电子邮件使用简单,投递迅速,收费低廉,易于保存。

(1) 电子邮件的工作过程

发送邮件时,使用的是简单邮件传输协议(SMTP);而从邮件服务器读取邮件时,可以使用邮局协议(POP3)或交互式邮件存取协议(IMAP)。其工作过程如图 4.24 所示。

电子邮件包括邮件头和邮件体两部分。邮件头是使用 ASCII 码来表示控制信息、发送者、接收者的电子邮件地址等。邮件体是实际的数据,数据可以是文本,可以是其他形式的文件。

(2) 邮件服务器与邮箱

邮件服务器负责接收用户送来的邮件,并根据收件人地址发送到对方的邮件服务器中;另一方面,它负责接收由其他邮件服务器发来的邮件,并根据收件人地址分发到相应的电子邮箱中。

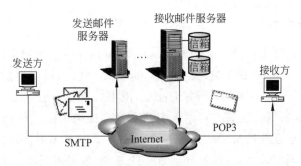

图 4.24　电子邮件工作过程示意图

使用电子邮件的前提是拥有自己的电子信箱。电子信箱一般又称为电子邮件地址（E-mail Address）。电子信箱是电子邮件服务机构为用户建立的，实际上是该机构在与因特网联网的计算机上为用户分配的一个专门用于存放往来邮件的磁盘存储区域，这个区域是由电子邮件系统管理的。电子邮箱是由提供电子邮件服务的机构为用户建立的。

电子邮件地址格式为：用户名@邮箱所在的主机域名

如 jsjjc@163.com。

4. 远程登录（Telnet）

远程登录是指在网络通信协议 Telnet 的支持下，用户的计算机通过 Internet 成为远程计算机的仿真终端，实现对远程计算机的操作。

远程登录采用客户机/服务器工作模式，通过 TCP 协议的 23 号端口提供服务。Telnet 主要通过两个软件程序实现用户计算机的远程登录，一是用户发出远程登录请求的 Telnet 客户机程序（Client），另一个是提供远程连接服务的 Telnet 服务器程序（Server），本地计算机连接到远端的计算机上去，作为这台远程主机的终端。其工作过程如图 4.25 所示。

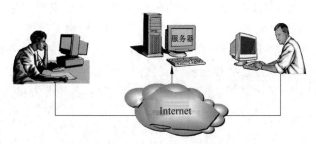

图 4.25　远程登录工作过程示意图

使用 Telnet 进行远程登录时，首先要知道对方计算机的域名或 IP 地址，然后根据对方系统的询问，输入正确的用户名和密码。

通过远程登录服务，可以实时地使用远程计算机上对外开放的全部资源，也可以查询数据库、检索资料或利用远程计算机完成大量的计算工作。

Windows 内置了 Telnet 支持下的远程桌面连接功能。

5. 社交网络平台

多媒体技术和计算机网络技术的发展,促使Internet的应用越来越广泛,人们线下的交互活动几乎都可以在线上实现,甚至交互的方式更加多样,如社交网络。社交网络(Social Network Service,SNS)源自网络社交,网络社交的起点是电子邮件,是Web2.0体系下的一个技术应用架构,旨在帮助人们建立社会性网络的互联网应用服务。随着互联网应用尤其是移动互联网应用的兴起和快速发展,人们越来越多地使用社交网络平台,并在此平台中建立朋友关系,与朋友分享自己的兴趣、爱好等信息。目前,国外著名的社交网站有Facebook、Twitter、MySpace等。国内应用广泛的社交网站,如新浪微博、腾讯微博等吸引数以亿计的用户访问社交网站,用户在社交网络中交友、发贴,分享个人信息。

据中国互联网络信息中心第40次中国互联网络发展状况统计报告公布,截至2017年6月,使用率排名前三的社交应用均属于综合类社交应用。微信朋友圈、QQ空间作为即时通信工具所衍生出来的社交服务,用户使用率分别为84.3%和65.8%;微博作为社交媒体,得益于名人明星、网红及媒体内容生态的建立与不断强化,以及在短视频和移动直播上的深入布局,用户使用率持续回升。

(1) 微博

微博(Weibo),即微型博客(MicroBlog)的简称,也是博客的一种,是一种通过关注机制分享简短实时信息的广播式的社交网络平台。微博是一个基于用户关系信息分享、传播以及获取的平台。用户可以通过Web、WAP等各种客户端组建个人社区,以140字(包括标点符号)的文字更新信息,并实现即时分享。

作为一种分享和交流平台,微博更注重时效性和随意性。微博更能表达出每时每刻的思想和最新动态,而博客则更偏重于梳理自己在一段时间内的所见、所闻、所感。因微博而诞生出微小说这种体裁。通过微博可随时随地发现新鲜事!微博带你欣赏世界上每一个精彩瞬间,了解每一个幕后故事。分享你想表达的,让全世界都能听到你的心声!

2010年,国内微博迎来春天,微博像雨后春笋般崛起,称为微博元年。由于微博在网络媒体中影响很大,政府机关也纷纷开通政务微博,公安微博在政务微博中遥遥领先。"平安肇庆"是第一个在新浪正式注册的公安微博,于2010年2月25日正式开通。以"平安肇庆"的开通为标志,其带动了全国公安机关的微博热,各地公安机关纷纷效仿,以公安为主体的警务官方微博、民警个人微博相继出现。

(2) 腾讯QQ

1999年2月,腾讯正式推出第一个即时通信软件——OICQ,后改名为腾讯QQ。腾讯QQ(简称QQ)是腾讯公司开发的一款基于Internet的即时通信(IM)软件。目前已经覆盖Microsoft Windows、OS X、Android、iOS、Windows Phone等多种主流平台,其标志是一只戴着红色围巾的小企鹅。腾讯QQ支持在线聊天、视频聊天以及语音聊天、点对点断点续传文件、共享文件、网络硬盘、自定义面板、QQ邮箱等多种功能,并可与移动通讯终端等多种通讯方式相连。QQ在线用户由1999年的2人(马化腾和张志东),到现在已经是中国目前使用最广泛的聊天软件之一。

QQ的主要功能包括如下内容:

QQ 群：是一个聚集一定数量 QQ 用户的长期稳定的公共聊天室。

QQ 空间（Qzone）：是腾讯公司于 2005 年开发出来的一个个性空间，具有博客（blog）的功能，自问世以来受到众多人的喜爱。

朋友网原名 QQ 校友：是腾讯公司打造的真实社交平台，为用户提供行业、公司、学校、班级、熟人等真实的社交场景。

QQ 邮箱：是腾讯公司 2002 年推出，向用户提供安全、稳定、快速、便捷电子邮件服务的邮箱产品。

QQ 音乐：是中国最大的网络音乐平台，是中国互联网领域领先的正版数字音乐服务提供商，始终走在音乐潮流最前端，向广大用户提供方便流畅的在线音乐和丰富多彩的音乐社区服务。

此外，还有 QQ 旋风、QQ 拼音输入法等多种服务。

（3）微信（WeChat）

微信（WeChat）是腾讯公司于 2011 年初推出的一款快速发送文字和照片、支持多人语音对讲的手机聊天软件。用户可以通过手机或平板电脑快速发送语音、视频、图片和文字。微信提供公众平台、朋友圈、消息推送等功能，用户可以通过"摇一摇""搜索号码""附近的人"、扫二维码等方式添加好友和关注公众平台；同时，微信将内容分享给好友以及将用户看到的精彩内容分享到微信朋友圈。目前，微信是已超过 9 亿人使用的手机应用，其适合大部分智能手机，以及微信网页版、微信 Mac 版、微信 Windows 版。

4.4 局域网技术

局域网是计算机网络的重要组成部分，是当今计算机网络技术应用与发展非常活跃的一个领域。公司、企业、政府部门及住宅小区内的计算机都通过 LAN 连接起来，以达到资源共享、信息传递和数据通信的目的。局域网也是建立互联网络的基础网络。

4.4.1 局域网组成

局域网由网络硬件和网络软件两部分组成。网络硬件主要有：服务器、终端客户机、传输介质和网络连接部件等。网络软件包括网络操作系统、控制信息传输的网络协议及相应的协议软件、大量的网络应用软件等。如图 4.26 所示为一种比较典型的局域网。

1. 计算机设备

服务器：可分为文件服务器、打印服务器、通信服务器、数据库服务器等。文件服务器是局域网上最基本的服务器，用来管理局域网内的文件资源；打印服务器则为用户提供网络共享打印服务；通信服务器主要负责本地局域网与其他局域网、主机系统或远程工作站的通信；而数据库服务器则是为用户提供数据库检索、更新等服务。

客户机（Clients）：可以是一般的个人计算机，也可以是专用电脑，如图形工作站等。

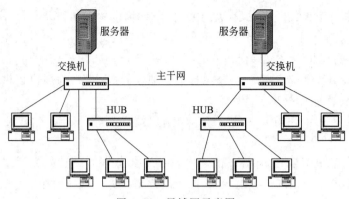

图 4.26 局域网示意图

客户机可以有自己的操作系统,独立工作;通过运行客户机的网络软件可以访问服务器的共享资源。

客户机和服务器之间的连接通过传输介质和网络连接部件来实现。

2. 传输介质

传输介质是通信网络中发送方和接收方之间的物理通道。目前局域网中主要采用的传输介质分为有线介质和无线介质。有线传输介质主要是双绞线、同轴电缆和光纤。

3. 接口设备

在局域网中采用的网络连接部件主要包括网卡、集线器、交换机、无线 AP(Access Point)、无线路由器(Wireless Router)等。其中无线 AP 和无线路由器在园区内和家庭局域网中的应用非常广泛。

(1) 无线 AP

无线 AP 即无线接入点,是用于无线网络的无线交换机。无线网络的核心是移动计算机接入有线网络的接入点。无线 AP 主要用于家庭、楼宇内、园区内,覆盖范围为几十米至上百米,大多数无线 AP 可以和其他 AP 进行无线连接,扩展网络的覆盖范围。

(2) 无线路由器

无线路由器是 AP 与宽带路由器的结合体,它借助路由器的功能,可实现家庭无线网络中的 Internet 连接,实现 ADSL 和小区宽带的无线共享接入。

4. 操作系统

目前,局域网常见的网络操作系统主要有 Netware、UNIX、Linux 和 Windows 等。

4.4.2 局域网特点

相对一般的广域网 WAN 来说,局域网具有以下特点:

① 地理分布范围较小。一般为数百米至数公里,可以覆盖一幢大楼、一个校园或者

一个企业。

② 数据传输速率高。一般为 0.1～100Mb/s,目前已出现速率高达 1000Mb/s 的局域网。

③ 误码率低。一般在 $10^{-11} \sim 10^{-8}$ 以下。这是因为局域网通常采用短距离基带传输,可以使用高质量的传输介质,从而提高数据的传输质量。

④ 以 PC 机为主体。包括终端及各种外设,网络中一般不设中央主机系统。

⑤ 一般只包含 OSI 参考模型中的低 3 层功能。即仅涉及通信子网的内容。

⑥ 协议简单,结构灵活,建网成本低、周期短,便于管理和扩充。

局域网的特性主要涉及拓扑结构、传输介质和媒体访问控制(Media Access Control,MAC)等技术问题,其中最重要的是媒体访问控制方法。如表 4.5 所示。

表 4.5 局域网的特性描述

拓扑结构	总线、环形、星形
传输介质	双绞线、同轴电缆、光纤、无线通信
媒体访问控制	CSMA/CD、TokenRing、TokenBus、FDDI
局域网标准化组织	ISO、IEEE 802 委员会、NBS、EIA、ECMA、
应用领域	办公自动化、企业自动化、校园、医院等

4.4.3 IEEE 802 参考模型

各网络设备厂商生产的设备要容易地互联在一起,如果没有一个统一的局域网互联标准,是很难实现的。(美国)电气电子工程师协会 IEEE 802 委员会颁布了一套有关局域网的标准,并于 1985 年被美国标准化协会(ANSI)采用,成为美国国家标准。这些标准后来被国际标准化组织(ISO)于 1987 年修改,并重新颁布为国际标准,定名为 ISO 8802。IEEE 802 委员会不断地修改和扩充标准,并为 ISO 所认可。

在制定标准的过程中,IEEE 802 委员会提出两个问题:第一,局域网的通信已经复杂到有必要将其分解为更小而且更容易管理的子层;第二,不可能只使用一种单一的技术来满足所有的需求。于是,为了支持不同的拓扑结构、不同的访问方式、不同的传输媒体,IEEE 802 委员会决定把几个建议都制定为标准,而不是仅仅形成一个标准,所制定的标准如表 4.6 所示。

表 4.6 IEEE 802 组标准

工作组名称	研 究 内 容
802.1	高层接口(HILI),包括网络结构、网际合作和 LAN 的网络管理
802.2	逻辑链路控制(LLC)

续表

工作组名称	研 究 内 容
802.3	载波监听多路访问/冲突检测(CSMA/CD)
802.4	令牌总线(Token Bus)
802.5	令牌环(Token Ring)
802.6	城域网(MAN)
802.7	广域技术建议组(BBTAG)
802.8	光纤技术建议组(FOTAG)
802.9	综合业务局域网接口(ISLAN)
802.10	交互性局域网安全性标准(SILS)
802.11	无线局域网(WLAN)
802.12	命令优先级
802.13	基于有线电视的广域通信网

4.4.4 局域网工作模式

1. 客户机/服务器模式

客户机/服务器模式即 C/S 模式,网络中由一台或几台较大的计算机集中进行共享资源的管理,称为服务器(Server),而能够使用服务器上的可共享资源的计算机称为客户机(Client)。服务器端需要运行网络操作系统,如 Windows Server、UNIX 等。通常有多台客户机连接到同一台服务器上,它们除了运行自己的应用程序外,还可以通过网络获得服务器上的服务。

C/S 模式是以服务器为中心的网络,所以一旦服务器出现故障或关机,整个网络将无法运行。

2. 浏览器/服务器模式

浏览器/服务器(Browser/Server,B/S)是一种特殊形式的 C/S 模式,在这种模式中,客户端通过浏览器访问服务器端提供的服务。C/S 模式统一了客户端,将系统功能实现的核心部分集中到服务器上,简化了系统的开发、维护和使用。客户机上只要安装一个浏览器,服务器上安装 SQL Server、Oracle、MYSQL 等数据库。客户端浏览器通过 Web Server 同数据库进行数据交互。在这种模式下,由于对客户端的要求很少,不需要另外安装附加软件,因此在通用性和易维护性上具有突出的优点。

3. 对等网络模式

对等网络是 Peer-to-Peer,这种网络中不使用服务器来管理网络资源,所有计算机都处于平等地位。在对等网络中,同时通信的计算机数量通常不会超过 10 台,网络结构相对比较简单,一般常采用星型网络拓扑结构,使用双绞线直接相连两台计算机。在对等网络中,无论哪台计算机关闭,都不会影响网络的运行。

对等网络不需要专门的服务器来支持网络,在需要的情况下,每一个节点既可以起客户机的作用,也可以起服务器的作用。也不需要其他组件来提高网络的性能。对等网络可以共享文件和网络打印机,如同使用本地打印机一样方便。由于对等网络具有这些特点,使得它在家庭或者其他小型网络中应用得很广泛。

4.4.5 网络连通性检测

局域网络连接、配置好后,网络使用过程中可能会出现故障,经常需要进行网络是否连通等检测。检测可以通过操作系统图形化界面,也可通过常用的基本命令 ping 命令等来进行。

1. 通过 Windows 控制面板中的设置查看

通过在"控制面板"中的"网络和 Internet"中的"网络和共享中心"下选择"查看工作网络",能够显示出本网络连接的其他计算机,说明网络是连通的。

2. 使用 ping 命令来检测

ping 命令是 Windows、Unix 和 Linux 系统下的一个命令。ping 也属于一个通信协议,是 TCP/IP 协议的一部分。利用 ping 命令可以检查网络是否连通,很好地帮助我们分析和判定网络故障。其原理是根据计算机唯一标示的 IP 地址,当用户给目的地址发送一个 32 字节的数据包时,对方就会返回一个同样大小的数据包,根据返回的数据包以及其耗时,可以确定目的主机的状态。

(1) ping 命令语法

在命令行窗口中输入 ping,即可显示如下 ping 命令的语法格式及其参数的含义,如图 4.27 所示。

图 4.27 ping 命令的语法格式及其参数含义显示操作界面

(2) 检测本机的网络设置是否正常

检测本机的网络设置有以下几种方法：

① ping 127.0.0.1，测试 TCP/IP 配置是否正确。

ping 就是对一个网址发送测试数据包，看对方网址是否有响应并统计响应时间，以此测试网络。127.0.0.1 代表本地回环地址，ping 127.0.0.1 这条命令被送到本地计算机的回环地址，用来测试本机 TCP/IP 是否正常，如图 4.28 所示。

图 4.28　ping 127.0.0.1 操作界面

如果运行 ping 命令结果中时间超时，表示 TCP/IP 的安装或运行存在某些基本的问题。

② ping localhost，测试本机文件是否正确。

Localhost 是 127.0.0.1 的别名，是操作系统的网络保留名。每台计算机都能够将该名字转换成 127.0.0.1。

③ ping 本机 IP，查看本机的网卡是否正常工作。

在命令行窗口输入图 4.29 所示的命令，显示出下面的返回时间。ping 本机 IP 返回的信息如图 4.29 所示，说明网络正常。

如果没有应答，则表示本地配置或安装存在问题。这时可断开网络线路，然后重新发送该命令，如果网线断开后本命令正确，则表示另一台计算机可能配置了相同的 IP 地址。

④ ping 本机计算机名，查看本机的网卡是否正常工作。

在命令行窗口输入图 4.30 所示的命令，显示出下面的返回时间。ping 本机计算机名返回信息如图 4.30 所示，该信息说明网络正常。

(3) ping 局域网内其他 IP，检查局域网的连接、配置是否正常

ping 局域网内其他主机的 IP 地址，如果能够收到回送的应答，表明本地网络中的网卡和载体运行正常。如果收不到，表示子网掩码不正确或网卡配置错误，也可能线路连接有问题。

(4) ping 默认网关，检查默认网关是否连通

ping 默认网关，首先要知道默认网关的 IP 地址，其获取方式如下：

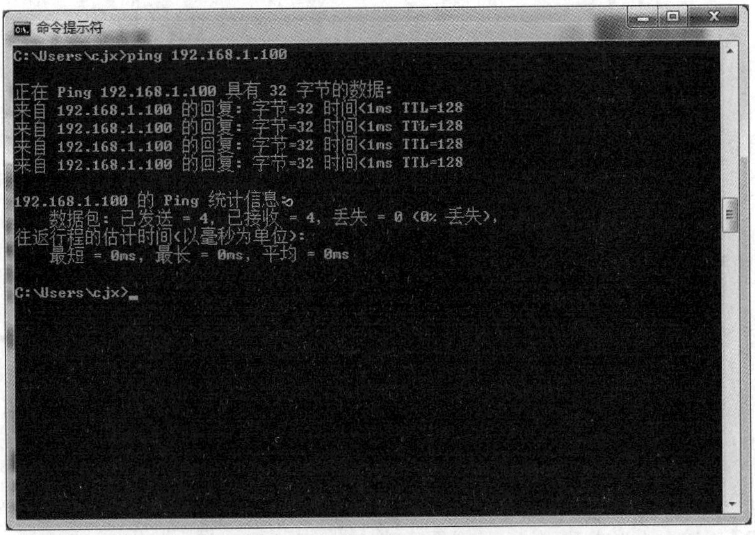

图 4.29　ping 本机 IP 操作界面

图 4.30　ping 本机计算机名操作界面

① 通过 TCP/IP 属性窗口的相关显示内容获得。

通过在"控制面板"中"网络和 Internet"中的"网络和共享中心"下选择"更改适配器"，能够显示出网络连接图标。在该窗口的"本地连接"图标上右击，在弹出的快捷菜单中选择"属性"选项，打开"本地连接属性"对话框，如图 4.31 所示。

选择其中的"Internet 协议版本 4(TCP/IPv4)"选项，单击"属性"按钮，在弹出的对话框中显示本机的 IP 地址、子网掩码、默认网关。

② 通过 ipconfig 命令获得。

命令显示所有当前的 TCP/IP 网络配置值、刷新动态主机配置协议（DHCP）和域名系统（DNS）设置。使用不带参数的 ipconfig 可以显示所有适配器的 IP 地址、子网掩码、

第 4 章　计算机网络与 Internet

图 4.31 "本地连接属性"对话框

默认网关,如图 4.32 所示。

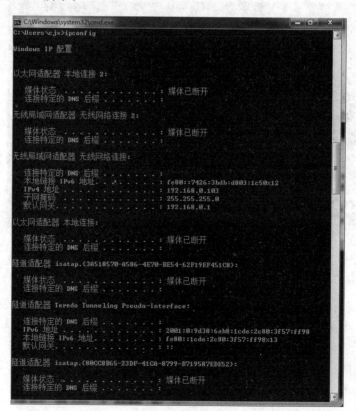

图 4.32 ipconfig 操作显示界面

获得默认网关后,ping 默认网关,查看网关是否连通,如图 4.33 所示。

图 4.33 ping 默认网关操作显示界面

(5) ping 远程 IP,检查 Internet 连接是否正常

例如,ping 新浪网,如图 4.34 所示,该信息说明网络连通正常。

图 4.34 ping 某一网站操作显示界面

4.5 移动互联网技术基础

4.5.1 移动互联网概述

1. 移动互联网定义

中国工业和信息化部电信研究院在 2011 年的《移动互联网白皮书》中给出了移动互联网的定义:移动互联网是以移动网络作为接入网络的互联网及服务,包括 3 个要素:移

动终端、移动网络和应用服务。移动互联网包含两个方面的含义:一方面,移动互联网是移动通信网络与互联网的融合,用户终端通过无线网络接入的方式访问互联网;另一方面,大量的移动互联网新兴应用出现,如微信、手机购物、手机银行等,这些应用与终端的移动性、可定位和随身携带等特性相结合,为用户提供个性化的、位置相关的服务。

2. 移动互联网特征

(1) 固定互联网业务向移动终端复制

固定互联网业务向移动终端复制,是移动互联网业务的基础,以实现移动互联网与固定互联网相似的业务体验。如网络浏览、搜索引擎、电子商务、网络游戏、即时通信等。

(2) 移动通信业务互联网化

移动通信业务互联网化,如移动通话、彩信、移动导航、移动定位等。

(3) 移动通信与互联网融合基础上的创新业务

移动通信与互联网功能向融合基础上发展的有别于固定互联网的创新业务应用。如移动在线游戏、移动电子商务、移动支付、移动广告、移动音乐、移动视频、移动 VoIP 等。

3. 移动互联网在我国的发展概况

在过去的几年中,移动互联网在数据流量、智能终端、用户和应用程序等方面均高速发展,它已经与人们的生活和工作息息相关,似乎已经逐渐进入普及期。但移动互联网仍处于发展的早期阶段,未来将持续较长一段时间的高速发展。

我国的移动互联网产业在过去的几年迎来高速发展期,发展速度明显快于计算机和桌面互联网。短短几年的时间,已实现后者十多年才能达到的目标。2017 年 7 月,中国互联网络信息中心发布的《第 40 次中国互联网络发展状况统计报告》中称,截至 2017 年 6 月,中国网民规模达 7.51 亿,而手机网民规模达 7.24 亿。中国网民通过台式电脑和笔记本电脑接入互联网的比例分别为 55.0% 和 36.5%;手机上网使用率为 96.3%,较 2016 年底提高 1.2 个百分点;平板电脑上网使用率为 28.7%;电视上网使用率为 26.7%。台式电脑、笔记本电脑的使用率均下降,手机的使用率不断上升,不断挤占其他个人上网设备的使用。并且,在全球范围内,我国的移动互联网用户总数和手机用户总数都达到了全球数量的三分之一,是世界上的移动互联网大国。

各类手机应用的用户规模不断上升,场景更加丰富。其中,上半年手机外卖应用增长最为迅速,用户规模达到 2.74 亿,较 2016 年底增长 41.4%;移动支付用户规模达 5.02 亿,线下场景使用特点突出,4.63 亿网民在线下消费时使用手机进行支付。网约出租车、网约专车或快车用户规模持续增长,方便了市民的出行。

智能移动终端成为历史上渗透速度最快的终端产品。软件硬件循环升级,推动移动终端从功能手机时代的耐用品转换为智能手机时代的快速消费品。工信部电信研究院最新统计显示,目前我国用户手机更换周期约为 24 个月,远远领先功能机时代的 40 个月。2017 年 3 月的统计显示,2G 和 3G 用户稳步向 4G 用户转换,4G 用户持续爆发式增长,4G 用户占比超六成,移动宽带用户数达 9.78 亿户。智能移动终端操作系统格局彻底颠覆,目前 Android 和 ISO 两大操作系统巨头占据绝对主导地位。

随着我国移动互联网进入稳健发展期,行业整体向内容品质化、平台一体化和模式创新化方向发展。首先,各移动应用平台进一步深化内容品质提升,专注细分寻求差异化竞争优势;其次,各类综合应用不断融合社交、信息服务、交通出行及民生服务等功能,打造一体化服务平台,扩大服务范围和影响力;最后,移动互联网行业从业务改造转向模式创新,引领智能社会发展,从智能制造到共享经济,移动互联网的海量数据及大数据技术的应用,为社会生产优化提供更多可能。

4.5.2 移动互联网构成

移动互联网是互联网的技术、平台、商业模式和应用与移动通信技术结合的总称,包括移动终端、移动网络和应用服务三个要素。

1. 移动终端

移动终端是移动互联网的前提和基础,随着移动终端技术的不断发展,移动终端逐渐具备了较强的计算、存储和处理能力,以及触摸屏、定位、视频摄像头等功能组件,拥有了智能操作系统和开放的软件平台。当前主要的智能移动终端操作系统有谷歌的Android、苹果的IOS等。智能手机除了具备通话和短信功能外,还具有移动上网、蓝牙、拍照摄像、大容量存储、GPS定位等功能。

2. 移动网络

移动网络是移动互联网的重要基础设施之一。按照网络覆盖范围的不同,现有的无线接入网络主要有五类:卫星通信网络、蜂窝网络(2G网络、3G网络、4G网络等)、无线城域网(WiMax)、无线局域网(WLAN)、基于蓝牙的无线个域网。它们在带宽、覆盖、移动性支持能力和部署成本等方面各有长短。例如,蜂窝网络覆盖范围大,移动性管理技术成熟,但存在着低带宽、高成本等缺陷;WLAN有着高带宽、低成本的优势,但其覆盖范围有限,移动性管理技术还不成熟。从2014年开始,我国4G网络进入快速发展的时期,已经建成全球最大规模的4G网络结构,构建了10万个以上的载波聚合的4G基站,成为全球在很多热点区域下载速率最高的4G体系。目前,我国的5G服务也已经进入了研发和测试阶段,5G的最大特点就是速度的大幅度提升,相比4G技术20ms和3G技术100~150ms的接入时延,5G的接入时延只有1ms,极大地提高了数据传输的速度和效率。5G技术有望于2020年实现全国范围的商用,当前阶段,我国无线移动网络依然以4G、3G等技术为主。

3. 应用服务

应用服务是移动互联网的核心,移动互联网服务不同于传统的互联网服务,具有移动性和个性化等特征。用户可以随时随地获得移动互联网服务,这些服务可以根据用户位置、兴趣偏好、需求和环境进行定制。随着Web 2.0技术的发展,用户从信息的获得者变为信息的贡献者。2008年,苹果公司推出在线应用商店APP Store,它依托于苹果的

iPhone 等产品的庞大市场,取得了极大的成功。移动应用服务包括移动搜索、移动社交网络、移动电子商务、基于云的移动服务、基于智能手机感应的应用等。

从整个移动互联网产业要素来看,智能移动终端操作系统、核心芯片及重要元器件、整机制造、应用服务是整个移动互联网产业当中参与度最高、竞争最激烈、技术革新最活跃的领域。

4.5.3 移动互联网关键技术

支持移动互联网的关键技术包括:代表了互联网演进趋势的 Web 2.0 技术、支持 3D 图形的 HTML 5.0 技术、体现新一代软件架构的 SOA 技术、满足大规模计算需求的云计算技术等。

1. Web 2.0 技术

Web 2.0 是新的互联网应用的统称,相对于早期的 Web 1.0 服务,Web 2.0 以用户为中心,强调用户既是内容的创造者也是内容的消费者,侧重用户之间的交互和用户对于网络内容的贡献,由此带来人与人之间沟通方式的深刻变革。Web 2.0 技术主要包括 Mashup、博客(BLOG)、RSS、百科全书(Wiki)、网摘、社会网络(SNS)、P2P、即时信息(IM)等。

2. HTML 技术

HTML 是超文本标记语言,是表示 Web 页面符号的标记语言,其目的在于运用标记(Tag)使文件达到预期的效果。通过 HTML,将所需表达的信息按某种规则写成 HTML 文件,再通过专用的浏览器来识别,并将这些 HTML 文件翻译成可以识别的信息,即用户所见到的页面。

HTML 是建立网页的规范或标准,从它出现到现在,规范不断完善,功能越来越强。HTML 5.0 于 2014 年正式发布,与以前的 HTML 版本相比,HTML 5.0 提供了一些新的元素和属性,如嵌入了音频、视频、图片的函数、客户端数据存储和交互式文档,内建了 WebGL 加速网页 3D 图形界面的技术标准,有利于搜索引擎进行索引整理和手机等小屏幕装置的使用。

3. SOA 技术架构

面向服务的架构(Service Oriented Architecture,SOA)是一个技术框架,它通过将大部分现有系统封装成服务,把这些服务抽象到一个统一域,并在该域中使用这些服务,形成新的解决方案。SOA 可以使用户通过定义好的独立接口联系应用程序的不同功能单元,使各种服务可以以一种统一和通用的方式进行交互,便于构建开放式、可扩展、集成的分布式系统。SOA 使用 WSDL 描述服务,通过 UDDI 来注册和查找服务,使用 SOAP 进行消息传递。

SOA 是一种粗粒度、松耦合服务架构,服务之间通过简单、精确定义接口进行通信,不涉及底层编程接口和通信模型。SOA 可以看作是 B/S 模型、XML/Web Service 技术之后的自然延伸。

4. 云计算

云计算是网格计算、分布式计算、并行计算、效用计算、网络存储、虚拟化、负载均衡等计算机技术和网络技术发展、融合的产物。云计算通过网络把多个成本相对较低的计算实体整合成一个具有强大计算能力的系统，借助先进的商业模式将强大的计算能力分布到终端用户手中。

由于云计算具备按需服务、无须管理、无限资源、动态扩展等特性，要存储、处理连接在网络上的无数物理设备采集的数据，非云计算莫属。云计算（Cloud Computing）是分布式处理、并行处理和网格计算的发展，是一种商业计算模型。它将计算任务分布在大量计算机构成的资源池上，使各种应用系统能够根据需要获取计算力、存储空间和信息服务。利用云计算的软件即服务、平台即服务、基础设施即服务的功能，可以快速满足用户的需求。

（1）软件即服务（Software as a Service，SaaS）：它是通过网络平台为终端交付的任何应用。终端用户通常用浏览器来使用这些应用。这种模式具有高度的灵活性、强大的可扩展性、采用多租户架构，能够降低客户维护成本和投入，运营成本也得以降低。

（2）平台即服务（Platform as a Service，PaaS）：是一个完整的平台。它包含应用开发、接口开发、数据库开发、存储和测试等，并通过远程托管的平台交付给订购者。这些平台允许开发者、独立软件厂商和企业开发个性、可定制的应用。

（3）基础设施服务（Infrastructure as a Service，IaaS）：通过网络提供数据中心、基础架构硬件和软件资源，包括提供服务器、操作系统、数据库、块存储、缓存、CDN、网络、高性能计算、负载均衡和监控等，从而为大数据的采集、存储、加工和分析提供基础设施环境。

云计算的部署模式如下：

（1）私有云：这个云基础设施仅为一个组织运作。它可以由该组织或第三方来管理，可以是组织内的部署或者组织外的设施 VPC（一个虚拟私有云）。

（2）社区云：云的基础设施由几个组织来分享，并支持一个指定的社区来共享考虑。可以通过组织或第三方管理，可以存在于组织内的设施或组织外的设施。

（3）公共云：云设施可用于通常的公共场所，或是一个较大的产业组织以及一个组织所有，并出售服务。

（4）混合云：云基础设施是由两个或多个云组成（私有云、社区云或公共云），其可以保持单一的整体性，但可以通过标准或技术策略使数据应用互操作。

4.5.4 移动互联网典型应用

移动互联网首先在人们的日常生活中广泛应用，如人与人之间的日常沟通交流、娱乐、出行、购物等。近年来，移动互联网的应用逐渐向移动办公、移动电子商务等方向发展,如银行手机支付 APP 等。

1. 社交应用

移动社交网络应用是我国移动互联网应用的热点,特别是智能手机和 4G 网络的普及,更进一步推动了以微信为代表的新型移动即时通信的快速发展。

移动互联网的社交应用是指用户以手机等移动终端为载体,以在线识别用户及交换信息技术为基础,通过移动互联网来实现的社交应用功能,其包括社交网站、微博、即时通信工具、博客、论坛等。目前最为广泛的社交应用,一是以新浪微博为代表的社交网站,其已成为人们及时获取信息的来源和重要信息传播的渠道,影响范围之广、速度之快是传统媒体无法比拟的,为此,政府、企业都纷纷注册微博,以微博为平台开展业务宣传、舆论引导等活动。另外一项是以腾讯微信为代表的即时通信工具的应用,其已成为当今网民的最基础应用之一。

2. 位置应用

位置应用是基于位置服务(Location Based Services,LBS)开发的移动互联网应用,它是通过电信移动运营商的无线电通讯网络(如 GSM 网、CDMA 网)或外部定位方式(如 GPS)获取移动终端用户的位置信息(地理坐标或大地坐标),在地理信息系统(Geographic Information System,GIS)平台的支持下,为用户提供相应服务的一种增值业务。它包括两层含义:首先是确定移动设备或用户所在的地理位置;其次是提供与位置相关的各类信息服务。目前主流的位置应用主要分为两种,一是移动电子地图的服务,如高德地图、百度地图等。另一种是基于本地化服务的位置应用,如滴滴打车等。

3. 电子商务

移动互联网的电子商务是指综合运用 Internet 技术、移动通信技术、短距离通信技术以及信息处理技术,使人们在任何时间、任何地点都可以进行各种商务活动,实现随时随地、线上线下的购物、交易、在线支付等。目前,购物、支付、休闲娱乐、生活服务、订餐、订票等传统互联网业务都提供了移动端服务,用户消费习惯日益移动化。

移动电子商务是传统电子商务方式的延伸,加速了商务活动的进展,提高了商务活动效率。目前的典型应用如天猫商城、美团等。

4. 视频应用

随着智能手机的广泛普及、WiFi 使用率的提升以及 4G 网络的普及应用,PC 端视频服务业务也开始向移动终端发展。根据播放方式不同,移动视频应用可以分为在线视频、电视/直播视频和短视频社交三大部分。

在线视频又分为综合在线、垂直在线和聚合视频。综合在线视频主要通过在线播放的方式为用户提供电影、电视剧、动漫、娱乐等综合性视频,包括乐视、优酷、爱奇艺、腾讯视频等。垂直在线视频主要通过在线播放的方式为用户提供垂直视频内容。如哔哩哔哩动画提供动画视频内容,网易公开课提供公开课视频内容。聚合视频是聚合多家视频商家的内容,通过在线播放的方式为用户提供综合性的视频内容。

根据内容不同,电视/直播视频分为电视视频、垂直直播和真人视频。电视视频主要提供电视节目的直播、点播内容的应用,也包括电视台和运营商运营的视频应用,如芒果TV。垂直直播视频主要通过直播的方式为用户提供垂直领域的视频内容。如斗鱼TV、风云直播等。真人视频是以娱乐为目的提供真人互动直播视频服务,如 YY 等。

短视频社交应用主要包括社交分享功能的短视频,如美拍、小影等。

在移动视频应用中,电视视频款数最多,其次是垂直在线视频,短视频应用最少。从活跃度来看,爱奇艺视频活跃率最高,腾讯视频、优酷次之。

4.6 物联网技术基础

物联网(Internet of Things,IOT)是继计算机、互联网技术的又一次信息科技革命,是信息化和自动化的有机融合。物联网的目标是通过连接任何地点、任何需要监控、连接、互动的物体,实现物与物、物与人的泛在连接,采集其声、光、热、电、位置等各种有价值的信息,从而实现对物品和过程的智能化感知、识别和管理。

4.6.1 物联网概述

1. 物联网定义

1995 年,比尔·盖茨在《未来之路》一书中就已经提及物联网的概念,并且其居所也是个典型的智能家居系统。

随后,1999 年传感网的概念被提出,它的定义很简单:把所有物品通过射频识别等信息传感设备与互联网连接起来,实现智能化识别和管理。

2005 年,国际电信联盟(ITU)在《The Internet of Things》报告中对物联网概念进行扩展,提出任何时刻、任何地点、任何物体之间的互联,无所不在的网络和无所不在计算的发展愿景,除 RFID 技术外,传感器技术、纳米技术、智能终端等技术将得到更加广泛的应用。

2010 年,我国政府工作报告给物联网下的定义是:物联网是指通过信息传感设备,按照约定的协议,把任何物品与互联网连接起来,进行信息交换和通讯,以实现智能化识别、定位、跟踪、监控和管理的一种网络。它是在互联网基础上延伸和扩展的网。

近年来,技术和应用的发展促使物联网的内涵和外延有了很大的拓展,物联网已经表现为信息技术(Information Technology,IT)和通信技术(Communication Technology,CT)的发展融合,是信息社会发展的趋势。

《物联网标准化白皮书》认为:物联网是通过感知设备,按照约定协议,连接物、人、系统和信息资源,实现对物理和虚拟世界的信息进行处理并作出反应的智能服务系统。

物联网就是把新一代 IT 技术充分运用在各行各业之中,具体地说,就是把感应器嵌入和装备到电网、铁路、桥梁、隧道、公路、建筑、供水系统、大坝、油气管道等各种物体中，然后将物联网与现有的互联网整合起来，实现人类社会与物理系统的整合。这个整合的网络当中存在能力超级强大的中心计算机群，能够对整合网络内的人员、机器、设备和基础设施实施实时的管理和控制，在此基础上，人类可以以更加精细和动态的方式管理生产和生活，达到"智慧"状态，提高资源利用率和生产力水平，改善人与自然间的关系。

2. 物联网内涵

物联网是互联网的延伸与扩展，是实现物理世界和信息世界的无缝连接。互联网是人与人之间信息的人工交互和共享，而物联网是人与物、物与物之间信息的主动交互和共享。

物联网中的"物"不是普通意义上的物，它是需要满足以下条件的具有智能属性的物：
① 有相应信息的接收器；
② 有数据传输通道；
③ 有一定的存储功能；
④ 有处理运算单元；
⑤ 有操作系统；
⑥ 有专门的应用程序；
⑦ 有数据发送器；
⑧ 遵循物联网的通信协议；
⑨ 在物联网世界中，有可被识别的唯一编号。

3. 物联网的本质特征

物联网的本质特征如下：
① 互联网特征：对需要联网的物，一定要有能够实现互联互通的互联网络。
② 识别与通信特征：纳入物联网的"物"一定要具备自动识别与物物通信的功能。
③ 智能化特征：网络系统应具有自动化、自我反馈与智能控制的特点。

4. 物联网的基本功能

物联网的基本功能如下：
① 全面感知：利用 RFID、传感器、二维码等能够随时随地采集物体的动态信息。
② 可靠传输：通过网络实时传送感知的各种信息。
③ 智能处理：利用计算机技术，及时地对海量数据进行信息控制，真正达到人与物的沟通、物与物的沟通。

4.6.2　物联网在我国的发展概况

我国政府高度重视物联网的应用发展，相继开展多个领域的示范应用工程，初步形成了示范应用牵引产业发展的态势。

2009年8月,温家宝视察无锡中科院物联网技术研发中心时指出并强调,要尽快突破物联网核心技术,把传感技术和中国第三代移动通信标准(TD技术)的发展结合起来。提出了把"感知中国"的传感网中心设在无锡,辐射全国。2010年6月7日,在中国科学院第十五次院士大会、中国工程院第十次院士大会上,胡锦涛总书记发表重要讲话,指出"加快发展物联网研发和建设新一代互联网"。

作为"感知中国"的中心,无锡市2009年9月与北京邮电大学就传感网技术研究和产业发展签署合作协议,涉及光通信、无线通信、计算机控制、多媒体、网络、软件、电子、自动化等技术领域,包括应用技术研究、科研成果转化和产业化推广等。

2010年10月18日,国务院发布《国务院关于加快培育和发展战略性新兴产业的决定》,《决定》明确了现阶段节能环保、信息、生物、高端装备制造、新能源、新材料、新能源汽车为七大战略性新兴产业,确定了七大产业的突破方向:新一代信息网络、"三网"融合、物联网、云计算。

2011年,国家发改委联合相关部委,推进十个首批物联网示范工程。2012年,又批复在智能电网、海铁联运等7个领域开展国家物联网重大应用示范工程。2013年,工业和信息化部《物联网"十二五"发展规划》指出,要在工业、农业、物流、家居等9个重点领域开展应用示范工程。2013年,发改委批准了警用装备管理、监外罪犯管控、特种设备监管、快递可信服务、智能养老、精准农业、水库安全运行、远洋运输管理、危化品管控等9个重点领域示范工程。2014年,发改委又批准了30个城市、约200项区域国家物联网示范工程。

在国家政策的大力扶持下,我国物联网发展取得显著成效。物联网生态体系逐渐完善,在企业、高校、科研院所的共同努力下,中国形成了芯片、元器件、设备、软件、电器运营、物联网服务等较为完善的物联网产业链。与此同时,中国在物联网领域已经建成一批重点实验室,汇聚多行业、多领域的创新资源,基本覆盖了物联网技术创新各环节。另外,我国物联网产业集群优势不断突显,已经形成了环渤海、长三角、珠三角等四大区域发展格局,无锡、杭州、重庆运用配套政策,已成为推动物联网发展的重要基地,培育重点企业带动作用显著。

2017年1月,工信部发布的《物联网"十三五"规划》明确了物联网产业"十三五"的发展目标:完善技术创新体系,构建完善标准体系,推动物联网规模应用,完善公共服务体系,提升安全保障能力等。

2017年6月,工信部发布了《关于全面推进NB-IoT建设发展》的通知。通知中提到,全面推进广覆盖、大连接、低功耗NB-IoT建设,目标是到2017年末实现NB-IoT网络对直辖市、省会城市等主要城市的覆盖,基站规模达到40万个。2020年,NB-IoT网络实现对全国的普遍覆盖及深度覆盖。

4.6.3 物联网体系架构及其关键技术

根据物联网需实现的全面感知、可靠传输、智能处理三个基本功能,业界公认物联网由三个部分组成:感知部分,即以二维码、RFID、传感器为主,实现对"物"的识别;传输网络,即通过现有的互联网、广电网络、通信网络等实现数据的传输;智能处理,即利用云计算、数据挖掘、中间件等技术实现对物品的自动控制与智能管理等。因此,物联网体系架构也分为三个层次,底层是用来感知数据的感知层,第二层是数据传输的网络层,最上面则是内容应用层。此外,还包括保障物联网安全稳定运行的公共技术,如网络管理、安全管理、QoS 管理等,如图 4.35 所示。

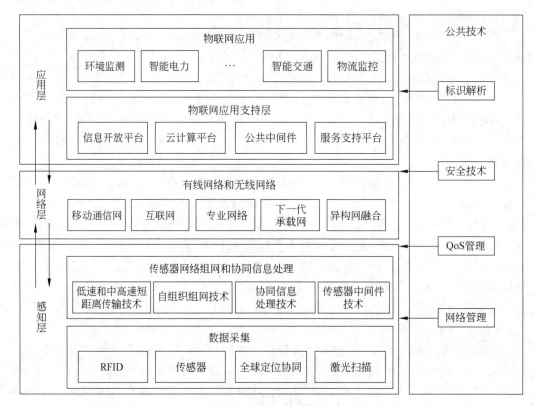

图 4.35 物联网体系架构图

4.6.3.1 感知层

1. 感知层功能

感知层主要完成信息的收集与简单处理,该层由具有一定智能程度的传感器组成。感知层一般包括数据采集和数据短距离传输两部分,即首先通过传感器、摄像头等设备采集外部物理世界的数据,通过蓝牙、红外、ZigBee、工业现场总线等短距离有线或无线传输技术进行协同工作或者传递数据到网关设备。也可以只有数据的短距离传输这一部分,特别是在仅传递物品识别码的情况下。

2. 感知层关键技术

该层的技术包括智能卡、RFID 电子标签、识别码、传感器等。
(1) 感知层传感和识别关键技术
感知层传感是物联网感知物理世界获取信息和实现物体控制的首要环节。传感器将物理世界中的物理量、化学量、生物量转化成可供处理的数字信号;识别技术实现对物联网中物体标识和位置信息的获取。目前,多种技术和类型的传感器在很多领域得到了广泛应用,如视频图像采集设备、振动传感器、微量痕迹传感器、气味传感器、血液快速分析传感器、有毒气体传感器、生命体征感知传感器等等。

(2) 射频识别技术(RFID)

射频识别,RFID(Radio Frequency Identification)技术,又称无线射频识别,是一种通信技术,可通过无线电讯号识别特定目标并读写相关数据,而无须识别系统与特定目标之间建立机械或光学接触。射频,一般是微波,频率为 1～100GHz,适用于短距离识别通信。

RFID系统主要由三部分组成:电子标签(Tag)、读写器(Reader)和天线(Antenna)。其中,电子标签芯片具有数据存储区,用于存储待识别物品的标识信息;读写器是将约定格式的待识别物品的标识信息写入电子标签的存储区中(写入功能),或在读写器的阅读范围内以无接触的方式将电子标签内保存的信息读取出来(读出功能);天线用于发射和接收射频信号,往往内置在电子标签和读写器中。RFID读写器分移动式和固定式两种。

由于 RFID 具有无须接触、自动化程度高、耐用可靠、识别速度快、适应各种工作环境、可实现高速和多标签同时识别等优势,因此可用于广泛的领域,如物流和供应链管理、门禁安防系统、道路自动收费、航空行李处理、食品安全溯源等。

(3) 编码技术

编码技术涉及物体的标识、定位、各种属性的体现,如 IP 地址、身份证号、车牌号码、条形码中的数字等。

例如,产品电子标签(EPC标签)由一个比大米粒1/5还小的电子芯片和一个软天线组成,电子标签像纸一样薄,可以做成邮票大小,或者更小。EPC电子标签可以在1～6米的距离内让读写器探测到,一般可以读写信息。电子标签是一个成熟的技术,EPC电子标签的特点是全球统一标准,价格也非常便宜。产品电子标签的EPC编码是国际条码组织推出的新一代产品编码体系。原来的产品条码仅是对产品分类的编码,而EPC码是对每个单品都赋予一个全球唯一编码。目前主要有三种EPC编码,即EPC-64位编码类型、EPC-96位编码类型和EPC-256位编码类型。

(4) ZigBee 技术

ZigBee 是一种短距离、低功耗的无线传输技术,是一种介于无线标记技术和蓝牙之间的技术,它是 IEEE 802.15.4 协议的代名词。ZigBee 的名字来源于蜂群使用的赖以生存和发展的通信方式,即蜜蜂靠飞翔和"嗡嗡"(Zig)地抖动翅膀,与同伴传递新发现的食物源的位置、距离和方向等信息。也就是说,蜜蜂依靠这样的方式构成了群体中的通信网络。

ZigBee采用分组交换和跳频技术,并且可使用3个频段,分别是2.4GHz的公共通用频段、欧洲的868MHz频段和美国的915MHz频段。ZigBee主要应用在短距离范围且数据传输速率不高的各种电子设备之间。与蓝牙相比,ZigBee更简单、速率更慢、功率及费用也更低。同时,由于 ZigBee 技术具有低速率和通信范围较小的特点,也决定了 ZigBee 技术只适合于承载数据流量较小的业务。

由于 ZigBee 技术具有成本低、组网灵活等特点,可以嵌入各种设备,因此在物联网中发挥了重要作用。其目标市场主要有 PC 外设(鼠标、键盘、游戏操控杆),消费类电子设备(电视机、CD、VCD、DVD 等设备上的遥控装置)等非常广泛的应用领域。

(5) 蓝牙技术

蓝牙(Bluetooth)是一种无线数据与话音通信的开放性全球规范。和 ZigBee 一样,也是一种短距离的无线传输技术。其实质内容是为固定设备或移动设备之间的通信环境建立通用的短距离无线接口,将通信技术与计算机技术进一步结合起来,是各种设备在无电线或电缆相互连接的情况下,能在短距离范围内实现相互通信或操作的一种技术。

蓝牙采用高速跳频(Frequency Hopping)和时分多址(Time Division Multiple Access,TDMA)等先进技术,支持点对点及点对多点通信。其传输频段为全球公共通用的 2.4GHz 频段,能提供 1Mb/s 的传输速率和 10m 的传输距离,并采用时分双工传输方案实现全双工传输。

蓝牙除具有和 ZigBee 一样的特点外,还具有可以全球范围适用、功耗低、成本低、抗干扰能力强等特点。

4.6.3.2 网络层

1. 网络层功能

物联网网络层建立在 Internet 和移动通信网等现有网络基础之上,除具有目前比较成熟的远距离有线、无线通信技术和网络技术外,为实现"物物相连"的需求,物联网网络层将综合使用 IPv6、2G/3G、Wi-Fi 等通信技术,实现有线与无线的结合、宽带与窄带的结合、感知网与通信网的结合。同时,网络层中的感知数据管理与处理技术是实现以数据为中心的物联网核心技术。感知数据管理与处理技术包括物联网数据的存储、查询、分析、挖掘、理解以及基于感知数据决策和行为的技术。

2. 网络层关键技术

网络层主要实现数据的网络传输,涉及的关键技术包括互联网、移动通信网、下一代承载网等。

(1) 互联网

互联网将作为物联网主要的传输网络之一。然而,为了让 Internet 适应物联网大数据量和多终端的要求,引入 IPv6 技术,使网络不仅可以为人类服务,还将服务于众多硬件设备,如家用电器、传感器、远程照相机、汽车等,它将使物联网无所不在、无处不在地深入社会的每个角落。

(2) 移动通信网

在物联网中,终端需要以有线或无线方式连接起来,发送或者接收各类数据;同时需要考虑到终端连接方便性、信息基础设施的可用性(不是所有地方都有方便的固定接入能力)以及某些应用场景本身需要监控的目标就是在移动状态下。因此,移动通信网络以其覆盖广、建设成本低、部署方便、终端具备移动性等特点,将成为物联网重要的接入手段和传输载体,为人与人之间的通信、人与网络之间的通信、物与物之间的通信提供服务。

在移动通信网中,当前比较成熟的接入技术有 3G、Wi-Fi 和 WiMAX。

(3) 无线传感器网络

无线传感器网络(WSN)的基本功能是将一系列空间分散的传感器单元通过自组织的无线网络进行连接,从而将各自采集的数据通过无线网络进行传输汇总,以实现对空间分散范围内的物理或环境状况的协作监控,并根据这些信息进行相应的分析和处理。

4.6.3.3 应用层

1. 应用层功能

应用层的主要功能是把感知和传输来的信息进行分析和处理,做出正确的控制和决策,实现智能化的管理、应用和服务,实现物与物之间、人与物之间的识别与感知,发挥智能作用。

应用层可以细分为应用支撑层和应用层。应用支撑层主要完成信息的解释与处理,对下完成网络传输层数据的接收和解释,对上为应用层提供统一的接口和虚拟化支撑。应用层主要完成人机交互和业务呈现,目前主要应用在监控类(物流监控、污染监控)、查询类(智能检索、远程抄表)、控制类(智能交通、智能家居)、扫描类(手机钱包、高速公路不停车收费)中。

2. 应用层关键技术

应用层的关键技术主要包括用于海量数据分析与处理的数据挖掘算法、云计算等相关技术。

(1) 软件和算法

软件和算法是实现物联网功能、决定物联网行为的主要技术,主要包括各种物联网计算系统的感知信息处理、交互与优化软件与算法、物联网计算系统体系结构与软件平台研发等。

(2) 海量信息智能处理(云计算)

海量信息智能处理是综合运用高性能计算、人工智能、数据库和模糊计算等技术,对收集的感知数据进行通用处理,主要包括数据存储、并行计算、数据挖掘、平台服务、信息展示等。

(3) 数据挖掘

数据挖掘是指从大量数据中挖掘那些令人感兴趣、有用的、隐含的、先前未知的和可能有用的模式或知识。数据挖掘主要基于人工智能、机器学习、模式识别、统计学、数据库、可视化技术等,高度自动化地分析数据,做出归纳性的推理。常用的数据挖掘功能主要包括关联分析、分类和预测、聚类分析、孤立点分析、趋势和演变分析等。

(4) 人工智能

人工智能(Artificial Intelligence)是探索研究使各种机器模拟人的某些思维过程和智能行为(如学习、推理、思考、规划等),使人类的智能得以物化与延伸的一门学科。目前,人工智能领域研究的主要方向包括机器人、语言识别、图像识别、自然语言处理和专家系统等。在物联网中,人工智能技术主要负责分析物品所承载的信息内容,从而实现计算机自动处理。人工智能技术的优势就在于大大改善操作者作业环境,减轻工作强度;提高了作业质量和工作效率;一些危险场合或重点施工应用得到解决;环保、节能;提高了机器的自动化程度及智能化水平;提高了设备的可靠性,降低了维护成本;故障诊断实现了智能化等。

4.6.3.4　公共技术

公共技术部分是物联网构建及安全稳定运行的技术标准支撑及安全保障体系,支撑物联网各个层次的构建与应用。公共技术的关键技术主要包括安全技术与网络管理技术。

安全技术主要包括安全体系架构、网络安全技术、"智能物体"的广泛部署对社会生活带来的安全威胁、隐私保护技术、安全管理机制和保证措施等。

网络管理技术主要包括管理需求、管理模型、管理功能、管理协议等。

为实现对物联网广泛部署的"智能物体"的管理,需要进行网络功能和适用性分析,开发适合的管理协议。

4.6.4　物联网典型应用

物联网技术在当前社会发展与治理中具有重要的应用价值,并且是在各个领域全方位的广泛应用,如农业、电力、林业、气象、军事、消防、公共安全、智能交通、智能建筑、智慧医疗等等,下面简单介绍几个典型应用。

1. 智能交通

通过物联网的 RFID 技术、传感器网络、移运通信等支撑技术,可以建设城市地面交通智能管理平台,自动检测并报告公路"健康状况",避免过载的车辆经过桥梁,能够根据光线强度对路灯进行自动开关控制;在道路拥堵时,自动调配红绿灯,向驾驶员预告拥堵路段,推荐行驶最佳路线。同时,在公交方面,物联网技术构建的智能公交系统通过综合运用网络通信、GIS 地理信息、GPS 定位及电子控制等手段,详细掌握每辆公交车运行状况,在公交候车站台上准确显示下一趟公交车需要等候的时间。

在上海世博会期间,物联网技术应用到交通监控上。该物联网系统通过视频与传感器技术结合的方式,通过对烟雾、振动和加速度等元素的控制,实现对车辆的车速、开关门、急刹车、碰撞、侧翻、超速、越界(偏离运营路线)等情况进行实时监测,还对危险品进行监测,保障世博会的顺利召开。

车联网是智能交通另一个方向的应用,例如别克车上的安吉星——车载中控系统,能够实现自动感知车辆的状态,自动进行汽车胎压监测、安全状况监测、车辆导航、驾驶路径规划、车辆丢失的追踪等,从而实现对车辆的检测。

2. 牲畜溯源

食品安全是国计民生的大事,关系到百姓的生活安全与生活质量。通过物联网技术,可以实现对牲畜、农作物等饲养、种植全过程的监管,保障其满足安全指标要求。例如,给放养牲畜中的每一只羊都贴上一个二维码,该二维码会一直保持到超市出售的肉品上,消费者可通过手机阅读二维码,知道牲畜的成长历史,确保食品安全。目前,我国已有 10 亿存栏动物贴上了这种二维码。

3. 个人保健

人身上可以安装不同的传感器,对人的健康参数如体温、血压、心电图等进行监测,并且实时传送到相关的医疗保健中心,如果有异常,保健中心通过手机提醒用户去医院检查身体。

4. 智能听声辨位系统

智能听声辨位系统是基于声音传感定位技术的枪声定位系统。其原理是在各高楼建筑物上布设声音传感器,组成声音监测网。当有枪击事件发生时,可利用三个接收到枪声的传感器之间的时差进行三角定位,计算枪声发出的位置、枪声数量、发射角度、移动方向等。如嫌疑人在车上开枪,系统还能计算出车辆行驶方向和速度,然后将结果显示在电子地图上,同时通知相应部门出警。

5. 平安城市建设

物联网与泛在计算技术的普及,将为整合社会治安防范与管理资源,促进相关部门协调联动,建立多功能多方位的安全感知体系,更智能化、主动化地保护人民生命与财产安全提供一系列新手段与新模式。

例如,利用部署在大街小巷的全球眼监控探头,实现图像敏感性智能分析,并与110、119、112 等交互,实现探头与探头之间、探头与人、探头与报警系统之间的联动,从而构建和谐安全的城市生活环境。

据报道,2010 年元旦凌晨,美国芝加哥郊区一家银行遭到武装匪徒抢劫,金库内 2 亿美元失窃。然而不到 2 小时,抢劫银行的 3 名嫌犯就落网了。促使警方迅速破案的原因是芝加哥各大银行与重大资产设施中均采用了新型的资产跟踪定位保安技术,具体说就是在银行金库中的现钞内均藏有薄如包装纸条的、以 RFID 技术为基础的全球定位芯片,一旦成捆现钞无缘无故地移动位置,芯片就会立即发出信号,通知负责银行安保的警察署,并同时动态精确地报出成捆现钞所在位置。芝加哥警方就是根据伪装成钞票包装纸条的定位仪芯片发出的方位信息迅速而精确无误地抓住抢劫银行的嫌犯的。

4.7 本章小结

计算机网络是指利用通信线路,采用一定的连接方法,把分散的具有独立功能的多台计算机相互连接起来,在相应通信协议和网络软件的支持下彼此相互通信并共享资源的系统。本章重点介绍了计算机网络的概念,计算机网络的功能、分类以及计算机网络的组成。

目前主流的计算机网络体系结构有 OSI 开放系统互联参考模型和 Internet 采用的 TCP/IP 参考模型,本章简要介绍了 OSI 参考模型的 7 层功能和 TCP/IP 参考模型的 4 层功能。

Internet 在我国得到了广泛应用。截至 2017 年 6 月,中国网民规模达 7.51 亿,互联网普及率为 54.3%,手机网民规模达 7.24 亿。本章介绍了 Internet 的基础知识和提供的基本服务功能。

局域网是计算机网络的重要组成部分,是当今计算机网络技术应用与发展非常活跃的一个领域。本章介绍了局域网的组成、特点,局域网设计的标准以及局域网的工作模式。

移动互联网是以移动网络作为接入网络的互联网及服务,移动互联网已经与人们的生活与工作息息相关。本章简要介绍了移动互联网的基本概念、基本架构、关键技术以及典型的应用。

物联网(The Internet of things)是继计算机、互联网技术的又一次信息科技革命,是信息化和自动化的有机融合。本章简要介绍了物联网的基本概念、物联网在我国的发展状况、物联网的体系架构及关键技术以及物联网的典型应用。

习 题

一、单选题

1. LAN 是( )的英文缩写。
   A. 城域网　　　　B. 广域网　　　　C. 局域网　　　　D. 网络操作系统
2. 在 OSI/RM 参考模型中,( )处于模型的最底层。
   A. 物理层　　　　B. 网络层　　　　C. 传输层　　　　D. 应用层
3. 计算机网络中使用的通信介质包括( )。
   A. 电缆、光纤和双绞线　　　　　　　B. 有线介质和无线介质
   C. 光纤和微波　　　　　　　　　　　D. 卫星和电缆
4. 为了指导计算机网络的互联、互通和互操作,ISO 制定了 OSI 参考模型,其基本结构分为( )。

  A. 6 层   B. 5 层   C. 7 层   D. 4 层

5. 网络中 TCP/IP 属性中的 DNS 配置的作用是(　　)。

  A. 让使用者能用 IP 地址访问 Internet

  B. 让使用者能用域名访问 Internet

  C. 让使用者能用 Modem 访问 Internet

  D. 让使用者能用网卡访问 Internet

6. (　　)不是信息传输速率比特的单位。

  A. bit/s   B. b/s   C. bps   D. t/s

7. B 类地址中用(　　)位来标识网络中的一台主机。

  A. 8   B. 14   C. 16   D. 24

8. 下面的 IP 地址中,正确的是(　　)。

  A. 205.15.90.24   B. DX.81.24.08

  C. 204.211.110.302.67   D. 210.164.23.C

9. 正确的电子邮箱地址的格式是(　　)。

  A. 用户名+计算机名+机构名+最高域名

  B. 计算机名+机构名+最高域名+用户名

  C. 用户名+@+计算机名+机构名+最高域名

  D. 计算机名+@+机构名+最高域名+用户名

10. 关于 WWW 服务,以下哪种说法是错误的?(　　)

  A. WWW 服务采用的主要传输协议是 HTTP

  B. WWW 服务以超文本方式组织网络多媒体信息

  C. 用户访问 Web 服务器可以使用统一的图形用户界面

  D. 用户访问 Web 服务器不需要知道服务器的 URL 地址

11. 中国的国家和地区地理域名是(　　)。

  A. ch   B. cn   C. China   D. 中国

12. Internet 域名中的域类型 gov 代表的单位性质一般是(　　)。

  A. 通信机构   B. 商业机构   C. 教育科研机构   D. 政府机构

二、填空题

1. 按拓扑结构划分,计算机网络分为_____、_____、_____和_____。

2. OSI 模型的最高层是_____,最低层是_____。

3. Internet 主要的网络协议是_____。

4. IPv4 地址由_____位二进制数组成。

5. IPv6 地址由_____位二进制数组成。

6. 局域网的工作模式有_____、_____。

7. URL 的组成格式为_____。

8. 文件传输服务采用的协议是_____。

9. 移动互联网关键技术主要有_____、_____、_____、_____等。

10. 物联网体系架构包括_____、_____和_____3层。

三、简答题

1. 什么是计算机网络？计算机网络的功能是什么？
2. OSI 参考模型分为哪 7 层？简述各层的功能。
3. 简述目前 Internet 的几种常见接入方式。
4. Internet 提供的基本服务功能有哪些？简述其基本工作原理。
5. 局域网有哪些特点？简述局域网的几种工作模式。
6. 举例说明 1~2 种移动互联网的典型应用。
7. 举例说明 1~2 种物联网的典型应用。

第 5 章 信息安全基础与法律法规

本章学习目标

- 了解信息安全的概念和基本属性
- 掌握信息安全的关键技术
- 了解密码算法在数据加密和认证中的应用
- 了解计算机病毒并熟练掌握病毒防治方法
- 掌握信息安全法律法规

"没有网络安全就没有国家安全,没有信息化就没有现代化"。本章主要介绍信息安全技术及国家网络安全法律法规等内容。主要介绍信息安全基本概念、信息安全相关技术、数据加密和认证算法及应用、计算机病毒知识和防治方法,对《中华人民共和国网络安全法》等法律法规进行介绍。

5.1 信息安全概述

随着以计算机技术和通信技术为代表的信息技术的不断进步,网络在全球范围内迅速发展壮大。2015 年,李克强总理提出制定"互联网+"战略,特别是随着"提速降费"以及 4G 网络的全面建设和应用,移动互联网的加速发展,云计算、大数据、物联网等新技术更快融入传统产业。众多传统行业逐步数据化、在线化、移动化、远程化,同时更多消费者卷入互联网,网络中产生的信息也呈爆炸式增长。这些信息涉及整个社会、军事及国民经济的方方面面,与国家经济发展甚至整个国家安全都息息相关。在这样的新环境下,如何保障并提升网络安全,为社会经济健康发展保驾护航,为信息安全领域提出了新的课题和使命。

近年来,网络信息安全问题愈加严重。计算机病毒泛滥、黑客入侵、账号窃取、网络泄密等安全问题不断涌现,网络恐怖主义、网络钓鱼、网上黄赌毒等网络犯罪屡见不鲜,已经成为影响国家公共安全的突出问题。国家互联网应急中心 CNCERT/CC 持续对我国网络安全宏观状况进行监测。其发布的《2016 年中国互联网网络安全报告》相关数据显示,我国境内有 1699 万余台主机被境外木马和僵尸网络远程控制;移动互联网恶意程序保持持续高速增长趋势,数量达 205 万余个,较 2015 年增长 39.0%;国家信息安全漏洞共享平台(CNVD)共收录通用软硬件漏洞 10822 个,较 2015 年增长 33.9%;2016 年,我国境内 8 万余个网站被植入后门程序,约 1.7 万个网站被篡改,其中被篡改的政府网站有467 个。

各类网络安全攻击事件频频发生,信息安全问题也日益突显,全球信息安全市场需求十分旺盛。2014 年,全球信息安全市场规模为 960 亿美元,同比增长约为 12%。中国信息安全产业快速发展,产业规模持续增长。2014 年,我国信息安全产业业务收入为 739.8 亿元,是 2012 年 313.8 亿元的 2.4 倍。

由于信息系统的不安全因素所造成的损失,远远大于非信息系统的物理设施的损失。各个国家把信息安全作为国家安全的重要组成部分。同时,信息安全也是信息系统拥有者使用信息系统必须要考虑的问题。本节介绍信息安全的基本概念,以及操作系统、数据库、移动互联网以及物联网安全的基本概念。

5.1.1 信息安全的概念

1. 信息安全的定义

信息,指计算机和通信系统等传输和处理的对象,是以某种目的组织起来,经加工处理并具有一定结构的数据的总括,通常以文字或声音、图像的形式来呈现。信息论创始人香农将信息定义为"用来消除随机不定性的东西"。计算机信息系统(简称信息系统),是指由计算机及其相关的和配套的设备、设施(含网络)构成的,按照一定的应用目标和规则对数据进行采集、加工、存储、传输、检索等处理的人机系统。信息系统的基本组成是计算机硬件、网络和通讯设备、软件、数据资源、信息系统运营和管理规章制度、信息系统开发、管理和运营的技术人员。

信息安全是指信息系统(包括硬件、软件、数据、人、物理环境及其基础设施)受到保护,不受偶然的或者恶意的原因而遭到破坏、更改、泄露,系统连续可靠正常地运行,信息服务不中断,最终实现业务连续性。信息安全问题是一个由信息系统、信息内容、信息系统的所有者和运营者、信息安全规则等多个因素构成的一个多维问题空间。信息安全是一门涉及计算机科学与技术、网络与通信技术、密码学和信息论等多种学科的综合性学科。

2. 信息安全基本属性

信息安全具有以下基本属性:

(1) 保密性(Confidentially)

保密性是指只有被授权的合法用户(个人或组织)才能访问信息和其他资源。信息的使用要根据用户的职责分工进行授权,访问信息系统的部分或全部信息,用户在其授权范围使用信息的为合法使用,否则为非法使用。许多计算机犯罪是非法用户窃取了合法用户的秘密和信息资源。

保密性的实现要通过各种措施来保证。信息的保密有不同的等级和时效,保密是有代价的,要根据保密等级和时效选用适当的保密措施。

(2) 完整性(Integrity)

完整性是指信息不因人为的或偶然的因素所更改或破坏。数据完整性的破坏包括人为因素和偶然因素。人为因素可能是误操作,如意外执行删除功能;也可能是故意破坏信息系统。

一旦信息的完整性受到破坏,它就可能变成无用信息,使正常的工作无法进行,甚至发生灾难。比如病人的诊病记录,如果被人故意修改,使得医生做出错误的判断,所采取的治疗措施有可能使病人死亡。国家经济信息被破坏,将直接影响决策,最终影响经济发展和社会稳定。

只有被授权的用户才可以按照其权限更改数据。必须在技术上和管理上采取措施,保证数据的完整性。

(3) 可用性(Availability)

可用性是指被授权的用户随时能够使用数据。所获取的信息必须是有用的正确数据。不能出现非授权用户滥用数据或对授权用户拒绝服务等情况。

可用性不仅仅包括信息,也包括网络和相关的设备。网络不通或相关设备的损坏必然导致数据的不可用。黑客对网络系统进行"拒绝服务"的攻击,使得网络系统瘫痪,就是破坏系统的可用性。

(4) 可控性(Controllability)

可控性是指对信息的内容及传播具有控制能力。任何信息都要在一定范围内可控,如密码的托管政策。托管政策即将加密算法交由第三方或第四方管理,使用时要严格按照有关规定执行。

(5) 不可否认性(Non-Repudiation)

又称不可抵赖性,是指信息的发送者无法否认已发出的信息,信息的接收者无法否认已经接收的信息。不可否认性措施主要有数字签名、可信第三方认证技术等。

(6) 可存活性(Survivability)

可存活性是指计算机系统能在面对各种攻击或错误的情况下继续提供核心的服务,而且能够及时地恢复全部的服务。

(7) 其他属性

美国的计算机安全专家在已有的安全需求的基础上,增加了真实性(Authenticity)、实用性(Utility)、占有性(Possession)属性。

总之,计算机系统安全的最终目标集中体现为系统保护和信息保护两大目标。系统保护:保护实现各项功能的技术系统的可靠性、完整性、可用性;信息保护:保护系统运行中有关的敏感信息的保密性、完整性、可用性和可控性。

3. 信息安全的内容

信息网络安全包括三个方面的内容:物理安全、运行安全和信息安全。

(1) 物理安全

物理安全,又称实体安全。在计算机信息系统中,计算机及其相关的设备、设施(含网络)

统称为计算机信息系统的"实体"。实体安全包括环境安全、设备安全和介质安全三个方面。

实体安全就是保护计算机及其相关的设备、设施(含网络)以及其他媒体免遭地震、水灾、火灾、有害气体和其他故障事故(如电磁污染等)破坏的措施和过程。

(2) 运行安全

运行安全就是为保障系统功能的安全实现,提供一套安全措施(如风险分析、审计跟踪、备份与恢复、应急等)来保护信息处理过程的安全。

(3) 信息安全

信息安全防止信息财产被故意或偶然地非授权泄露、更改、破坏或使信息被非法的系统辨识、控制。即确保信息的完整性、保密性、可用性和可控性。

信息安全包括操作系统安全、数据安全、网络安全、病毒防护、访问控制、加密与认证等内容。

4. 信息安全的发展历程

中投顾问在《2016—2020年中国信息安全产业投资分析及前景预测报告》中指出,信息安全随着信息技术的发展而发展,总体来说,大致经历了4个时期。

第一个时期是通信安全时期,其主要标志是1949年香农发表的《保密通信的信息理论》。这个时期通信技术还不发达,电脑只是零散地位于不同的地点,信息系统的安全仅限于保证电脑的物理安全以及通过密码解决通信安全的保密问题,密码技术获得发展,欧美国家有了信息安全产业的萌芽。

第二个时期为计算机安全时期,以20世纪70—80年代《可信计算机评估准则》(TCSEC)为标志。半导体和集成电路技术的飞速发展推动了计算机软、硬件的发展,计算机和网络技术的应用进入了实用化和规模化阶段。人们对安全的关注已经逐渐扩展为以保密性、完整性和可用性为目标,中国信息安全开始起步,关注物理安全、计算机病毒防护等。

第三个时期是在20世纪90年代兴起的网络时代。由于互联网技术飞速发展,无论是企业内部还是外部,信息具有极大的开放性,而信息安全的焦点已经从传统的保密性、完整性和可用性三个原则衍生为诸如可控性、抗抵赖性、真实性等其他原则和目标。中国安全企业研发的防火墙、入侵检测、安全评估、安全审计、身份认证与管理等产品与服务百花齐放,百家争鸣。

第四个时期是进入21世纪的信息安全保障时代,其主要标志是《信息保障技术框架》(IATF)。我国推行实施了国家网络安全等级保护制度,面向业务的安全防护已经从被动走向主动,安全保障理念从风险承受模式走向安全保障模式。不断出现的安全体系与标准、安全产品与技术带动信息安全行业形成规模,入侵防御、下一代防火墙、APT攻击检测、MSS/SaaS服务等新技术、新产品、新模式走上舞台。

5.1.2 操作系统安全

操作系统是管理整个计算机硬件与软件资源的程序,操作系统安全提供对计算机系统的硬件和软件资源的有效控制,能够为所管理的资源提供相应的安全保护。安全的操作系统是指从系统设计、实现和使用等各个阶段都遵循了一套完整的安全策略的操作系统。

操作系统安全主要包括系统本身的安全、物理安全、逻辑安全、应用安全以及管理安全等。物理安全主要是指系统设备及相关设施受到物理保护，使之免受破坏或丢失；逻辑安全主要指系统中信息资源的安全；管理安全主要包括各种管理的政策和机制。操作系统是整个网络的核心软件，操作系统的安全将直接决定网络的安全，因此，要从根本上解决网络信息安全问题，需要从系统工程的角度来考虑，通过建立安全操作系统构建可信计算基(TCB)，建立动态、完整的安全体系。操作系统安全也是保证整个互联网实现信息资源传递和共享的关键。

1. 操作系统的安全要素

操作系统安全涉及多个方面，美国专家对系统安全提出六个方面的要素，称为操作系统安全六要素。

(1) 保密性：保密性是指可以允许授权的用户访问计算机中的信息。

(2) 完整性：完整性是指数据的正确性和相容性，保证系统中保存的信息不会被非授权用户修改，且能保持一致性。

(3) 可用性：可用性是指对授权用户的请求，能及时、正确、安全地得到响应，计算机中的资源可供授权用户随时访问。

(4) 真实性：真实性是指系统中的信息要能真实地反映现实世界，数据具有较强的可靠性。

(5) 实用性：实用性是指系统中的数据要具有实用性，能为用户提供基本的数据服务。

(6) 占有性：占有性是指系统数据被用户拥有的特性。

2. 操作系统的安全功能

(1) 操作系统的用户标识与鉴别

操作系统会自动为每个用户都设置了一个安全级范围，标识用户的安全等级；系统除了进行身份和口令的判别外，还要进行安全级判别，以保证进入系统的用户具有合法的身份标识和安全级别，即身份及口令的鉴别。

(2) 审计

审计就是用于监视和记录操作系统中有关安全性的活动，可以有选择地设置哪些用户、哪些操作(或系统调用)以及对哪些敏感资源的访问需要审计。这些事件的活动(主要包括事件的类型、用户的身份、操作的时间、参数和状态等)会在系统中留下痕迹，管理者通过检查审记日志可以发现有无危害安全性的活动。

(3) 自主存取控制

自主存取控制用于实现操作系统用户自己设定的存取控制权限。系统用户可以说明其私有的资源允许本系统中哪些用户以何种权限进行共享，系统中的每个文件、消息队列、信号量集、共享存储区、目录和管道等都可具有一个存取控制表，用来说明允许系统中的用户对该资源的存取方式。

（4）强制存取控制

强制存取控制是提供基于信息机密性的存取控制方法，用于将系统中的用户和信息进行分级别、分类别管理，强制限制信息的共享和流动，使不同级别和类别的用户只能访问到与其相关的、指定范围的信息，从根本上防止信息的泄密和非授权访问等现象。

（5）设备安全性

设备安全性主要用于控制文件卷、打印机、终端等设备 I/O 信息的安全级范围。

3. 操作系统安全配置

该部分主要介绍 Windows 10 的安全配置，包括防火墙配置、杀毒软件 Defender 使用、系统备份及还原、账户及密码设置等操作内容。

（1）更改安全和维护设置

选择"控制面板→安全和维护→更改安全和维护设置"选项，打开"更改安全和维护设置"对话框，勾选所需要的安全消息和维护消息。对于所选择的每个项目，Windows 将进行问题检查，如果发现问题，会向用户发送一条消息。

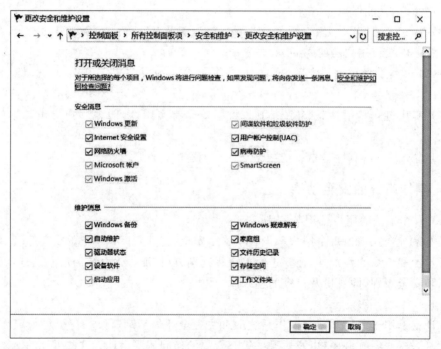

图 5.1 更改安全和维护设置

（2）利用 Windows Defender 进行病毒防护

选择"控制面板→安全和维护→安全（展开下拉菜单）→Windows Defender（立即扫描）"选项，打开 Windows Defender 对话框，如图 5.2 所示。

Windows Defender 提供的扫描类型有 3 种，分别是完全扫描、快速扫描、自定义扫描。在工具（Tools）页面里，用户可以通过选项（Options）对 Windows Defender 的实时防

图 5.2 利用 Windows Defender 进行病毒防护

护(Real-time Protection)、自动扫描计划(Automatic Scanning)进行设置修改,或进行高级的设置。

(3) 开启和配置防火墙

选择"控制面板→Windows 防火墙"选项,打开 Windows 防火墙,如图 5.3 所示。在左侧菜单栏可以开启或关闭防火墙,对防火墙属性进行配置。

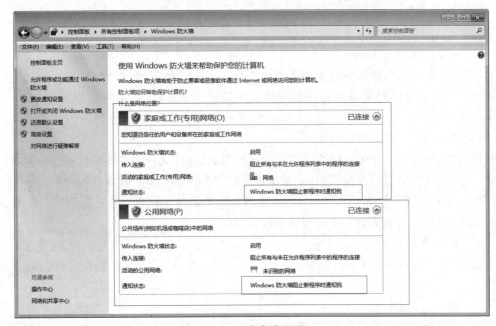

图 5.3 防火墙配置

第 5 章 信息安全基础与法津法规

(4) 设置磁盘的还原点

右击"我的电脑",在弹出的快捷菜单中选择"属性→系统保护",打开"系统保护"对话框,如图 5.4 所示。可以创建某一磁盘的还原点,对还原点进行配置。如果计算机出现问题,可以利用备份的还原点进行恢复。

图 5.4 配置系统还原

(5) 远程协助安全管理

右击"我的电脑",在弹出的快捷菜单中选择"属性→远程设置",打开"远程"对话框,如图 5.5 所示。可以勾选是否允许远程协助连接这台计算机,如无特别需要,关闭远程协助。

(6) 开启数据执行保护

右击"我的电脑",在弹出的快捷菜单中选择"属性→高级→性能下的设置→数据执行保护",单击"设置"按钮,在打开的"数据执行保护"对话框中选择"数据执行保护"选项卡,如图 5.6 所示,选择"仅为基本 Windows 程序和服务启用 DEP"。配置系统核心的数据执行保护,提高系统抵抗病毒攻击和漏洞攻击的能力。

(7) 配置开机启动项目

选择"任务管理器→启动"选项,如图 5.7 所示。右击可以选择禁止开机自启动的应用。

(8) 账户管理

选择"控制面板→用户账户"选项,打开"用户账户"对话框,如图 5.8 所示。如果存在

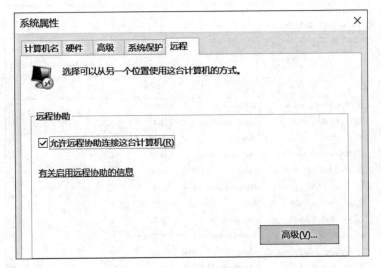

图 5.5　关闭远程协助

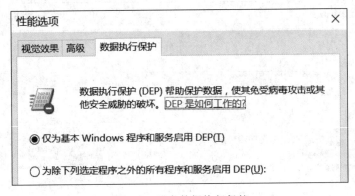

图 5.6　开启数据执行保护

Administrator 账号,并且隶属于 Administrators 组,表明不符合安全要求。为了增加攻击者猜测账号的难度,修改为其他用户名。还可以对账户进行其他安全设置操作。

(9) 密码管理

选择"控制面板→管理工具→本地安全策略"选项,单击"账户策略→密码策略",如图 5.9 所示。选择"密码必须符合复杂性要求"选项,要求密码必须包含大小写英文字母、数字和字符等。查看其"安全设置",显示"已启用"。还可设置密码最小长度、密码最长使用期限等内容。

(10) 开启系统安全更新

在"运行"中输入 services.msc 命令,打开 Windows 的"服务"窗口。找到并双击 Windows Update,进入设置框。将启动类型设置为"自动",保证服务状态为正在运行即可。如图 5.10 所示。系统安全更新可以自动下载和安装安全漏洞补丁,提高系统抵抗攻击的能力。

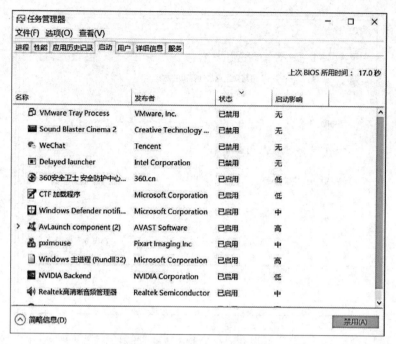

图 5.7 配置开机自启动程序

图 5.8 账户管理

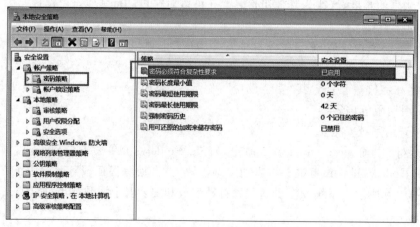

图 5.9 设置密码策略

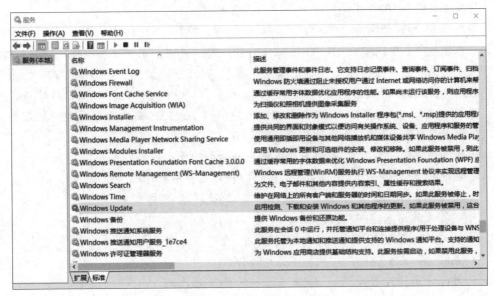

图 5.10　开启系统安全更新

5.1.3　数据库安全

数据库的一大特点是数据可以共享。数据的共享必然带来数据库的安全性问题。军事秘密、国家机密等涉及国家安全问题；客户档案、医疗档案、银行储蓄数据涉及个人隐私；新产品实验数据、市场需求分析、市场营销策略、销售计划等涉及商业秘密。因此，数据库系统中的数据共享不能是无条件的共享，数据库中数据的共享是在数据库管理系统(DBMS)统一的严格控制之下的共享，即只允许有合法使用权限的用户访问允许他存取的数据。

1. 数据库系统安全

数据库系统的安全保护措施是否有效是数据库系统主要的性能指标之一。数据库系统安全(Data Base System Security)是指为数据库系统采取的安全保护措施，防止系统软件和其中数据遭到破坏、更改和泄露。数据库系统的安全特性主要是针对数据而言的，包括数据独立性、数据安全性、数据完整性、并发控制、故障恢复等几个方面。

用户编写一段合法的程序绕过 DBMS 及其授权机制，通过操作系统直接存取、修改或备份数据库中的数据；直接或编写应用程序执行非授权操作；通过多次合法查询数据库，从中推导出一些保密数据。可能这种行为是无意的，或是故意的，或是恶意的。因此，数据库系统安全并不是只考虑数据库本身的安全。

为了确保数据库安全，必须在所有层次上进行安全性保护措施。若较低层次上的安全性存在缺陷，则严格的高层安全性措施也可能被绕过而出现安全性问题。

数据库安全(DataBase Security)是指采取各种安全措施对数据库及其相关文件和数

据进行保护,防止因用户非法使用数据库造成数据泄露、更改或破坏。

据统计,在全球范围内,2016年上半年已曝光的数据泄露事件高达974起,数据泄露记录总数超过了5.54亿条。其中,有52%的数据泄露事件都未公布数据泄露记录数量。很多大型网站的后台数据库都曾曝光出安全漏洞,导致数据泄露。CSDN泄露600余万用户数据;腾讯QQ群数据泄露,大概有7000多万个QQ群、12亿多个QQ号码被公布到互联网;如家、汉庭等酒店的2000万住宿信息泄露。国外很多大型公司或网站数据库频繁被曝光存在安全漏洞,泄露用户数据。

从系统与数据的关系上,可将数据库安全分为数据库的系统安全和数据安全。

数据库系统安全主要利用在系统级控制数据库的存取和使用的机制,包含:

- 系统的安全设置及管理,包括法律法规、政策制度、实体安全等。
- 数据库的访问控制和权限管理。
- 用户的资源限制,包括访问、使用、存取、维护与管理等。
- 系统运行安全及用户可执行的系统操作。
- 数据库审计有效性。
- 用户对象可用的磁盘空间及数量。

数据安全是在对象级控制数据库的访问、存取、加密、使用、应急处理和审计等机制,包括用户可存取指定的模式对象及在对象上允许作具体操作类型等。

2. 安全性级别

对数据库不合法的使用称为数据库的滥用。数据库的滥用可分为无意滥用和恶意滥用。无意滥用主要是指经过授权的用户操作不当引起的系统故障、数据库异常等现象。恶意滥用主要是指未经授权的读取数据(即偷窃信息)和未经授权的修改数据(即破坏数据)。

一般数据库系统安全涉及五个层次:物理层、人员层、操作系统层、网络层、数据库系统层。为了防止数据库的恶意滥用,可以在下述不同的安全级别上设置各种安全措施。

- 物理层:对计算机系统的机房和设备加以保护,防止物理破坏。
- 人员层:对数据库系统的工作人员,加强网络安全教育和职业道德教育,并正确授予其访问数据库的权限。
- 操作系统层:防止未经授权的用户从操作系统层着手访问数据库。
- 网络层:由于数据库系统允许用户通过网络远程访问,因此,网络软件内部的安全性对数据库的安全是很重要的。
- 数据库系统层:检验用户的身份是否合法,检验用户数据库操作权限是否正确。

3. 数据库安全机制

下面介绍数据库的一些逻辑安全机制,包括用户认证、存取权限、视图隔离、数据加密、跟踪与审查等内容。

(1) 用户认证

数据库系统不允许一个未经授权的用户对数据库进行操作。用户标识与鉴别,即用户认证,是系统提供的最外层安全保护措施。其方法是由系统提供一定的方式,让用户标识自己的名字或身份,每次用户要求进入系统时,由系统进行核对,通过鉴定后才提供机器使用权。对于获得上机权的用户,若要使用数据库时,数据库管理系统还要进行用户标识和鉴定。

（2）存取控制

对于数据库安全,最重要的一点就是确保只授权给有资格的用户访问数据库的权限,同时令所有未被授权的人员无法接近数据,这主要通过数据库系统的存取控制机制实现。存取控制是数据库系统内部对已经进入系统的用户的访问控制,是安全数据保护的前沿屏障,是数据库安全系统中的核心技术,也是最有效的安全手段。

（3）视图隔离

视图是数据库系统提供给用户以多种角度观察数据库中数据的重要机制,是从一个或几个基表（或视图）导出的表,它与基表不同,是一个虚表。数据库中只存放视图的定义,而不存放视图对应的数据,这些数据仍存放在原来的基本表中。从某种意义上讲,视图就像一个窗口,透过它可以看到数据库中自己感兴趣的数据及其变化。进行存取权限控制时,可以为不同的用户定义不同的视图,把访问数据的对象限制在一定的范围内,也就是说,通过视图机制要把保密的数据对无权存取的用户隐藏起来,从而对数据提供一定程度的安全保护。需要指出的是,视图机制最主要的功能在于提供数据独立性,在实际应用中,常常将视图机制与存取控制机制结合起来使用,首先用视图机制屏蔽一部分保密数据,再在视图上进一步定义存取权限。通过定义不同的视图及有选择地授予视图上的权限,可以将用户、组或角色限制在不同的数据子集内。

（4）数据加密

前面介绍的几种数据库安全措施,都是防止从数据库系统中窃取保密数据。但数据存储在磁盘、磁带等介质上,还常常通过通信线路进行传输,为了防止数据在这些过程中被窃取,较好的方法是对数据进行加密。对于高度敏感性数据,例如财务数据、军事数据、国家机密,除了上述安全措施外,还可以采用数据加密技术。加密的基本思想是根据一定的算法将原始数据（术语为明文）变换为不可直接识别的格式（术语为密文）,从而使得不知道解密算法的人无法获知数据的内容。数据解密是加密的逆过程,即将密文数据转变成可见的明文数据。

（5）数据库存取日志

数据库存取日志可记录使用者在数据库中的所有活动。可选择下列各项内容来启用存取日志：

针对所有使用者、使用者群组或个别使用者。

针对所有对象,或个别数据库、数据表、视图及宏。

如果使用者尝试存取某一数据库对象,且该对象已包含在目前的日志定义中,则系统会记录其使用者识别码、对象名称及此存取动作是否被相应的存取权限所允许。所使用的 SQL 语句也可以有选择性地被记录下来。

（6）数据备份与恢复

数据备份与恢复是实现数据库系统安全运行的重要技术。数据库系统总免不了发生系统故障,一旦发生故障,重要数据总免不了遭到损坏。为防止重要数据的丢失或损坏,数据库管理员应及早做好数据库备份,这样当系统发生故障时,管理员就能利用已有的数据备份,把数据库恢复到原来的状态,以便保持数据的完整性和一致性。一般来说,数据库备份常用的备份方法有:静态备份(关闭数据库时将其备份)、动态备份(数据库运行时将其备份)和逻辑备份(利用软件技术实现原始数据库内容的镜像)等;而数据库恢复则可以通过磁盘镜像、数据库备份文件和数据库在线日志三种方式完成。

(7) 数据库安全审计

数据库审计就是对指定用户在数据库中的操作进行监控和记录的一种数据库功能,是对审计和事务日志进行审查,从而跟踪数据和数据库结构的变化。数据库可以这样设置:捕捉数据和元数据的改变,以及存储这些资料的数据库所做的修改。典型的审计报告应该包括以下内容:完成的数据库操作、改变的数据值、执行该项操作的人,以及其他几项属性。这些审计功能被植入到所有的关系数据库平台中,并确保生成的记录文件具有较高的准确性和完整性,就好像在数据库中存储的数据一样。此外,审计跟踪还能把一系列的语句转化为合理的事务,并提供业务流程取证(forensic)分析所需的业务环境。

有四种基本平台可以用于创建、收集和分析数据库审计:(1)本地审计;(2)SIEM 和日志管理;(3)DAM;(4)数据库审计平台。

5.1.4 移动互联网安全

移动通信网和互联网的相互渗透、互相促进使得移动互联网络安全问题比以往移动通信系统和传统的互联网更加复杂。随着移动互联网业务开展的不断深入及接入方式的多样化,移动互联网不仅会遇到所有桌面互联网的安全威胁,而且面临新型安全问题。

移动互联网主要存在三方面的安全问题。

(1) 服务提供平台

主要面临 SQL 注入、DDoS 攻击、不良信息、业务盗用、隐私泄漏等安全威胁。由于进行安全防护将会给应用平台带来附加的费用支出,且不会带来额外收入,提供商通常缺乏为用户提供安全防护的意愿。

(2) 网络传输通道

受限于现有技术能力,缺乏对传输信息中的恶意攻击进行识别与限制的能力。据测算,如果对传输信息进行深度检测和安全过滤,会导致网络信息传输效率下降85%。

(3) 用户终端设备

面临许多全新的安全威胁,主要涉及远程控制、恶意吸费、隐私泄露等。从网络和业务平台侧看,除了接入技术不同,移动互联网与固定互联网在架构上并无本质区别,终端侧由于基础平台标准化程度低,体系林立且封闭性强,缺乏共同标准,安全问题相对复杂,加之我国缺乏对操作系统核心技术的掌控,面临的安全威胁更加突出。

智能手机的出现给移动互联网的快速普及注入了新的动力,进而推动了移动网络技术、终端设备和移动应用业务朝着移动化、多样化和泛在化的趋势发展。4G 目前已经达到较为成熟的技术水平,并已开始进行大规模的商业化应用,最新的 5G 技术也已经进入了研发和测试阶段,这将进一步促进公众移动通信网与传统互联网的相互渗透和深入融合,也使得移动互联网的安全问题变得更加复杂,新型的智能攻击手段不断出现,涉网犯罪在类型、形式、数量等方面也相应地发生变化。近两年,针对移动网络出现了多种违法犯罪行为,下面介绍典型的移动互联网攻击技术。

1. 伪基站

伪基站设备是一种高科技仪器,能够搜索以其为中心、一定半径范围内的手机卡信息,用户手机信号被强制连接到该设备上,严重影响手机用户的正常使用。犯罪嫌疑人通常将伪基站设备放置在汽车内,驾车在路上缓慢行驶,或者将车停放在人流密集区域,从事短信诈骗、广告推销等违法犯罪活动。伪基站能把发送号码显示为任意的号码,既可以是看似很正常的手机号,也可以是 110、10086、95533 这样的特服号,使手机用户误以为是公安、运营商、银行等发来的短信。冒用公众服务号码或权威部门名义编造发送虚假信息,对社会造成极其恶劣的影响。

利用伪基站实施攻击的问题根源是,GSM 网络只提供网络对用户的认证,没有提供用户对网络的认证。目前,市场上组装销售的伪基站设备大都只针对 GSM 技术,这主要与 GSM 网络普及率高、用户多和 GSM 网络的单向认证模式有一定关系。伪基站问题在 3G 及 3G 以上的 4G、5G 网络中已经得到解决,因为这些用户使用的 USIM 卡通过 AUTN(认证令牌)可以实现用户对网络的鉴权。因此,使用 USIM 卡的用户原则上不会接收到伪基站的信息。但这并不是绝对安全的避免伪基站的方式,因为现有网络中大量的智能手机是双模制式,可以在 3G 与 2G 网络中自由地漫游,即使在 3G 网络中使用,也会不断地检测 2G 信号,如果 2G"伪基站"的信号强度远大于 3G 网络的信号强度,这些手机就会自动进入 2G"伪基站"的网络,成为其受害者。同样,对于 4G 手机,因为其一般都支持在 2G/3G 网络中自由漫游,所以依然会受到 2G"伪基站"或 3G"伪基站"的影响。

2. 移动支付安全

由于移动支付具有便捷性,移动支付业务高速增长,购物、缴费、转账等个人业务正在从 PC 端向移动端迅速迁移。2016 年全年,中国移动支付的金额已经达到了 36.8 万亿人民币。不仅衣食住行等多方面都可以采用移动支付的方式进行,生活方面近两年也出现了抢红包、手机端购票、扫码支付等各种便捷和具有娱乐性的支付形式。中国的移动支付市场在全球范围内是领先欧美等发达国家的,移动支付涉及范围广泛、便捷高效,在全球范围内也是首屈一指的。然而,移动支付在给用户带来生活便捷的同时,也面临着巨大的安全隐患,可能造成用户资金被窃。移动支付主要面临以下 3 个方面的威胁。

(1) 手机木马

手机木马会使用一些最新的攻击技术,检测和防范难度较大。利用手机系统签名漏洞,对正常的支付工具或网银客户端进行篡改,伪造数字签名,很难被发现。手机木马可以盗取支付账号和密码,拦截并转发银行发来的短信,或者直接洗劫支付账户中的资金余额。

(2) 诈骗短信

诈骗短信诱骗用户登录钓鱼网站或下载木马程序,对用户的经济财产安全构成极大威胁。尤其是借助伪基站技术,诈骗短信的危害成倍增加。360互联网安全中心的《2016年中国手机安全状况报告》显示,2016年,360手机卫士共为全国用户拦截各类垃圾短信约173.5亿条,比较5年来的年度数据,整体呈现了快速下降的趋势。这其中,诈骗短信约占垃圾短信总量的2.8%,约5亿条。最新的2017年第一季度的报告显示,第一季度共拦截垃圾短信24亿条,平均每天2666万条,其中诈骗短信占7.6%,约1.8亿条。

(3) 手机被窃或丢失

在传统银行柜台办理业务时,需要人和证件的双重查验,而手机支付仅需提供姓名、卡号、身份证、手机号等信息即可完成。一旦手机与银行卡、身份证等资料一起被窃或丢失,用户的手机支付安全就将面临巨大安全隐患。

3. 移动智能操作系统安全漏洞

移动智能操作系统作为最核心的终端基础软件平台,存在诸多安全风险。一是,智能操作系统存在的各种系统漏洞有可能会被恶意代码利用,进行恶意"吸费"、终端系统破坏、用户隐私窃取等破坏活动,这种由于设计原因存在的安全漏洞难以被全部检测和修补,会被不断地曝出,甚至大量0 day漏洞在公布和修复前已被攻击者利用。二是,操作系统向开发者提供的API接口和开发工具包为各种恶意代码滥用操作系统API进行违法操作提供了条件;针对操作系统API滥用问题,主流的操作系统厂商都提供了API调用的安全机制,如应用程序签名、沙盒、证书、权限控制等。三是,智能终端操作系统"后门"是厂家出于某种目的故意留存的未公开的控制通道,虽然所有终端厂商或操作系统厂商都宣称是出于用户安全的角度考虑,不会通过"后门"进行损害用户安全的行为,但其仍存在不确定的潜在安全威胁。

漏洞是在硬件、软件、协议的具体实现或系统安全策略上存在的缺陷,从而使攻击者能够在未授权的情况下访问或破坏系统。漏洞是黑客入侵的主要途径之一,是系统安全面临的头号威胁,传统的计算机系统漏洞已逐渐蔓延到移动网络中。安全厂商Sourcefire进行了一项研究:在过去的25年中,智能手机行业的漏洞数量中,苹果的iPhone竟然是最多的,占全部漏洞的81%,其次是Android、Windows和黑莓。

2016年8月,信息安全研究公司Check Point发现了Android手机的4个新漏洞,这些漏洞被称为Quadrooter,影响了全球超过9亿部手机和平板电脑。这4个漏洞还允许攻击者将应用程序的级别从user-level(用户级别)升级到root-level(root级别),授予攻击者访问任意手机功能的权限。这就意味着,攻击者可以在不与用户进行任何交互的情况下,在手机中下载并安装恶意软件和流氓应用程序。

虽然没有绝对安全的操作系统,手机厂商仍然应该在手机系统设计、实现和测试过程中加大安全性方面的投入,以减少漏洞数目,降低用户的安全风险。手机漏洞问题不可能彻底解决,必将长期伴随移动互联网的发展,因此,政府、厂商等应加强漏洞的发现、验证、修复、通报等方面的工作,用户自身也应提高安全防范意识。

4. 移动用户信息泄露

在移动互联网时代,现代人的生活已经和手机息息相关,手机中携带的个人隐私信息越来越多。LBS 地理信息服务等逐渐和各类应用相结合,各类基于 LBS 的移动应用产生飞跃式增长,每一款 APP 软件都存储大量的个人信息。通过搜集和整理这些信息,用户在哪里、吃什么、干什么等隐私信息全部都会暴露出来,所有资料都会被别人知道。用户个人信息的价值空前凸显,信息过度收集、数据买卖等行为致使用户个人隐私遭受极大威胁。面对不堪其扰的垃圾短信或骚扰电话,用户隐私泄露问题首当其冲。

2016 年,互联网数据中心(Data Center of China Internet,DCCI)发布了《2016 移动隐私安全评测报告》,报告中的数据显示,仅有 3.4% 的用户手机处于安全状态,94.6% 用户的手机隐私数据仍处于危险状态。报告显示,部分 APP 存在权限的越界获取问题,在与本身功能毫不相干的情况下,获取智能手机用户的短信记录、通话记录、通讯录等敏感个人信息,这些抓取行为并非相关移动 APP 为用户提供的应用服务功能所必需。另外,在抽取的样本中,还有 0.3% 的 APP 越界获取到最高级别的 root 权限。

不仅 Android 系统,苹果的 IOS 也在 2016 年被曝光存在隐私安全漏洞。它在允许用户共享地理位置信息的同时,也会允许开发商秘密获取用户的图片。

除了手机操作系统本身的漏洞和 APP 的权限越界获取等原因外,无处不在的公共 WiFi 也是造成用户个人敏感数据泄露的原因之一。同时,有很多 WiFi 钥匙 APP 也是打着免费蹭网的旗号来进行用户隐私数据的收集和获取。

5.1.5 物联网及智能设备安全

物联网是指通过各种信息传感设备实时采集任何需要监控、连接、互动的物体或过程等各种需要的信息,与互联网结合形成的一个巨大网络。其目的是实现物与物、物与人,所有的物品与网络的连接,方便识别、管理和控制,从而最终实现物与物、人与物的相联,构造一个覆盖世界上万事万物的 Internet of things,如图 5.11 所示。

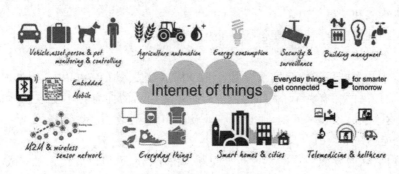

图 5.11 物联网及其应用领域

物联网是一个由感知层、网络层和应用层共同构成的大规模信息系统,其核心结构主要包括如下三层：
- 感知层，如智能卡、RFID电子标签、传感器网络等，其主要作用是采集各种信息；
- 网络层，如三网融合的计算机、Internet、无线网络、固网等，其主要作用是负责信息交换和通信；
- 应用层，主要负责信息的分析处理、控制决策，以便实现用户定制的智能化应用和服务。

物联网被人们视为继计算机、互联网之后信息技术产业发展的第三次革命，其泛在化的网络特性使得万物互联正在成为可能。智能家居、车联网、智能交通、智慧医疗、人工智能，这一切的背后正是物联网在加速落地、快速成熟，物联网时代的已经到来。

物联网安全很重要，物联网时代的安全态势将更为严峻，针对物联网的攻击不仅导致敏感数据的泄露，还会导致资源财产权属变更，甚至威胁使用者的安全，比如对电力、能源、交通等重要领域物联设备的攻击。物联网安全问题甚至影响经济稳定和国家安全、信息安全、网络安全、知识产权等。

2014年，360安全研究人员发现了特斯拉Tesla Model S车型汽车应用程序存在设计漏洞，该漏洞可致使攻击者远程控制车辆，包括执行车辆开锁、鸣笛、闪灯以及车辆行驶中开启天窗等操作。

2015年，HackPWN安全专家演示了利用比亚迪云服务漏洞开启比亚迪汽车的车门、发动汽车、开启后备箱等操作。来自补天平台上的漏洞信息显示，该安全漏洞存在于比亚迪云服务系统中，会影响到比亚迪混合动力汽车秦、思锐、S7和最新的唐等多款搭载比亚迪的汽车。

2015年，主营安防产品的海康威视生产的视频监控设备被曝出严重的安全漏洞，被黑客组织入侵和控制。视频监控设备遍布于金融、智能交通、公安、能源、司法等领域，被不法分子控制，必然会导致敏感图像信息被情报机构获得，例如政府部门内部监控图像、银行内部监控图像、交通监控图像、宾馆监控图像等。

2015年12月23日，乌克兰电力供应商通报了持续三个小时的大面积停电事故。后经调查发现，停电事故为网络攻击导致。攻击者使用附带有恶意代码的Excel邮件附件渗透了某电网工作站人员系统，向电网网络植入了Black Energy恶意软件，获得对发电系统的远程接入和控制能力。

物联网面临的安全问题主要包括以下几方面：

(1) 安全隐私

射频识别技术被用于物联网系统时，RFID标签被嵌入任何物品中，比如人们的日常生活用品，而用品的拥有者不一定能觉察，从而导致用品的拥有者不受控制地被扫描、定位和追踪，这不仅涉及技术问题，而且还将涉及法律问题。

(2) 智能感知节点的自身安全问题

即物联网机器/感知节点的本地安全问题。由于物联网可以取代人来完成一些复杂、危险和机械的工作，所以物联网机器/感知节点多数部署在无人监控的场景中。那么攻击者可以轻易地接触这些设备，从而对它们造成破坏，甚至通过本地操作更换机器的软硬件。

(3) 假冒攻击

由于智能传感终端、RFID 电子标签相对于传统 TCP/IP 网络而言是"裸露"在攻击者眼皮底下的,再加上传输平台是在一定范围内"暴露"在空中的,"窜扰"在传感网络领域显得非常频繁并且容易实施。所以,传感器网络中的假冒攻击是一种主动攻击形式,它极大地威胁着传感器节点间的协同工作。

(4) 数据驱动攻击

数据驱动攻击是通过向某个程序或应用发送数据,以产生非预期结果的攻击,通常为攻击者提供访问目标系统的权限。数据驱动攻击分为缓冲区溢出攻击、格式化字符串攻击、输入验证攻击、同步漏洞攻击、信任漏洞攻击等。通常,向传感网络中的汇聚节点实施缓冲区溢出攻击是非常容易的。

(5) 恶意代码攻击

恶意程序在无线网络环境和传感网络环境中有无穷多的入口。一旦入侵成功,之后通过网络传播就变得非常容易。它的传播性、隐蔽性、破坏性等,相比 TCP/IP 网络而言更加难以防范,如类似蠕虫这样的恶意代码,本身又不需要寄生文件,在这样的环境中检测和清除将很困难。

(6) 拒绝服务攻击

这种攻击方式多数会发生在感知层与核心网络的衔接之处。由于物联网中的节点数量庞大,且以集群方式存在,因此在数据传播时,大量节点的数据传输需求会导致网络拥塞,产生拒绝服务攻击。

(7) 物联网的业务安全

由于物联网节点无人值守,并且有可能是动态的,所以对物联网设备进行远程签约信息和业务信息配置就成了难题。另外,现有通信网络的安全架构都是从人与人之间的通信需求出发的,不一定适合以机器与机器之间的通信为需求的物联网络。使用现有的网络安全机制会割裂物联网机器间的逻辑关系。

(8) 传输层和应用层的安全隐患

物联网络的传输层和应用层将面临现有 TCP/IP 网络的所有安全问题,同时还因为物联网在感知层所采集的数据格式多样,来自各种各样感知节点的数据是海量的,并且是多源异构数据,产生的网络安全问题将更加复杂。

5.2 信息安全技术基础

5.2.1 物理安全

物理安全(Physical Security)又叫实体安全,就是要保证信息系统有一个安全的物理环境,对接触信息系统的人员有一套完善的技术控制手段,且充分考虑到自然事件对系统可能造成的威胁,并加以规避。简单地说,就是保护计算机设备、设施(网络系统及通信线路)免遭地震、水灾、火灾、雷击等自然灾害,有害气体、电磁污染等其他环境事故,以及人为破坏或操作失误,各种计算机犯罪行为等其他不利因素破坏的措施和过程。

在计算机网络信息系统安全中,物理安全是基础。如果物理安全得不到保证,如计算机设备遭到破坏或被人非法接触,那么其他的一切安全措施就都只是空中楼阁。

影响计算机网络物理安全的主要因素归纳如下:
- 计算机及其网络系统自身存在的脆弱性因素;
- 各种自然灾害导致的安全问题;
- 由于人为的错误操作及各种计算机犯罪导致的安全问题。

物理安全一般分为三类:环境安全、设备安全、介质安全。

1. 环境安全

(1) 机房与设施安全

要保证信息系统的安全、可靠,必须保证系统实体有一个安全的环境条件。对系统所在环境的安全保护,如区域保护和灾难保护等,在《电子计算机机房设计规范》(GB50174-93)、《计算机信息系统安全等级保护通用技术要求》(GA/T390-2002)、《电子计算机场地通用规范》(GB2887-2000)、《计算站场地安全要求》(GB9361-88)等标准中有详细的描述。

(2) 环境与人员安全

环境与人员安全通常是指防火、防水、防震、防震动冲击、防电源掉电、防温度湿度冲击、防盗以及防物理、化学和生物灾害等,是针对环境的物理灾害和人为蓄意破坏而采取的安全措施和对策。

(3) 防范其他自然灾害

防其他自然灾害主要包括湿度、洁净度、腐蚀、虫害、振动与冲击、噪音、电气干扰、地震、雷击等。

2. 设备安全

设备安全主要包括计算机设备的防盗、防毁、防电磁泄漏发射、抗电磁干扰及电源保护等。要保证硬件设备随时处于良好的工作状态,建立健全使用管理规章制度,建立设备运行日志。

(1) 硬件设备的维护与管理

要根据硬件设备的具体配置情况制定切实可行的硬件设备的操作使用规程,并严格按照操作规程进行操作。建立设备使用情况日志,并严格登记使用过程的情况。建立硬件设备故障情况登记表,详细记录故障性质和修复情况。坚持对设备进行例行维护和保养,并指定专人负责。定期检查供电系统的各种保护装置及地线是否正常,将对设备的物理访问权限限制在最小的范围内。

(2) 电磁兼容和电磁辐射的防护

计算机网络系统的各种设备都属于电子设备,工作时都不可避免地会向外辐射电磁波,同时也会受到其他电子设备的电磁波干扰,电磁干扰达到一定的程度就会影响到设备的正常工作。电磁辐射泄密也同样危险,要引起重视。

3. 介质安全

介质安全包括媒体本身的安全及媒体数据的安全。对媒体本身的安全保护指防盗、防毁、防霉等,对媒体数据的安全保护是指防止记录的信息被非法窃取、篡改、破坏或使用。

(1) 介质的分类

对介质进行分类,是依据对介质中的记录是否需要保护,而将计算机系统的记录按重要性和机密程度分为:一类记录——关键性记录;二类记录——重要记录;三类记录——有用记录;四类记录——不重要记录。各类记录需加以明显的分类标志,或在封装上以鲜艳的颜色编码表示,也可以作磁记录标志等。

(2) 介质的管理

为保证介质的存放安全和使用安全,介质的存放和管理应有相应的制度和措施。

(3) 磁介质信息的可靠消除

目前,计算机最常用的存储介质还是磁介质,丢失、废弃的磁盘也是导致泄密的一个主要原因。所有磁介质都存在剩磁效应的问题,因为保存在磁介质中的信息会使磁介质不同程度地永久性磁化,所以磁介质上记载的信息在一定程度上是很难清除的,即使采用格式化等措施后,使用高灵敏度的磁头和放大器仍可以将已清除信息(覆盖)磁盘上的原有信息提取出来。

5.2.2 网络安全

5.2.2.1 防火墙

防火墙(Firewall),是由 Check Point 创立者 Gil Shwed 于 1993 年发明并引入国际互联网的。防火墙是设置在被保护网络和外部网络之间的一道屏障,依照特定的规则,允许或是限制传输的数据通过。

防火墙指的是一个由软件和硬件设备组合而成,在内部网和外部网之间、专用网与公共网之间的边界构造的保护屏障。防火墙是在两个网络通信时执行的一种访问控制尺度,它能允许你"同意"的人和数据进入你的网络,同时将你"不同意"的人和数据拒之门外,最大限度地阻止网络中的黑客访问你的网络,防止发生不可预测的、潜在破坏性的侵入。

1. 防火墙原理

防火墙是一种能够限制网络访问的设备或者软件,它可以是一个硬件,也可以是一个软件,目前很多设备中均含有简单的防火墙功能,如路由器、调制解调器、无线基站、IP 交换机等。目前很多操作系统中也自带软件防火墙。

防火墙通常运行在专用的设备上,部署于两个或者多个网络之间,对于流经防火墙的数据,主要有三种处理方式:允许数据流通过、拒绝数据流通过、丢弃数据。特别需要说明的是,虽然拒绝数据通过和丢弃数据都能起到阻断网络通信的作用,但是二者的处理机制还是有较大区别的,同时对安全性也有一定的影响。当防火墙拒绝数据时,它同时会向数据发送者回复一条信息,告知数据被拒绝。当数据流被防火墙丢弃时,防火墙不会对这些数据进行任何处理,也不会回复任何消息,因此数据发送者不知道前端网络处于一种什么状态,对于抵御黑客扫描能起到较好的效果。

防火墙部署于两个网络之间,如图 5.12 所示。

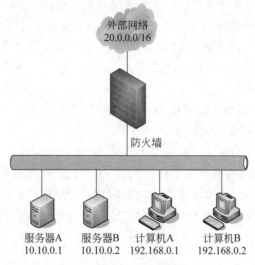

图 5.12　防火墙部署位置

2. 防火墙的基本特性

(1) 内部网络和外部网络之间的所有网络数据流都必须经过防火墙

这是防火墙所处网络位置特性,同时也是一个前提。因为只有当防火墙是内、外部网络之间通信的唯一通道,才可以全面、有效地保护企业内部网络不受侵害。

(2) 只有符合安全策略的数据流才能通过防火墙

防火墙最基本的功能是确保网络流量的合法性,并在此前提下将网络流量快速地从一条链路转发到另外的链路上去。最早的防火墙是一台"双宿主主机",即具备两个网络接口,同时拥有两个网络层地址。防火墙将网络上的流量通过相应的网络接口接收上来,对数据包进行访问规则和安全审查,然后将符合通过条件的报文从相应的网络接口送出,而对于那些不符合通过条件的报文则予以阻断。因此,从这个角度上来说,防火墙是一个类似于桥接或路由器的、多端口的(网络接口≥2)转发设备,它跨接于多个分离的物理网段之间,并在报文转发过程之中完成对报文的审查工作。

(3) 防火墙自身应具有非常强的抗攻击免疫力

这是防火墙之所以能担当企业内部网络安全防护重任的先决条件。防火墙处于网络边缘,每时每刻都要面对黑客的入侵,这就要求防火墙自身要具有非常强的抗击入侵本领。

3. 防火墙的局限性

防火墙并不能解决所有的安全问题,而是只能保护环境的边界,以防止在保护环境内的机器上执行代码或者访问数据的外来者实施的攻击。防火墙具有以下局限:

(1) 防火墙不能防范不经过防火墙的攻击。没有经过防火墙的数据,防火墙无法检查。

(2) 防火墙不能解决来自内部网络的攻击和安全问题。内部的合法用户对内网实施攻击,由于流量不经过防火墙,所以防火墙是无能为力的。

(3) 防火墙不能防止病毒文件的传输。防火墙本身并不具备查杀病毒的功能,即使集成了第三方的防病毒软件,也没有一种软件可以查杀所有的病毒。

(4) 防火墙不能防止数据驱动式的攻击。当有些表面看来无害的数据传输或复制到内部网的主机上并被执行时,可能会发生数据驱动式的攻击。

(5) 防火墙不能防止本身的安全漏洞的威胁。防火墙保护别人,有时却无法保护自己,目前还没有厂商绝对保证防火墙不会存在安全漏洞。

5.2.2.2 入侵检测系统

入侵检测系统(Intrusion Detection System,IDS)是对入侵行为的检测。它通过收集和分析网络行为、安全日志、审计数据、其他网络上可以获得的信息以及计算机系统中若干关键点的信息,检查网络或系统中是否存在违反安全策略的行为和被攻击的迹象。因此,IDS被认为是防火墙之后的第二道安全闸门,在不影响网络性能的情况下能对网络进行监测。

1. 入侵检测原理

入侵检测作为一种积极主动地安全防护技术,提供了对内部攻击、外部攻击和误操作的实时保护,在网络系统受到危害之前拦截和响应入侵。入侵检测是防火墙的合理补充,帮助系统对付网络攻击,扩展了系统管理员的安全管理能力(包括安全审计、监视、进攻识别和响应),提高了信息安全基础结构的完整性。

入侵检测具有以下功能:监视、分析用户及系统活动;系统构造和弱点的审计;识别反映已知攻击的活动模式,并向相关人士报警;异常行为模式的统计分析;评估重要系统和数据文件的完整性;操作系统的审计跟踪管理,并识别用户违反安全策略的行为。

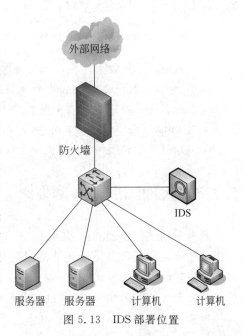

图 5.13 IDS 部署位置

2. 入侵检测分类

（1）根据检测方法分类

异常检测：首先总结正常操作应该具有的特征（用户轮廓），当用户活动与正常行为有重大偏离时，即被认为是入侵。如多次错误登录、午夜登录。异常检测可以检测到未知的入侵。但是，入侵者可以逐渐改变自己的行为模式来逃避检测；合法用户正常行为的突然改变也会造成误警。

误用检测：主要是通过某种方式预先定义入侵行为，然后监视系统，从中找出符合预先定义规则的入侵行为。攻击模式库要不断更新，知识依赖于硬件平台、操作系统和系统中运行的应用程序等。误用检测具有准确率高、算法简单、系统开销小等特点。但是，只能检测出已知攻击，新类型的攻击会对系统造成很大的威胁。

（2）根据入侵检测部署位置分类

入侵检测设备可以是基于主机的入侵检测系统（HIDS）、基于网络的入侵检测系统（NIDS）和采用前两种数据来源的分布式入侵检测系统（DIDS）。

HIDS：Host-Based IDS，检测的目标主要是主机系统和系统本地用户。检测原理是根据主机的审计数据和系统的日志发现可疑事件，检测系统可以运行在被检测的主机或单独的主机上。

NIDS：Network-Based IDS，根据网络流量、协议分析、单台或多台主机的审计数据检测入侵。监视范围广，可以对整个网段或通过的流量进行监控，但是难以处理加密的会话。

DIDS：Distributed IDS，采用控制台、探测器结构。NIDS 和 HIDS 作为探测器放置在网络的关键节点，并向中央控制台汇报情况。攻击日志定时传送到控制台，并保存到中央数据库中，新的攻击特性能及时发送到各个探测器上。每个探测器能够根据所在网络的实际需要配置不同的规则集。

3. 入侵检测系统的局限性

IDS 的局限性主要表现在以下几方面：

- 现有 IDS 系统错报率或称为虚警率偏高，严重干扰了检测结果；
- IDS 的敏感性难以调节和测量，所以需要找到一个最适合当前网络环境的平衡点；
- 事件响应与恢复机制不完善；
- IDS 本身不会阻止攻击，需要有人监视，跟踪记录，并对其报警做出反应。

5.2.3 物理隔离与专网安全

专网采用硬件物理隔离方案，即将内部涉密专网与外部网彻底地物理隔离开，没有任何线路连接。这样可以保证无法通过网络连接进入内部涉密专网，具有极高的安全性。普通的物理隔离方法虽然安全，但也造成了工作不便、数据交流困难、设备场地增加和维护费用加大等负面影响。《计算机信息系统国际联网保密管理规定》第二章"保密制度"第六条规定，"涉及国家秘密的计算机信息系统，不得直接或间接地与国际互联网或其他公共信息网络相连接,必须实行物理隔离"。因此说,物理隔离技术是网络与信息安全技术的重要实现手段。

按照国家有关政策的要求,政府上网必须实行网络的内外网划分,及实现内外网的物理隔离。这是解决政府信息化过程中机密信息安全问题的必要方法。用物理隔离产品可对各种环境下的网络和单机进行信息安全保护。

5.2.3.1 物理隔离

物理隔离的指导思想与防火墙绝然不同:防火墙的思路是在保障互联互通的前提下尽可能安全,而物理隔离的思路是在保证必须安全的前提下尽可能互联互通。

1. 物理隔离技术的分类

(1) 第一代隔离技术:完全的隔离

此方法使得网络处于信息孤岛状态,做到了完全的物理隔离,需要至少两套网络和系统。但造成了信息交流的不便和成本的提高,这给维护和使用带来了极大的不便。

(2) 第二代隔离技术:硬件卡隔离

在客户端增加一块硬件卡,客户端硬盘或其他存储设备首先连接到该卡,然后再转接到主板上,通过该卡能控制客户端硬盘或其他存储设备。而在选择不同的硬盘时,同时选择了该卡上不同的网络接口,连接到不同的网络。

(3) 第三代隔离技术:数据转播隔离

利用转播系统分时复制文件的途径来实现隔离,切换时间非常之久,甚至需要手工完成,不仅明显地减缓了访问速度,更不支持常见的网络应用,失去了网络存在的意义。

(4) 第四代隔离技术:空气开关隔离

它是通过使用单刀双掷开关,使得内外部网络分时访问临时缓存器来完成数据交换的,但在安全和性能上存在许多问题。

(5) 第五代隔离技术:安全通道隔离,又称为网闸技术

此技术通过专用通信硬件和专有安全协议等安全机制来实现内外部网络的隔离和数据交换,不仅解决了以前隔离技术存在的问题,并有效地把内外部网络隔离开来,而且高效地实现了内外网数据的安全交换,透明支持多种网络应用,成为当前隔离技术的发展方向。

2. 隔离网闸

隔离网闸位于两个网络不同安全域之间,通过协议转换的手段,以信息"摆渡"的方式实现数据交换,能且只能有被系统要求传输的、内容受限的信息通过的计算机安全部件,是在保证两个网络安全隔离的基础上实现安全信息交换和资源共享的技术。

隔离网闸是使用带有多种控制功能的固态开关读写介质连接两个独立主机系统的信息安全设备,是新一代高安全度的信息安全防护设备。它依托安全隔离技术为信息网络提供了更高层次的安全防护能力,不仅使得信息网络的抗攻击能力大大增强,而且有效地防范了信息外泄事件的发生。

政府职能部门的网站和电子政务系统,既要考虑安全,又要进行数据交换。采用网闸技术设计安全的方案,可以解决这个需求。网闸模型设计一般分三个基本部分,如图 5.14 所示。

- 内部处理单元:包括内网接口单元与内网数据缓冲区。
- 外部处理单元:与内网处理单元功能相同,但处理的是外网连接。
- 专用隔离硬件:是网闸隔离控制的摆渡控制,控制交换通道的开启与关闭。

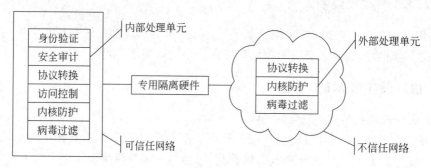

图 5.14　网闸工作原理

隔离网闸所连接的两个独立主机系统之间不存在通信的物理连接、逻辑连接、信息传输命令、信息传输协议,也不存在依据协议的信息包转发,只有数据文件的无协议"摆渡",且对固态存储介质只有"读"和"写"两个命令。所以,隔离网闸从物理上隔离、阻断了具有潜在攻击可能的一切连接,使"黑客"无法入侵、无法攻击、无法破坏,实现了真正的安全。

5.2.3.2　公安专网

公安专网已经成为公安工作的基础平台,公安部至省、市、县四级主干网已全面建成,基层所队都接入了公安网。"网上办公、网上办案、网上考核"已经成为公安工作的基本形式。公安信息化建设已经对信息安全提出了更高的要求,对公安专网、公安数据、公安应用系统的安全有效监管,是公安信息化建设的重要工作内容。

公安专网建立了完整的信息安全体系。除了采用前两节介绍的信息安全技术,还在信息化安全管理上建立了有效的机制。公安信息安全保障体系包括管理体系、制度体系、技术体系。

1. 公安信息安全管理体系

各级公安机关在运营部门、各业务使用部门设立专职的信息安全管理队伍。明确了部门主管领导、安全主管部门、应用部门对信息安全的管理职责。主要职责为:

① 组织宣传信息网络安全管理方面的法律、法规和有关政策。
② 拟定并组织实施本单位信息网络安全管理的各项规章制度。
③ 定期组织检查信息网络系统安全运行情况,及时排除各种安全隐患。
④ 负责组织本单位信息安全审查。
⑤ 负责组织安全教育和培训。

2. 公安信息安全制度体系

制定了信息安全保护、公安网的使用管理办法和规定,按照公安网信息网络安全技术规范要求对公安信息系统安全运行情况进行监管,及时排除各种安全隐患。在发生网络重大突发性事件时,应及时响应处置。同时制定了违反公安网使用规定处罚条例。在《关于进一步加强公安信息通信网日常安全管理工作机制建设的通知》中,明确了加强组织保障、日常巡检、违规查处、安全通报、应急响应五项工作机制。

3. 公安信息安全技术体系

公安信息化建设的内容之一,就是构建了以下安全保障技术体系。

(1) 建立一套涉密信息安全保障系统

在公安信息通信网上构建一条涉密通道,保证涉密信息的安全传输;建立一套公安身份认证与访问控制管理系统。统一全网用户的身份认证方式,统一全网访问控制策略,统一全网信任体系,促进信息跨地区、跨业务部门的安全有序共享;建立一套公安信息网安全监控系统。对公安信息网的异常流量、违规行为和服务进行实时监控,及时发现、及时清理和查处,减轻危害。

(2) 建立了技术防范措施

- 防火墙技术应用:在各级公安信息通信网网络出口处和重要服务前部署防火墙,实现安全隔离和安全域控制。
- 防病毒技术措施:建立全网统一的计算机病毒预警防范体系,实现网络防病毒软件自动安装、实时扫描和自动更新升级,同时实现病毒的预警。
- 防灾难机制:对重要数据和重要系统建立防灾备份中心,防止由于灾难发生造成的数据损失和系统失效。

(3) 技术保障

建立公安网"一机两用"监控体系,防止公安网内设备非法联结互联网,保障公安信息网边界安全。在公安信息化建设中,不断加固安全保障技术系统,建设公安信息通信网边界接入平台、主机安全保护、异常流量安全监测分析等技术系统,进一步完善公安信息通信网安全保障技术体系。

(4) 安全检查

各级公安机关每年定期对公安信息网及公安重要信息系统进行安全检查,上级公安机关不定期对下级机关信息安全工作开展情况进行抽查。严禁在非涉密网络和计算机上存储、传输和处理涉密信息;严禁在计算机硬盘内存储绝密级信息;严禁将工作用计算机和涉密移动存储介质擅自带离工作场所;严禁在互联网上使用涉密移动存储介质。不准在公安网上"一机两用";不准在公安网上编制或传播计算机病毒等破坏性程序;不准在公安网上建立与公安工作无关的网站、网页和服务;不准在公安网上传输、粘贴有害信息或与工作无关的信息;不准擅自对公安网进行扫描、探测和入侵公安信息系统;不准越权访问、违规使用公安信息资源;不准私自允许非公安人员接触和使用公安网和信息;不准采取各种手段逃避、妨碍、对抗公安网络和信息安全保密检查。

（5）违规查处

各级公安信通部门是公安信息通信网安全案（事）件调查、取证的责任单位。要注重配置必要的网络违规行为调查、分析、取证等技术手段，建立安全案（事）件管理数据库，规范网络违规行为的调查、取证和处理工作流程，要加强与纪检监察部门的协作，形成完善的安全案（事）件查处工作机制。要根据网络违规行为的性质和危害程度区分查处类和清理类，并重点加强对查处类违规行为的处理。要建立督办制度，并按照《公安机关人民警察使用公安信息网违规行为行政处分暂行规定》追究责任。对疏于管理，发生重大安全保密事件或聘用人员发生违规行为的，要依照有关规定追究主管单位和领导的责任。

5.2.4　通信安全

5.2.4.1　VPN 技术

虚拟专用网（Virtual Private Network，VPN）被定义为通过一个公用网络（通常是因特网）建立一个临时的、安全的连接，是一条穿过混乱的公用网络的安全、稳定的隧道。

VPN 是在公网中形成的企业专用链路，是对企业内部网的扩展。其采用"隧道"技术，可以模仿点对点连接技术，依靠 Internet 服务提供商（ISP）和其他的网络服务提供商（NSP）在公用网中建立自己专用的"隧道"，让数据包通过这条隧道传输。如图 5.15 所示，VPN 是企业或单位内网在因特网上的安全延伸，可以供出差或在家办公的内部员工远程访问，可以实现与合作伙伴和分支结构的安全连接。

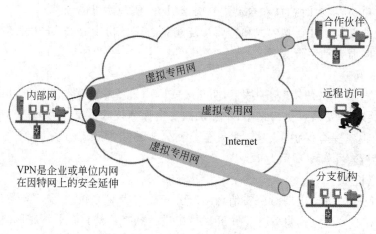

图 5.15　VPN 示意图

1. VPN 基本功能及特性

VPN 的主要目的是保护传输数据从信道的一个端点到另一端点传输信息流的安全，信道的端点之前和之后，VPN 不提供任何的数据包保护。

VPN 的基本功能包括：加密数据、信息验证和身份识别、提供访问控制、地址管理、密钥管理、多协议支持。

2. VPN 主要基本协议

(1) 点到点隧道协议

PPTP(Point-to-Point Tunnel Protocol)是一个二层协议,需要把网络协议包封装到 PPP(Point-to-Point Protocol,点到点协议)数据包,PPP 数据依靠 PPTP 协议传输。

(2) Internet 协议安全

IPSec(Internet Protocol Security)提供了强大的安全、加密、认证和密钥管理功能,适合大规模 VPN 使用,需要认证中心(CA)来进行身份认证和分发用户的公共密钥。IPSec 的工作模式主要分为传输模式和隧道模式。IPSec 体系结构如图 5.16 所示。

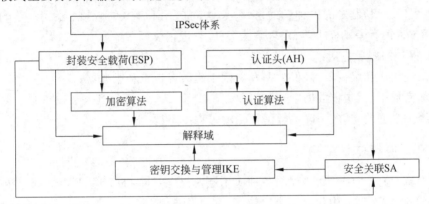

图 5.16　IPSec 体系结构

3. VPN 的类型

根据服务类型,VPN 业务按用户需求分为 Internet VPN、Access VPN 与 Extranet VPN。

- Internet VPN(内部网 VPN)

即企业的总部与分支机构间通过公网构筑的虚拟网。这种类型的连接带来的风险最小,因为公司通常认为他们的分支机构是可信的,并将它作为公司网络的扩展。内部网 VPN 的安全性取决于两个 VPN 服务器之间的加密和验证手段上。

- Access VPN(远程访问 VPN)

又称为拨号 VPN(即 VPDN),是指企业员工或企业的小分支机构通过公网远程拨号的方式构筑的虚拟网。典型的远程访问 VPN 是用户通过本地的信息服务提供商(ISP)登录到因特网上,并在现在的办公室和公司内部网之间建立一条加密信道。

- Extranet VPN(外联网 VPN)

即企业间发生收购、兼并或企业间建立战略联盟后,使不同企业网通过公网来构筑的虚拟网。它能保证包括 TCP 和 UDP 服务在内的各种应用服务的安全,如 E-mail、HTTP、FTP、RealAudio、数据库的安全以及一些应用程序,如 Java、ActiveX 的安全。

5.2.4.2 SSL 技术

安全套接层(Secure Sockets Layer,SSL)用以保障在 Internet 上的数据传输安全,利用数据加密(Encryption)技术,可确保数据在网络上之传输过程中不会被截取及窃听。一般通用的规格为 40bit 的安全标准,美国则已推出 128bit 的更高安全标准,但限制出境。SSL 协议已被广泛地用于 Web 浏览器与服务器之间的身份认证和加密数据传输。大部分浏览器都支持 SSL 协议。

SSL 及其后续的传输层安全(Transport Layer Security,TLS)是为网络通信提供安全及数据完整性的一种安全协议。TLS 与 SSL 在传输层对网络连接进行加密。SSL 是 Netscape 开发的专门用于保护 Web 通讯的,目前的版本为 3.0。最新版本的 TLS 1.0 是 IETF(工程任务组)制定的一种新的协议,它建立在 SSL 3.0 协议规范之上,是 SSL 3.0 的后续版本。两者差别极小,可以理解为 SSL 3.1,它被写入了 RFC 2246。

SSL 提供的服务包括:
- 认证用户和服务器,确保数据发送到正确的客户机和服务器;
- 加密数据,以防止数据中途被窃取;
- 维护数据的完整性,确保数据在传输过程中不被改变。

1. SSL 协议体系结构

SSL 协议位于 TCP/IP 协议与各种应用层协议之间,为 HTTP 等数据通讯提供安全支持。SSL 的体系结构中包含两个协议子层,如图 5.17 所示。其中底层是 SSL 记录协议层(SSL Record Protocol Layer);高层是 SSL 握手协议层(SSL Handshake Protocol Layer)。

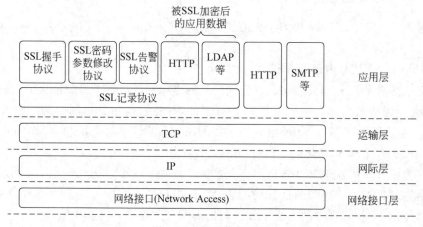

图 5.17 SSL 体系结构

SSL 记录协议层的作用是为高层协议提供基本的安全服务。SSL 记录协议针对 HTTP 协议进行了特别的设计,使得超文本的传输协议 HTTP 能够在 SSL 运行。记录层封装各种高层协议,具体实施压缩解压缩、加密解密、计算和校验 MAC 等与安全有关的操作。

SSL 握手协议层包括 SSL 握手协议(SSL Handshake Protocol)、SSL 密码参数修改协议(SSL Change Cipher Spec Protocol)、SSL 告警协议(SSL Alert Protocol)和被 SSL 加密后的应用数据(如 HTTP、LDAP 等)。握手层的这些协议用于 SSL 管理信息的交换,允许应用协议传送数据之间相互验证,协商加密算法和生成密钥等。SSL 握手协议的作用是协调客户和服务器的状态,使双方能够达到状态的同步。

2. HTTPS 介绍

超文本传输协议 HTTP 协议被用于在 Web 浏览器和网站服务器之间传递信息。HTTP 协议以明文方式发送内容,不提供任何方式的数据加密,如果攻击者截取了 Web 浏览器和网站服务器之间的传输报文,就可以直接读懂其中的信息,因此 HTTP 协议不适合传输一些敏感信息,比如信用卡号、密码等。

HTTPS(Hypertext Transfer Protocol Secure)安全超文本传输协议是由 Netscape 开发并内置于其浏览器中,用于对数据进行压缩和解压操作,并返回网络上传送回的结果。HTTPS 实际上应用了 Netscape 的安全套接字层(SSL)作为 HTTP 应用层的子层。(HTTPS 使用端口 443,而不是像 HTTP 那样使用端口 80 来和 TCP/IP 进行通信。)SSL 使用 40 位关键字作为 RC4 流加密算法,这对于商业信息的加密是合适的。HTTPS 和 SSL 支持使用 X.509 数字认证,如果需要,用户可以确认发送者是谁。

HTTPS 是以安全为目标的 HTTP 通道,简单讲是 HTTP 的安全版。即 HTTP 下加入 SSL 层,HTTPS 的安全基础是 SSL。HTTPS:URL 表明它使用了 HTTP,但 HTTPS 存在不同于 HTTP 的默认端口及一个加密/身份验证层(在 HTTP 与 TCP 之间)。这个系统的最初研发由网景公司进行,提供了身份验证与加密通信方法,它被广泛用于互联网上安全敏感的通信,例如交易支付方面。

5.2.5 身份认证技术

身份认证是对操作计算机及网络系统的操作者进行身份的确认。身份认证技术是在计算机网络中确认操作者身份的过程而产生的甄别方法。如何保证以数字身份进行操作的操作者就是这个数字身份合法拥有者,也就是说保证操作者的物理身份与数字身份相对应,就是通过身份认证技术来解决这个问题。

1. 静态密码

静态密码,是最简单也是最常用的身份认证方法,每个用户的密码是由这个用户自己设定的,只有他自己才知道,因此只要能够正确输入密码,计算机就认为他就是这个用户。由于密码是静态的数据,并且在验证过程中需要在计算机内存中和网络中传输,而每次验证过程使用的验证信息都是相同的,很容易被驻留在计算机内存中的木马程序或网络中的监听设备截获。因此,静态密码是一种极不安全的身份认证方式。

2. 动态口令

动态口令技术是一种让用户的密码按照时间或使用次数不断动态变化,每个密码只使用一次的技术。它采用一种称之为动态令牌的专用硬件,内置电源、密码生成芯片和显示屏,密码生成芯片运行专门的密码算法,根据当前时间或使用次数生成当前密码,并显示在显示屏上。认证服务器采用相同的算法计算当前的有效密码。用户使用时,只需要将动态令牌上显示的当前密码输入客户端计算机,即可实现身份的确认。由于每次使用的密码必须由动态令牌来产生,只有合法用户才持有该硬件,所以只要密码验证通过,就可以认为该用户的身份是可靠的。而用户每次使用的密码都不相同,即使黑客截获了一次密码,也无法利用这个密码来仿冒合法用户的身份。

3. 短信密码

短信密码以手机短信形式请求包含 6 位随机数的动态密码,身份认证系统以短信形式发送随机的 6 位密码到客户的手机上。客户在登录或者交易认证时候输入此动态密码,从而确保系统身份认证的安全性。

4. USB Key 认证

基于 USB Key 的身份认证方式是近几年发展起来的一种方便、安全、经济的身份认证技术,它采用软硬件相结合一次一密的强双因子认证模式,很好地解决了安全性与易用性之间的矛盾。USB Key 是一种 USB 接口的硬件设备,它内置单片机或智能卡芯片,可以存储用户的密钥或数字证书,利用 USB Key 内置的密码学算法实现对用户身份的认证。基于 USB Key 的身份认证系统主要有两种应用模式:一是基于挑战/应答的认证方式,二是基于 PKI 体系的认证方式。

5. IC 卡认证

IC 卡是一种内置集成电路的卡片,卡片中存有与用户身份相关的数据,IC 卡由专门的厂商通过专门的设备生产,可以认为是不可复制的硬件。IC 卡由合法用户随身携带,登录时必须将 IC 卡插入专用的读卡器读取其中的信息,以验证用户的身份。

6. 生物识别技术

生物识别技术是指采用每个人独一无二的生物特征来验证用户身份的技术。常见的有指纹识别、虹膜识别等。从理论上说,生物特征认证是最可靠的身份认证方式,因为它直接使用人的物理特征来表示每一个人的数字身份,不同的人具有相同生物特征的可能性可以忽略不计,因此几乎不可能被仿冒。

7. 数字签名

数字签名又称电子加密,可以区分真实数据与伪造、被篡改过的数据。这对于网络数据传输,特别是电子商务是极其重要的,一般要采用一种称为摘要的技术,摘要技术主要采用 HASH 函数。

数字签名有两种功效：一是能确定消息确实是由发送方签名并发出来的,因为别人假冒不了发送方的签名。二是数字签名能确定消息的完整性。因为数字签名的特点是它代表了文件的特征,文件如果发生改变,数字签名的值也将发生变化。不同的文件将得到不同的数字签名。

5.2.6 数据安全

当企业因为信息化产生快捷的服务决策和方便管理时,也必须面对数据丢失的危险。数据丢失会中断企业正常的商务运行,造成巨大的经济损失。对电信、金融等特殊行业来说,数据的安全尤其重要,其数据不仅是企业发展的资源,而且也是为用户服务的关键依据。备份是数据高可用的最后一道防线,其目的是为了系统数据崩溃时能够快速地恢复数据。那么就必须保证备份数据和源数据的一致性和完整性。

1. 灾难备份与恢复的基本概念

灾难备份与恢复是信息系统安全管理的一个重要组成部分,随着信息系统在日常社会生产和生活中扮演着越来越重要的角色,信息系统的灾难备份与恢复的意义也越来越重要。它逐渐发展成一套完备的理论体系和实施体系。下面主要介绍其中一些概念。

(1) 灾难(Disaster)：由于人为或自然的原因,造成信息系统运行严重故障或瘫痪,使信息系统支持的业务功能停顿或服务水平不可接受、瘫痪时间达到一定长度的突发性事件,通常导致信息系统需要切换到备用场地运行。

(2) 灾难备份(Backup for Disaster Recovery)：为了灾难恢复而对数据、数据处理系统、网络系统、基础设施、技术支持能力和运行管理能力进行备份的过程。

(3) 业务持续性规划(Business Continuity Planning,BCP)：为了将信息系统从灾难造成的故障或瘫痪状态恢复到正常运行状态、并将其支持的业务功能从灾难造成的不正常状态恢复到可接受的状态而设计的活动或流程。

(4) 灾难恢复规划(Disaster Recovery Planning,DRP)：恢复信息系统处理设施或业务部门恢复运行操作设施所遵循的计划。

(5) 业务影响分析(Business Impact Analysis,BIA)：分析业务功能及其相关信息系统资源,评估特定灾难对各种业务功能影响的过程。

2. 灾难恢复等级

根据数据备份系统、备用数据处理系统、备用网络系统、备用基础设施、技术支持、运行维护支持、灾难恢复预案等,将灾难恢复等级划分为 6 个等级,具体为:

第一级：基本支持。

第二级：备用场地支持。

第三级：电子传输和部分设备支持。

第四级：电子传输及完整设备支持。

第五级:实时数据传输及完整设备支持。

第六级:数据零丢失和远程集群支持。

3. 灾难恢复工作流程和方法

关于灾难恢复工作,应做到事先有详细的灾难恢复规划,事后有完备的应急响应措施。灾难恢复工程的工作阶段如图5.18所示。

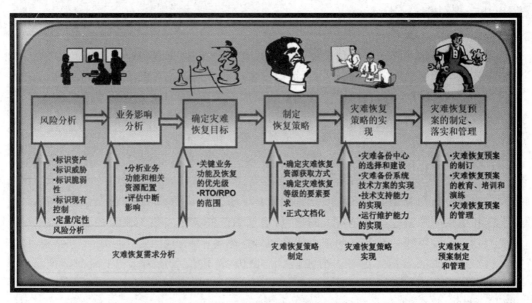

图5.18 灾难恢复工作阶段图

第一步:进行灾难恢复需求分析:收集风险评估数据,包括设施、人员、系统;编制并归档业务过程,生成业务过程清单;确定威胁及脆弱点;编写风险评估报告。

第二步:制定恢复性策略:在数据备份系统、备用基础设施、备用数据处理系统、运行和管理的要求等方面分别提出具体策略。

第三步:灾难性恢复策略的实现。

第四步:进行灾难恢复预案的教育、培训和演练。

5.3 数据加密与认证

5.3.1 密码学概述

1. 密码学的概念

密码学(cryptology)是研究密码编制、密码破译和密钥管理的一门综合性应用科学。现代特别指对信息以及其传输的数学性研究,常被认为是数学和计算机科学的分支,和信息论也密切相关。密码学是研究编制密码和破译密码的技术科学。研究密码变化的客观规律,应用于编制密码以保守通信秘密的,称为编码学;应用于破译密码以获取通信情报的,称为破译学,总称密码学。

2. 密码学的地位

密码学在信息安全机制中处于底层,发挥基础性的作用,如图 5.19 所示。在信息安全大厦中,密码学机制包括了密码算法和密码协议。

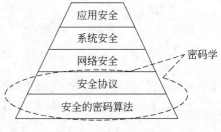

图 5.19 信息安全大厦

密码学是研究加密和认证的一门学科。密码学技术是实现信息安全技术的基础,通过密码学的加密和认证机制,可以实现信息安全的机密性、完整性、可控性、可认证性和不可否认性。

信息安全的机密性可以通过密码学技术中的加密机制来实现,所谓加密就是将原始信息(称为明文)按指定规则(称为算法)转换(此过程称为加密)为使非授权者无法了解的特定符号,这些转换而来的符号(称为密文),必须具有已授权者可以恢复(此过程称为解密)出来的特性;所谓已经授权,是指他合法地拥有了可以解密密文的关键信息(称为密钥)。

信息安全的完整性可以通过密码学技术中的数字签名和 Hash 变换来实现。所谓数字签名,就是对数字消息进行的私钥加密变换(称为签名),以防止消息的冒名伪造或篡改。签名的验证使用公钥进行解密变换(验证),从本质上讲签名是一种加密,是使用了和用户身份相关的私钥加密,因此数字签名具有和纸质签名相似的特性,如签名是可信的、不可伪造的、不可复制的、不可改变的、不可抵赖的等。Hash 变换是指对任意长度的消息压缩为固定长度的一种映射变换,Hash 函数具有单向性和压缩性的特点,如果消息在传递过程中做了修改,则 Hash 值就会验证不一致。因此 Hash 函数可以实现消息的完整。

信息的可控可用性,是指对消息设定读写、执行、复制等权限和标记,并进行权限的检查和验证,保证合法的用户正常使用权限,非法用户不能操作。消息的可控可用性可以通过密码学中的数字签名和身份认证协议来实现。

信息的可认证性是指能够对信息的来源进行确认,能够对通信双方身份进行认证,信息可认证性主要通过数字签名和带密钥的 Hash 来实现。

信息的不可否认性是指合法用户不能否认对消息进行的操作,信息的不可否认性可以通过数字签名来实现。

5.3.2 加密算法

一个典型的加密系统是由五部分构成的,如图 5.20 所示,即明文 M、密文 C、密钥 K(包括加密密钥 K_e 和解密密钥 K_d)、加密变换 E 和解密变换 D。

根据加密密钥 K_e 和解密密钥 K_d 是否相同,现代密码学可以分为两种密码体制,一是

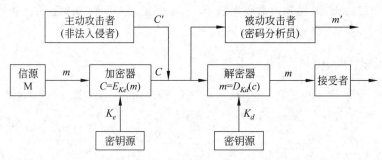

图 5.20 典型加密系统

单钥(对称)密码体制,即加密密钥和解密密钥相同或近似,$K_e = K_d$;二是双钥(公钥或非对称)密码体制,即加密密钥和解密密钥不同,$K_e \neq K_d$。

5.3.2.1 对称密码算法

对称密码算法有时称为传统密码算法。对称密码算法的特点是加密密钥能够由解密密钥推算出来,解密密钥也能由加密密钥推出。大多数对称算法的加密密钥和解密密钥是相同的,所以有时对称算法也叫单密钥算法。

通信双方进行安全通信前,他们需协商所使用的密钥。对称算法的安全性在于加密算法的强度和对密钥的管理。密钥泄露意味着通信信息可能被他人获取和破译。密钥的分配需要通过安全信道,否则可能导致密钥泄露。

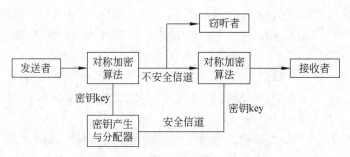

图 5.21 对称密码加密和解密过程

对称加密是最快速、最简单的一种加密方式。对称加密有很多种算法,由于它效率很高,所以被广泛使用在很多加密协议的核心当中。对称加密算法主要包括分组密码和流密码。

1. 分组密码

分组密码是密码技术标准化后被广泛应用的密码算法。迄今为止,它是实现数据加密的最有效算法之一。一个安全的分组密码既要难于分析,又要易于实现。迭代密码是实现安全与效率的完美统一,因此现有分组密码通常都是迭代分组密码,即通过选择简单的密码变换(称为轮函数),在密钥控制下以迭代方式多次利用它进行乘积变换。

以 AES 分组密码算法为例,其分组拆分和拼接的运行机制如图 5.22 所示。分组加密算法将明文分成 m 个分组：明文块 0、明文块 1、明文块 2……明文块 m，对每个分组进行相同的变换，从而产生 m 个密文分组：密文块 0、密文块 1、密文块 2……密文块 m。分组的大小可以是任意数目，但一般都是 2 的 N 次方（N 为正整数）。如果明文的大小不是分组大小的整数倍，例如，明文一共有 192 位，分组的大小是 128 位，那么第 2 个明文分组将只有 64 位。解决这一问题的常见方法是对位不足的块用 0 进行填充，从而使得明文长度是分组大小的整数倍。这要求加密时能填充字符，解密时能够检测出填充字符并剔除。

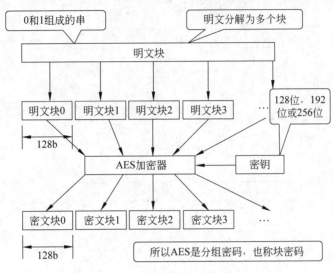

图 5.22 分组密码算法示意图

（1）DES 算法

DES 算法是一种单钥对称分组算法。1973 年 5 月，美国标准技术研究所开始征集加密算法标准。IBM 提交了 LUCIFER 算法，这就是 DES 算法的前身。1977 年，美国国家标准局正式公布了数据加密标准 DES。它使用 56 位密钥，将输入的明文分为 64 位的数据分组，每个 64 位明文分组 M 经过初始置换 IP、16 次迭代和逆初始置换 IP^{-1} 共三个阶段，最后输出得到 64 位密文 C。图 5.23 所示是 DES 算法的加密过程。

各轮迭代一共使用 16 个加密子密钥 K1,K2,…,K16，它们依据所给 56bit 主密钥 K 生成。DES 的解密同加密过程相同，唯一区别是 16 个加密子密钥在解密时反序使用。

DES 算法的安全性分析如下：在知道一些明文和密文分组的条件下，从理论上讲很容易知道对 DES 进行一次穷举攻击的复杂程度。密钥的长度是 56 位，所以会有 2^{56} 种可能的密钥，而这对现代高性能的计算机来说，其抗穷举法搜索攻击能力较弱。1998 年，电子边境基金会（EFF）曾经动用一台价值 25 万美元的高速电脑，在 56 小时内利用穷举法破解了 DES 的 56 位密钥。

DES 作为加密算法的标准已经 40 年了，可以说是一个很老的算法，而在新的国际标准加密算法出现之前，许多 DES 的加固性改进算法仍有实用价值。目前，DES 还在使用，一般使用三重 DES，简称 3DES 的加密方式，加长了密钥，达到了更高的安全性。

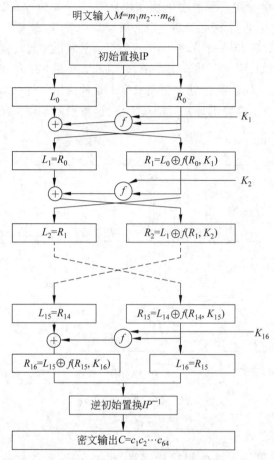

图 5.23　DES 加密算法过程

(2) AES 算法

高级加密标准(Advanced Encryption Standard,AES),又称 Rijndael 加密算法,是美国联邦政府采用的一种分组加密标准。这个标准被美国国家标准技术研究所(NIST)设计用来替代之前的 DES,已经被多方分析且被全世界广泛使用。高级加密标准在 2002 年 5 月 26 日成为标准;到了 2006 年,高级加密标准已经成为对称密钥加密中最流行的算法之一。该算法为比利时密码学家 Vincent Rijmen 和 Joan Daemen 设计,并结合两位作者的名字,以 Rijndael 命名。AES 的基本要求是,采用对称分组密码体制,密钥的长度最少支持为 128 位、192 位、256 位,分组长度 128 位,AES 算法比较容易用各种硬件和软件实现。

AES 加密过程如图 5.24 所示。

在 AES 中,各种运算是以字节为单位进行处理的。其中轮变换过程中:字节替代(ByteSubstitute)变换是独立地对每个字节进行有限域的逆元素代替,是非线性的;行移位是将 128 位分成 16 个字节,并排成 4×4 矩阵,对每行进行不同数的循环左移;列混合是对 4×4 矩阵的每一列乘以一个方阵,变成新的一列。

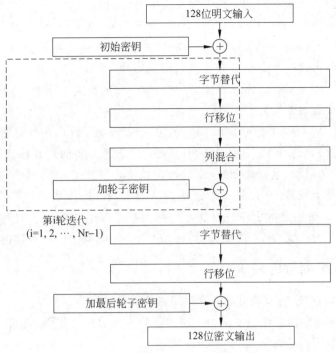

图 5.24　AES 加密算法

2. 流密码

流加密算法是将明文与一个密钥流进行 XOR(异或)运算生成密文。将密文与相同的密钥流再次进行 XOR 运算即可还原成明文。流加密是以二进制的单个位为单位进行数据加密。流加密算法的关键在于密钥流必须是随机的,而且合法用户可以很容易再生该密钥流。流加密算法的密钥流是通过使用一个随机位发生器和一个短的密钥来产生密钥流,这个密钥由用户记住。

如图 5.25 所示,发送方利用密钥流 $K=k_1 k_2 \cdots k_n$ 对明文流 $M=m_1 m_2 \cdots m_n$ 进行对应位异或,生成加密消息 $C=c_1 c_2 \cdots c_n$;接收方将收到加密消息 $C=c_1 c_2 \cdots c_n$,与密钥流 $K=k_1 k_2 \cdots k_n$ 进行对应位异或,解密还原出明文 $M=m_1 m_2 \cdots m_n$。若流密码所使用的是真正随机产生的、与明文消息流长度相同的密钥流 K,则此时的流密码就是一次一密的密码体制。1949 年,Shannon 证明只有一次一密密码体制是绝对安全的,为流密码技术的研究

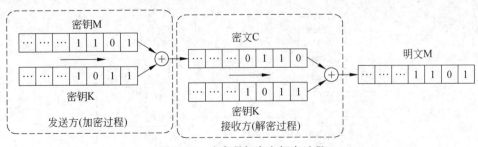

图 5.25　流密码加密和解密过程

提供了强大的支持,一次一密的密码方案是流密码的雏形。

流加密算法在当今的应用也很广泛,比较著名的有 RC4 和 A5 算法。RC4 是由麻省理工学院的 Ron Rivest 发明的,它可能是世界上使用最广泛的流加密法,被应用于 Microsoft Windows、Lotus Notes 等其他软件应用程序中。它还被应用于安全套接子层(Secure Sockets Layer,SSL)以及无线通信中。A5 流加密算法则被应用于 GSM 通信系统中,用来保护语音通信。

RC4 流密码算法是 1987 年 Ron Rivest 为 RSA 公司设计的一种流密码,是一个面向字节操作、具有密钥长度可变特性的流密码,是目前为数不多的公开的流密码算法。RC4 算法的特点是算法简单,运行速度快,而且密钥长度是可变的,可变范围为 1~256B(8~2048b),在如今技术支持的前提下,当密钥长度为 128b 时,用暴力法搜索密钥已经不太可行,所以 RC4 的密钥范围仍然可以在今后相当长的时间里抵御暴力搜索密钥的攻击。实际上,如今也没有找到对于 128b 密钥长度的 RC4 加密算法的有效攻击方法。

5.3.2.1 非对称密码算法

对称密码体制在密钥管理方面存在以下两方面的缺陷:

① 进行保密通信前需要以安全方式进行密钥交换。这一步骤,在某种情况下是可行的,但在某些情况下会非常困难,甚至无法实现。

② 密钥规模庞大。保证网络中两两用户之间的安全通信,A 与 B 两人之间的密钥必须不同于 A 和 C 两人之间的密钥。n 个用户的团体需要 n(n−1)/2 个不同的密钥。

1976 年,W. Diffie 和 N. E. Hellman 发表的著名论文《密码学的新方向》,奠定了非对称密码的基础。非对称密码系统提出了一系列新颖的概念和思想,开创了密码学的新时代。非对称密码具有如下特点:

① 加密密钥和解密密钥在本质上是不同的,知道加密密钥(公钥),不存在一个有效地推导出解密密钥(私钥)的算法,所以非对称密码系统又称公钥密码系统。

② 不需要分发密钥的额外信道,我们可以公开加密密钥,这样无损于整个系统的保密性,需要保密的仅仅是解密密钥。

③ 公钥密码系统还可用于数字签名和身份认证。

图 5.26 所示为发送方(Alice)给接收方(Bob)发送消息的加密和解密过程,其中加密过程使用 Bob 的公开密钥,解密过程只有 Bob 使用其私有密钥才能解开,攻击者即使截获密文也无法解密。

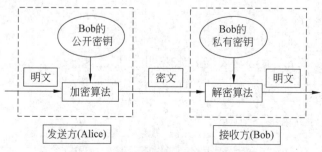

图 5.26 非对称密码加密和解密过程

因此,非对称密码算法的通信双方事先不需要通过保密信道交换密钥,并且密钥持有量大大减少。在 n 个用户的团体中进行通信,每一用户只需要持有自己的私钥,而公钥可放置在公共网络上,供其他用户取用。非对称密码算法还提供了对称密码算法无法或很难提供的服务:如与哈希函数联合运用可生成数字签名,在后续章节会介绍。

1. RSA 算法

RSA 公钥加密算法是 1977 年由 Ron Rivest、Adi Shamir 和 Len Adleman 在美国麻省理工学院开发的,RSA 的取名就是来自于这三位发明者的姓的第一个字母。后来,他们在 1982 年创办了以 RSA 命名的公司 RSA Data Security Inc. 和 RSA 实验室,该公司和实验室在公钥密码系统的研究和商业应用推广方面具有举足轻重的地位。

RSA 加密算法基于"大数分解难题",使用了两个非常大的素数来产生公钥和私钥。即使从一个公钥中通过因数分解可以得到私钥,但这个运算所包含的计算量是非常巨大的,以至于在现实上是不可行的。非对称加密算法本身都很慢,这使得使用 RSA 算法加密大量的数据变得有些不可行,一般都使用 RSA 等公钥密码算法加密对称密码的密钥或消息摘要等少量数据。

RSA 密码体制(Rivest-Shamir-Adleman)过程如下:

- 选择一对不同的大素数 p 和 q,将 p 和 q 保密
- 令 $n=pq$,用户公布 n。计算 $\Phi(n)=(p-1)(q-1)$ 并保密
- 选取正整数 e,满足 e 和 $\Phi(n)$ 互素,即 $\gcd(e,\Phi(n))=1$,e 是公钥
- 计算 d,满足 $ed \bmod (\Phi(n))=1$,d 是私钥
- 加密变换 E 定义为:$c=E(m)=m^e (\bmod n)$
- 解密变换 D 定义为:$m=D(c)=c^d (\bmod n)$

RSA 公开密钥密码体制的安全性取决于从公开密钥 (n,e) 计算出密钥 (n,d) 的困难程度。

512b 的 n 已不够安全,目前基本要用 1024b 的 n,极其重要的场合应该用 2048b 的 n。1977 年,《科学的美国人》杂志悬赏征求分解一个 129 位十进数(426b),直至 1994 年 3 月,Atkins 等人才在因特网上动用了 1600 台计算机,前后花了 8 个月的时间,找出了答案。然而,这种"困难性"在理论上至今未能严格证明,但又无法否定。对于许多密码研究分析人员和数学家而言,因数分解问题的"困难性"仍是一种信念,一种有一定根据的合理的信念。

2. ElGamal 密码系统

ElGamal 为目前著名的公开密钥密码系统之一,是由 ElGamal 于 1985 年提出的。ElGamal 密码系统可作为加解密、数字签名等之用,其安全性是建立于有限域上离散对数(discrete logarithm)问题,即给定 g,p 与 $y=g^x \bmod p$,求 x 为计算上不可行。

3. 椭圆曲线密码系统(Elliptic Curve Cryptosystem,ECC)

公开密钥密码学的数学理论早在百年前就已经很完备了,只是现代计算机技术的进

步将其应用引发出来，RSA、ElGamal 等密码系统都是如此。而椭圆曲线在代数学与几何学上广泛的研究已超出百年之久，已有丰富且深入的理论，而椭圆曲线系统第一次应用于密码学上是 1985 年由 Koblitz 与 Miller 分别提出的，随后有两个较著名的椭圆曲线密码算法被提出：利用 ElGamal 的加密法（明文属于椭圆曲线上的点空间）和 Menezes-Vanstone（明文不限于椭圆曲线上的点空间）的加密法。

5.3.3 哈希函数和消息认证

1. 哈希函数

Hash，一般翻译做"散列"，也有直接音译为"哈希"的，是指把任意长度的输入通过哈希函数变换成固定长度的输出，该输出就是散列值，又称哈希值。这种转换是一种压缩映射，也就是散列值的空间通常远小于输入的空间，不同的输入可能会散列成相同的输出，但是从散列值来推断输入值十分困难。

哈希函数的输出也称为消息摘要，代表输入信息的唯一"指纹"。哈希函数只能单向工作，可用于检测信息是否被篡改。消息摘要对于给定消息来说是很小的并且实际上是唯一的，因此通常用做数字签名和数字时间戳记中的元素。对于同样的信息，使用相同的哈希函数做运算，得到同样的摘要；否则，信息就是可疑的。该技术用于为信息和文档进行数字签名。

哈希算法具有以下特点：
- 压缩性：任意长度的数据，算出的哈希值长度都是固定的；
- 容易计算：从原数据计算出哈希值很容易；
- 抗修改性：对原数据进行任何改动，哪怕只修改 1 个字节，所得到的哈希值都有很大区别；
- 强抗碰撞：已知原数据和其哈希值，想找到一个具有相同哈希值的数据（即伪造数据）是非常困难的。

下面对主流的 Hash 算法作简单介绍。

(1) MD4

MD4 是麻省理工学院教授 Rivest 于 1990 年设计的一种信息摘要算法。其摘要长度为 128 位，一般 128 位长的 MD4 散列被表示为 32 位的十六进制数字。这个算法影响了后来的算法如 MD5、SHA 家族和 RIPEMD 等。MD4 被发现存在严重的算法漏洞，后被 1991 年完善的 MD5 所取代。

(2) MD5

MD5(RFC 1321)是 Rivest 于 1991 年对 MD4 的改进版本。它的输入仍以 512 位分组，其输出是 128 位(32 个 16 进制数)，与 MD4 相同。它在 MD4 的基础上增加了"安全—带子"(safety-belts)的概念。虽然 MD5 比 MD4 复杂度大一些，但却更为安全，在抗分析和抗差分方面表现更好。

(3) SHA-1

SHA 是由美国国家安全局(NSA)所设计的 Hash 函数,并由美国国家标准与技术研究院(NIST)发布,它是美国的政府标准,有时称为 SHA-1。它在许多安全协议中广为使用,包括 TLS 和 SSL、PGP、SSH、S/MIME 和 IPSec 等。SHA-1 对长度小于 2^{64} 位的输入数据生成长度为 160 位的散列值,因此抗穷举(brute-force)性更好。SHA-1 设计时基于和 MD4 相同的原理,并且模仿了该算法。

MD5、SHA-1 是当前国际通用的两大密码算法,也是国际电子签名及许多密码应用领域的关键技术,广泛应用于金融、证券等电子商务领域。由于世界上没有两个完全相同的指纹,因此手印成为识别人们身份的唯一标志。在网络安全协议中,使用 Hash 函数来处理数字签名,能够产生电子文件独一无二的"指纹",形成"数字指纹"。

破解 SHA-1 密码算法,运算量达到 2 的 80 次方。即使采用现在最快的大型计算机,也要运算 100 万年以上才能找到两个相同的"数字指纹",因此能够保证数字签名无法被伪造。中国王小云教授带领的研究小组于 2004 年、2005 年先后破解了被广泛应用于计算机安全系统的 MD5 和 SHA-1 两大密码算法,用普通的个人电脑,几分钟内就可以找到有效结果。密码学领域最权威的两大刊物 Eurocrypto 与 Crypto 将 2005 年度最佳论文奖授予了这位中国女性,其研究成果引起了国际同行的广泛关注。美国国家标准与技术研究院宣布,美国政府 5 年内将不再使用 SHA-1,取而代之的是更为先进的新算法,微软等知名公司也纷纷发表各自的应对之策。

哈希算法在信息安全方面的应用主要体现在 3 个方面:

(1) 文件校验

MD5 等哈希算法的"数字指纹"特性,使它成为目前应用最广泛的一种文件完整性校验和(Checksum)算法,不少 UNIX 系统有提供计算 MD5 checksum 的命令。

(2) 数字签名

由于非对称算法的运算速度较慢,所以在数字签名协议中,哈希函数扮演了一个重要的角色。对待签名的消息,先计算 Hash 值,对该哈希摘要再进行数字签名,由于 Hash 函数具有单向性,可以认为与对文件本身进行数字签名是等效的。

(3) 鉴权协议

鉴权协议又被称做"挑战—认证"模式:在传输信道可被侦听,但不可被篡改,这是一种简单而安全的方法。

2. 消息认证

消息认证(Message Authentication)是指对消息或者消息有关的信息进行加密或签名变换进行的认证,当接收方收到发送方的信息时,接收方能够验证收到的信息是真实的和未被篡改的。它包含两层含义:一是消息源认证,验证信息的发送者是真正的而不是冒充的,即身份认证;二是验证信息在传送过程中未被篡改、重放或延迟等,即消息完整性认证。

消息认证所用的摘要算法与一般的对称或非对称加密算法不同,它并不用于防止信息被窃取,而是用于证明原文的完整性和准确性,也就是说,消息认证主要用于防止信息被篡改。

消息认证中常见的攻击和对策包括以下几方面：

① 重放攻击：截获以前协议执行时传输的信息，然后在某个时候再次使用。对付这种攻击的一种措施是在认证消息中包含一个非重复值，如序列号、时间戳、随机数或嵌入目标身份的标志符等。

② 仿冒攻击：攻击者冒充合法用户发布虚假消息。为避免这种攻击，可采用身份认证技术。

③ 重组攻击：把以前协议执行时一次或多次传输的信息重新组合进行攻击。为了避免这类攻击，可以把协议运行中的所有消息都连接在一起。

④ 篡改攻击：修改、删除、添加或替换真实的消息。为避免这种攻击，可采用消息认证码 MAC 或 Hash 函数等技术。

5.3.4 数字签名

数字签名（又称公钥数字签名、电子签章）是一种类似写在纸上的普通的物理签名，但是使用了公钥加密领域的技术实现，用于鉴别数字信息的方法。数字签名，就是只有信息的发送者才能产生的别人无法伪造的一段数字串，这段数字串同时也是对信息的发送者真实性的一个有效证明。数字签名是非对称密钥加密技术与数字摘要技术的应用。一套数字签名通常定义两种互补的运算，一个用于签名（发送方），另一个用于验证（接收方）。

假定 A 发送一个对消息 M 的数字签名给 B，A 的数字签名应该满足下述三个条件：

- B 能够证实 A 对消息 M 的签名（可验证性）
- 任何人都不能伪造 A 的签名（不可伪造性）
- 如果 A 否认对消息 M 的签名，可通过仲裁解决 A 与 B 之间的争议（不可否认性、可仲裁性）

基于对称密码体制和非对称密码体制，都可以获得数字签名，主要是基于非对称密码体制的数字签名。包括普通数字签名和特殊数字签名。普通数字签名算法有 RSA、ElGamal 等数字签名算法。特殊数字签名有盲签名、代理签名、群签名、不可否认签名、公平盲签名、门限签名、具有消息恢复功能的签名等，它与具体应用环境密切相关。显然，数字签名的应用涉及法律问题，美国联邦政府基于有限域上的离散对数问题制定了自己的数字签名标准（DSS）。

RSA 等部分公钥算法可用做数字签名。在 RSA 算法中，公钥或者私钥都可用做加密。如果用私钥加密文件，即可拥有安全的数字签名，利用公钥可对数字签名进行认证。签名和认证如图 5.27 所示，过程如下。

发送方数字签名：

- 发送方用单向散列函数对消息正文 M 进行计算，产生消息摘要 H；
- 发送方用其私钥对消息摘要 H 进行加密，把加密后的摘要 H' 和消息正文 M 一起发送出来。

接收方验证签名：

- 接收方用单向散列函数对接收到的消息正文 M 进行计算，产生消息摘要 H1；

- 接收方用发送方的公钥对接收到加密摘要 H'进行解密,还原得到消息摘要 H2,比较消息摘要 H1 和消息摘要 H2 是否一致。如果 H1=H2,则通过验证,证明消息的确由发送方发出,并且在传输过程中没有被篡改。

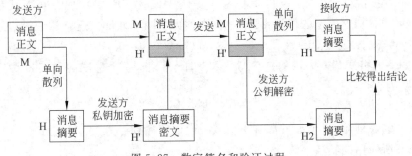

图 5.27　数字签名和验证过程

5.3.5　数字证书及 PKI 体系

在非对称密码体制中,公钥就是给大家用的,可以公开发布,通过网站让别人下载,公钥其实是用来加密和验证数字签名用的。私钥是自己的,必须非常小心保存,私钥是用来解密和签名的。对于密钥的所有权来说,私钥只有个人拥有。公钥与私钥的作用是:用公钥加密的内容只能用私钥解密,用私钥加密的内容只能用公钥解密。

1. 数字证书

数字证书是各类实体(持卡人/个人,商户/企业,网关/银行等)在网上进行信息交流及商务活动的身份证明,在电子交易的各个环节,交易的各方都需验证对方证书的有效性,从而解决相互间的信任问题。证书是一个经证书认证中心数字签名的包含公开密钥拥有者信息以及公开密钥的文件。

简单地说,数字证书是一段包含用户身份信息、用户公钥信息以及身份验证机构数字签名的数据。身份验证机构的数字签名可以确保证书信息的真实性。数字证书可用于发送安全电子邮件、访问安全站点、网上证券交易、网上招标采购、网上办公、网上保险、网上税务、网上签约和网上银行等安全电子事务处理和安全电子交易活动。

数字证书颁发过程一般为:用户首先产生自己的密钥对,并将公共密钥及部分个人身份信息传送给认证中心。认证中心在核实身份后,将执行一些必要的步骤,以确信请求确实由用户发送而来,然后,认证中心将发给用户一个数字证书,该证书内包含用户的个人信息和他的公钥信息,同时还附有认证中心的签名信息。用户就可以使用自己的数字证书进行相关的各种活动。数字证书由独立的证书发行机构发布。数字证书各不相同,每种证书可提供不同级别的可信度。可以从证书发行机构获得您自己的数字证书。依据《电子认证服务管理办法》《中华人民共和国电子签名法》,目前国内有 30 家机构获得相关证书颁发的资质。

数字证书在广义上可分为个人数字证书、单位数字证书、单位员工数字证书、服务器证书、VPN 证书、WAP 证书、代码签名证书和表单签名证书。

常见的主要是个人客户端证书,客户端证书主要被用来进行身份验证和电子签名。安全的客户端证书被存储于专用的 USB key 中。存储于 key 中的证书不能被导出或复制,且 key 使用时需要输入 key 的保护密码。使用该证书需要物理上获得其存储介质 USB key,且需要知道 key 的保护密码,这也被称为双因子认证。这种认证手段是目前在 Internet 上最安全的身份认证手段之一。

数字证书的格式普遍采用的是 X.509 V3 国际标准,一个标准的 X.509 数字证书包含以下一些内容:

- 证书的版本信息
- 证书的序列号,每个证书都有一个唯一的证书序列号
- 证书所使用的签名算法
- 证书的发行机构名称,命名规则一般采用 X.500 格式
- 证书的有效期,通用的证书一般采用 UTC 时间格式,它的计时范围为 1950~2049
- 证书所有人的名称,命名规则一般采用 X.500 格式
- 证书所有人的公开密钥
- 证书发行者对证书的签名

2. PKI

为解决 Internet 的安全问题,世界各国对其进行了多年的研究,初步形成了一套完整的 Internet 安全解决方案,即目前被广泛采用的公钥基础设施技术(Public Key Infrastructure,PKI)。PKI 技术采用证书管理公钥,通过第三方的可信任机构认证中心(Certificate Authority,CA),把用户的公钥和用户的其他标识信息(如名称、E-mail、身份证号等)捆绑在一起,在 Internet 网上验证用户的身份。

PKI 基础设施把公钥密码和对称密码结合起来,在 Internet 网上实现密钥的自动管理,保证网上数据的安全传输。利用 PKI 可以方便地建立和维护一个可信的网络计算环境,从而使得人们在这个无法直接相互面对的环境里,能够确认彼此的身份和所交换的信息,能够安全地从事各种活动。PKI 的基本组成如图 5.28 所示。

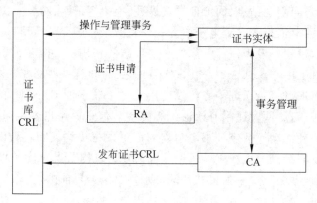

图 5.28 PKI 基本组成

(1) 认证中心(CA)简介

数字证书认证中心(Certificate Authority,CA)是整个网上电子交易安全的关键环节。它主要负责产生、分配并管理所有参与网上交易的实体所需的身份认证数字证书。每一份数字证书都与上一级的数字签名证书相关联,最终通过安全链追溯到一个已知的并被广泛认为是安全、权威、足以信赖的机构——根认证中心(根CA)。

认证中心(CA)是电子商务体系中的核心环节,是电子交易中信赖的基础。它通过自身的注册审核体系检查核实进行证书申请的用户身份和各项相关信息,使网上交易的用户属性的客观真实性与证书的真实性一致。认证中心作为权威的、可信赖的、公正的第三方机构,专门负责发放并管理所有参与网上交易的实体所需的数字证书。

(2) RA简介

开放网络上的电子商务要求为信息安全提供有效的、可靠的保护机制。这些机制必须提供机密性、身份验证特性(使交易的每一方都可以确认其他各方的身份)、不可否认性(交易的各方不可否认它们的参与)。这就需要依靠一个可靠的第三方机构验证,而认证中心专门提供这种服务。

RA(Registration Authority),数字证书注册审批机构。RA系统是CA的证书发放、管理的延伸。它负责证书申请者的信息录入、审核以及证书发放等工作;同时,对发放的证书完成相应的管理功能。发放的数字证书可以存放于IC卡、硬盘或软盘等介质中。RA系统是整个CA中心得以正常运营不可缺少的一部分。

5.4 计算机病毒防治

作为信息安全的首要威胁,计算机病毒具有强大的数据破坏和信息窃取能力,危害着国家关键基础设施及行业安全,给用户了带来巨大经济损失。因此,全球安全领域的专家对病毒的研究十分关注,病毒的防护问题成为当今网络空间安全的热点问题。计算机病毒,又称恶意代码(malcode)或恶意软件(malware),是指由攻击者制造或使用的,利用移动存储介质或网络进行传播的,未经正常用户授权的情况下破坏信息系统的可用性、窃取用户私密信息的恶意程序。用于判断计算机病毒的2个标准为:未授权性和恶意性。

CNNIC统计数据显示,我国现今的个人使用互联网的安全状况不容乐观。在网络信息的安全事件中,电脑或手机被木马、病毒入侵占达到26.7%,同时账号或密码被盗情况十分严重,如图5.29所示。

5.4.1 计算机病毒的分类

广义的计算机病毒是指所有的恶意代码程序,包括病毒、蠕虫、特洛伊木马、僵尸网络、后门、流氓软件和勒索软件等多种类型的恶意程序。

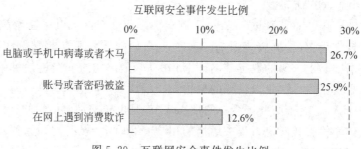

图 5.29 互联网安全事件发生比例

1. 病毒

生物学上的病毒,是指入侵到动植物体等有机生命体中的具有感染性、潜伏性、破坏性的微生物。1994 年颁布的《中华人民共和国计算机信息系统安全保护条例》第五章第二十八条指出,计算机病毒是指编制或者在计算机程序中插入的破坏计算机功能或者毁坏数据,影响计算机使用,并能自我复制的一组计算机指令或者程序代码。计算机病毒与生物学病毒有着相似的特征,即感染性、潜伏性、可触发性、破坏性等特征。

计算机病毒一般都包括 3 个功能模块:引导模块、感染模块和破坏模块。引导模块负责检测运行的环境,并将病毒程序加载到内存,设置病毒激活条件;感染模块是病毒实施传播动作的部分,主要负责寻找目标,并将病毒代码嵌入宿主程序;破坏模块又称为表现模块,负责实施病毒的破坏动作,占用资源,删除文件,使系统崩溃等。

2. 蠕虫

继 Morris 蠕虫爆发后,1988 年,Spafford 给出了蠕虫的定义,蠕虫是可以独立自主运行的,并能够将自身完整的功能版本传播到其他计算机上的程序。定义指出蠕虫是独立运行的个体,区别于寄生于系统正常程序的病毒。蠕虫主要利用网络中存在漏洞的计算机进行传播,会消耗大量的网络资源和系统资源,甚至造成网络的拥塞和计算机系统的崩溃。蠕虫的行为特征包括主动攻击,行踪隐蔽,利用漏洞,造成网络拥塞,降低系统性能,产生安全隐患,具有反复性和破坏性等。近些年,蠕虫技术常常被用于病毒的制作过程,很多带有蠕虫性质的病毒被制造出来,这种病毒和蠕虫的融合体,既拥有蠕虫强大的传播和繁殖能力,又拥有病毒的寄生和破坏功能,给互联网用户带来更大的威胁。

3. 特洛伊木马

特洛伊木马(Trojan Horse),简称木马,源于希腊神话《木马屠城记》。古希腊大军围攻特洛伊城,久攻未下,希腊将领奥德修斯献计制造了一只高二丈的木马,并让多名士兵藏于马腹之中,大部队佯装撤退而将木马摒弃于城下。特洛伊人误以为希腊士兵已退,将木马作为战利品搬入城内。到了午夜,藏匿在木马腹中的士兵跳出来,从内部打开城门,希腊士兵涌入城内,一举攻下特洛伊城。后来,木马就被称为"不怀好意的礼物",通过自身伪装或与正常软件的绑定吸引用户安装执行,秘密窃取用户的私人信息或文件,甚至可以远程控制被攻击者的电脑。

木马包括客户端(控制端)和服务端(被控端),服务端被植入用户的电脑或手机中,通过隐藏和伪装等手段防止用户察觉。客户端与服务端使用 TCP、HTTP 等协议进行通信,新出现的木马开始使用加密协议进行通信,以便更好地隐藏窃取的信息,有效地规避防火墙或入侵检测系统。客户端通过发送命令可以获得用户的各类权限,如账户操作、文件读写、注册表修改、系统配置修改、下载执行程序等。

4. 僵尸网络

僵尸网络(BotNet)是指利用多种传播途径将僵尸程序植入受害主机中,从而形成控制者与被感染主机之间的一对多的控制网络。在被控主机不知情的情况下,攻击者利用僵尸网络,可以对目标发起大规模的分布式拒绝服务攻击 DDoS。最早的僵尸网络出现在 1993 年,利用 IRC 聊天网络实施控制,之后基于 HTTP 协议和 P2P 协议的僵尸网络出现。

5. 后门

后门一般指那些可以绕过安全性控制机制,并获取对程序或系统访问权限的程序方法。在软件开发过程中,程序员有时也会内嵌后门,以便修改程序中的缺陷,黑客利用后门可以实施对系统和程序的控制,窃取用户信息,后门可以看为一种体积较小、功能简单的木马程序。

6. 流氓软件

流氓软件是指利用社会工程或与正常软件绑定等手段强行或秘密地安装到用户的计算机系统,干扰用户正常使用,并抵制卸载的一类软件。恶意广告软件和间谍软件等都属于该范畴。

7. 勒索软件

利用钓鱼邮件、网页挂马、漏洞攻击等方式感染用户设备,劫持系统的使用权、破坏数据可用性,通过弹窗、电话、邮件等方式告知勒索信息,要求用户限期通过比特币等方式支付赎金,以恢复设备使用权或解密文件数据。目前,针对计算机和手机设备的勒索软件都已出现,并感染了大量用户。

8. Rootkits

攻击者采用 Rootkit 技术隐藏病毒程序,因而成为近年来攻击者的高级技术手段。木马程序中常常会嵌入 Rootkits 程序,使用户难以发现并躲避杀毒软件检测,实现长期潜伏窃取信息的目的。Rootkits 最早是一组用于 UNIX、Linux 操作系统的工具集,现在在 Windows 操作系统上也已经出现了大量的 Rootkits 工具及使用 Rootkits 技术编写的软件。

5.4.2 计算机病毒特性及危害

1. 计算机病毒的基本特征

可执行性：即程序性，计算机病毒是一段代码（可执行程序）。该特征决定了计算机病毒的可防治性、可清除性。

传染性：类似于生物病毒，计算机病毒也具有传染性，即病毒具有把自身复制到其他程序的能力。

隐蔽性：计算机病毒具有隐蔽能力，其传染过程也具有隐蔽能力。

潜伏性：计算机病毒往往在感染系统后首先进入潜伏期，等待触发时机。

可触发性：触发条件满足时，计算机病毒会自动从潜伏期进入活动阶段；如"黑色星期五"会在某月13日的星期五发作。

破坏性：计算机病毒大都具有破坏性，如占用系统资源（内存、硬盘、CPU）、破坏数据等。如 CIH 不仅破坏硬盘的引导区和分区表，而且破坏计算机系统 flash BIOS 芯片中的系统程序，导致主板损坏。它是发现的首例直接破坏计算机系统硬件的病毒。

寄生性：计算机病毒嵌入到宿主程序中，依赖于宿主程序而生存。

衍生性：计算机病毒可以衍生出与原版本不同的变种。

诱骗性：有些病毒通过一些特殊的方式，诱骗用户触发、激活病毒。如 VBS.LoveLetter（别名 I LOVE YOU、我爱你、爱虫、情书）病毒是一个用 VBS 编写的蠕虫病毒，该病毒通过电子邮件及 IRC（Internet Relay Chat）传播，通过诱惑用户单击进行激活。

2. 病毒主要传播方式

（1）网页挂马传播

利用浏览器或 Flash 等应用程序漏洞，在网页内嵌入恶意脚本。一旦用户使用未打补丁的程序访问网站，便会触发恶意脚本。脚本会自动下载和安装计算机病毒程序。

（2）邮件附件传播

利用社会工程学，通过伪装成产品订单详情、图纸、账单或简历等重要文档类的钓鱼邮件，在附件中夹带含有恶意代码的脚本文件。一旦用户打开邮件附件，便会执行计算机病毒。

Locky、CTB-Locker 等勒索软件大多使用鱼叉攻击，用户会收到一封带附件的垃圾邮件，并起上一个极具诱惑力的名称，发送给目标电脑，诱使受害者打开附件。当打开邮件附件后，病毒被执行，机器被感染，文件被加密。

（3）利用漏洞入侵传播

蠕虫病毒可以利用操作系统的各种漏洞进行主动攻击。例如，"红色代码"利用了微软 IIS 服务器软件的漏洞（idq.dll 远程缓存区溢出）来传播；Wanna Cry 蠕虫通过微软 MS17-010 漏洞在全球范围大爆发，感染了大量的计算机，该蠕虫感染计算机后，会向计算机中植入敲诈者病毒,导致电脑大量文件被加密。

(4) 移动存储介质传播

利用 U 盘或者移动硬盘感染和传播病毒,移动存储设备在多个计算机之间共用的过程中传播。典型的案例是,在打印店和教室等公共场所计算机中经常会感染的 Autorun 病毒,借助用户插入的 U 盘等移动存储设备实现计算机之间摆渡传播。

(5) 软件捆绑或伪装传播

计算机病毒最常伪装成色情视频、外挂及各种刷钻、刷赞、刷人气的软件,以及系统软件更新这类软件。还有的计算机病毒和正常程序进行嵌入捆绑诱骗用户安装,如各类木马捆绑器 ExeBinder 等,EXE 捆绑机可以将两个可执行文件(EXE 文件)捆绑成一个文件,运行捆绑后的文件等于同时运行了两个文件。

(6) 通过聊天工具和下载软件等进行传播

伪装成 QQ 好友等,通过发送文件等方式诱骗用户传播;或者通过 FTP 下载、P2P 下载工具等传播。

3. 计算机病毒的危害

(1) 对计算机数据信息的直接破坏作用

直接破坏计算机的重要信息数据,所利用的手段有格式化磁盘、改写文件分配表和目录区、删除重要文件或者用无意义的"垃圾"数据改写文件、破坏 CMOS 设置等。

(2) 占用磁盘空间和对信息的破坏

寄生在磁盘上的病毒总要非法占用一部分磁盘空间。引导型病毒的一般侵占方式是由病毒本身占据磁盘引导扇区,而把原来的引导区转移到其他扇区,也就是引导型病毒要覆盖一个磁盘扇区。被覆盖的扇区数据永久性丢失,无法恢复。一些文件型病毒传染速度很快,在短时间内感染大量文件,每个文件都不同程度地加长了,造成磁盘空间的严重浪费。

(3) 抢占系统资源

大多数病毒在动态下都是常驻内存的,这就必然抢占一部分系统资源。病毒抢占内存,导致内存减少,一部分软件不能运行。除占用内存外,病毒还抢占计算资源,干扰系统运行。

(4) 影响计算机运行速度

病毒进驻内存后不但干扰系统运行,还影响计算机速度,主要表现在:①病毒为了判断触发条件,总要对计算机的工作状态进行监视;②有些病毒为了保护自己,不但对磁盘上的静态病毒加密,而且进驻内存后的动态病毒也处在加密状态,这样 CPU 额外执行数千条以至上万条指令。③病毒进行传染时同样要插入非法的额外操作,特别是频繁对文件操作时,计算机速度明显变慢。

(5) 计算机病毒的兼容性对系统运行的影响

兼容性是计算机软件的一项重要指标,兼容性好的软件可以在各种计算机环境下运行,兼容性差的软件则对运行条件"挑肥拣瘦",要求机型和操作系统版本等。病毒的编制者一般不会在各种计算机环境下对病毒进行测试,因此病毒的兼容性较差,常常导致死机。

(6) 计算机病毒给用户造成严重的心理压力

据有关计算机销售部门统计,计算机售后用户怀疑"计算机有病毒"而提出咨询约占售后服务工作量的60%以上。经检测确实存在病毒的约占70%,另有30%情况只是用户怀疑,而实际上计算机并没有病毒。

5.4.3 手机病毒分析

随着移动互联网的快速发展,智能终端用户数目不断增加,各类手机应用和服务不断完善,除了传统的打电话和发短信外,手机还可以上网、聊天以及在线支付等。相比计算机,用户随身携带的手机设备中存储更多的私人信息,如通信录、短信记录及电话记录等,因此手机对于攻击者而言是一个更具诱惑力的目标。手机恶意代码是对手机最具威胁的攻击方式,通过植入的恶意代码可以使用GPS定位用户位置、窃取用户信息、推送广告和远程控制等。虽然政府部门、安全公司及运营商都对手机恶意代码采取了各种监测及防御手段,但并没有遏制住手机恶意代码迅速增长的趋势,使用户遭受了巨大的经济损失。

1. 手机恶意代码简介

根据工信部2011年印发的《移动互联网恶意程序监测与处置机制》第二条,移动互联网恶意程序是指"运行于包括智能手机在内的具有移动通信功能的移动终端之上,存在窃听用户通话、窃取用户信息、破坏用户数据、擅自使用付费业务、发送垃圾信息、推送广告或欺诈信息、影响移动终端运行、危害互联网网络安全等恶意行为的计算机程序"。

2016年,CNCERT通过自主捕获和厂商交换获得移动互联网恶意程序数量205万余个,较2015年增长39.0%。近7年来,恶意程序数量持续保持高速增长趋势。按其恶意行为分类,排在前三位的分别是流氓行为类、恶意扣费类和资费消耗类,占比分别为61.1%、18.2%和13.6%。CNCERT发现移动互联网恶意程序下载链接近67万条,较2015年增长近1.2倍,涉及的传播源域名22万余个、IP地址3万余个,恶意程序传播次数达1.24亿次。

手机恶意代码给用户带来多种危害,如图5.31所示,包括远程控制、恶意扣费、隐私窃取、系统破坏、资费消耗、流氓行为以及诱骗欺诈等。为了整治手机应用软件中嵌入暗扣话费的恶意代码问题,2012年6月工信部发布了《关于加强移动智能终端进网管理的通知》的征求意见稿。规定禁止在用户手机中安装含有恶意代码的软件,不能擅自收集和修改用户个人信息,不能擅自调用终端通信功能,造成流量耗费、费用损失、信息泄露等。

按操作系统分布统计,2016年CNCERT/CC捕获和通过厂商交换获得的移动互联网恶意程序主要针对Android平台,共有2053450个,占99.9%,位居第一。其次是Symbian平台,共有51个,占0.01%。2016年,CNCERT/CC未捕获苹果iOS平台和J2ME平台的恶意程序。由此可见,目前移动互联网地下产业的目标趋于集中,Android平台用户成为最主要的攻击对象。

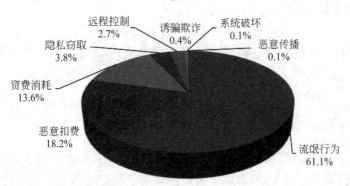

图 5.31　2016 年手机病毒行为属性统计

2. 手机恶意代码传播方式

手机恶意代码发展初期主要是利用蓝牙协议、短信和彩信等方式进行传播,随着新的网络服务形式和手机应用平台等的出现,手机恶意代码的传播途径也变得更加多样化。图 5.32 所示为网秦公司公布的恶意软件感染途径分布统计数据。

第三方应用商店和手机论坛是恶意代码主要的传播途径,这主要是由于应用商店和手机论坛对提供下载的手机应用程序审查不严,攻击者通过伪装诱骗大量手机用户下载。

利用网址链接传播的恶意代码也出现了较大幅度的增长,已经达到 20%。攻击者利用"二维码"扫描技术内嵌恶意代码下载网址,以及在微博等渠道利用短链接等较为隐蔽的方式传播恶意代码,这些欺骗性较强的传播方式增加了用户误点击和被感染的概率。

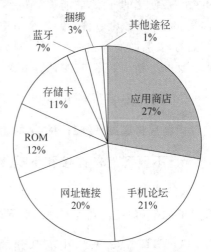

图 5.32　手机病毒感染途径分布

ROM 刷机包所占比例也较大,据统计,约有三成以上的刷机包中都内嵌了流氓推广和恶意吸费软件。

其次,手机存储卡、蓝牙协议、软件捆绑等方式也是恶意代码传播的主要途径。

从上述传播途径的分析可以看出,手机恶意代码利用手机系统和软件漏洞主动传播的情况很少,大部分都是由于用户安全意识不够强,随意下载和安装应用程序造成的。相对于计算机网络蠕虫迅速爆发的情况,当前手机恶意代码从出现到爆发之间的时间间隔相对较长,这也为恶意代码防御技术的实施提供了一定时机。但是,对于手机恶意代码的防范不能松懈,移动互联网中很可能出现类似冲击波这样的在短时间内造成大量设备感染的高危恶意代码。

第 5 章　信息安全基础与法津法规

5.4.4 计算机病毒防护技术

几乎每个用户都有过被病毒感染的经历。吸取了被病毒攻击的惨痛教训,尤其是因病毒入侵导致文件丢失、系统损坏、重装系统的用户,都会意识到病毒的危害性,也有了防范病毒的意识,下面介绍计算机病毒防护技术。

1. 定期备份重要数据

数据备份很重要,可以将重要数据备份到移动硬盘、其他电脑或者网盘空间等位置。当系统数据因病毒破坏丢失后,通过备份的数据就能很好地恢复数据。这样可以最大限度降低系统因病毒破坏而带来的损失。

2. 安装杀毒软件

及时更新杀毒软件病毒库,并定期进行全盘文件扫描。安装杀毒软件是防治病毒最有效和最便捷的办法,它能够很好地将常见的病毒隔离于系统之外。常见的 Windows 杀毒软件有 360 杀毒软件、瑞星、金山毒霸、诺顿和卡巴斯基软件等。但是防病毒软件不是万能的,安装防病毒软件并不能高枕无忧。对于部分新出现的病毒,杀毒厂商还来不及提取特征并更新病毒库,这时计算机也存在感染的风险。

3. 及时安装系统和软件补丁

阻断病毒通过系统漏洞传播的途径,将病毒拒绝在系统之外,有效地保护系统。

4. 不要乱点击链接和下载软件

即使是好友通过短信、微信以及 QQ 发送的网站链接也要慎重,确认后再点开。如需要下载软件,请到正规官方网站上下载。

5. 不要访问无名和不熟悉的网站

防止受到网页挂马攻击,利用浏览器或系统漏洞自动下载和安装木马程序。

6. 关闭无用的应用程序和服务

因为那些程序往往会对系统构成威胁,给攻击者提供更多机会,同时还会占用内存,降低系统运行速度。

7. 不要轻易执行 EXE 和 COM 等可执行程序

来路不明的可执行程序,极有可是计算机病毒或是黑客程序,一旦运行,很可能带来不可预测的结果。对于认识的朋友和陌生人发过来的电子邮件中的可执行程序附件,都必须检查,确定无异后才可打开。

8. 不要轻易打开附件中的文档文件

文档资料先要下载保存到本地硬盘,待用杀毒软件检查无毒后才可以打开使用。病毒代码可以植入到 DOC、XLS 等文档中,一旦使用 Word 或 Excel 打开文件,计算机病毒会立刻传染。

9. 不要直接运行附件

对于文件扩展名很怪的附件,或者是带有脚本文件,如 *.VBS、*.SHS 等的附件,千万不要直接打开,一般可以删除这类附件。

10. 设置复杂的计算机或手机密码

防止攻击者通过物理接触等手段打开设备并植入病毒程序。

5.5 信息安全法律法规

网络空间作为人类社会"第二类"生存空间和"第五大"作战领域,已经成为维护国家主权、安全和发展利益的战略高地。应对网络安全威胁已是全球性问题,国际网络安全的法治环境正发生变革,美欧等网络强国纷纷建立全方位、更立体、更具弹性与前瞻性的网络安全立法体系。网络安全立法演变为全球范围内的利益协调与国家主权斗争,有法可依成为谈判与对抗的必要条件。2015 年,《中华人民共和国国家安全法》和《中华人民共和国反恐怖主义法》相继通过;2016 年 11 月,全国人大常委会表决通过了《中华人民共和国网络安全法》。立法的迅速推进源自我国面临国内外网络安全形势的客观实际和紧迫需要,标志着我国网络空间法制化进程的实质性展开。

网络安全保护是通过安全技术、安全法规和安全管理三个方面措施来实现的。三者相辅相成,互补相通。这是全方位的网络安全保护体系。安全法规以其公正性、权威性、规范性、强制性,成为社会计算机安全管理的准绳和依据;有效的计算机安全技术,是切实维护计算机信息系统安全的有力保障;安全法规的贯彻,技术措施的实施都离不开强有力的安全管理。安全管理的关键因素是人。人的安全主要是指计算机使用人员的安全意识、法律意识、安全技能等。

5.5.1 我国网络空间安全立法

我国是网络大国,中国互联网络信息中心(CNNIC)发布的第 40 次《中国互联网络发展状况统计报告》显示,截至 2017 年 6 月,我国网民规模达 7.51 亿,互联网普及率达到 54.3%。以互联网为代表的数字技术正在加速与经济社会各领域深度融合,成为促进我国消费升级、经济社会转型、构建国家竞争新优势的重要推动力。随着移动 4G 网络的普及,O2O 服务、手机购物和移动支付等业务快速发展,越来越多的用户个人信息通过互联网流向各类应用服务商,网民的信息安全环境日趋复杂、安全形势不容乐观。据《中国网民权益保护调查报告(2015)》统计,63.4%的网民通话记录、网上购物记录等信息遭泄露;78.2%的网民个人身份信息(包括姓名、家庭住址、身份证号和工作单位等)曾遭泄露。2015年,网民因个人信息泄露、垃圾信息、诈骗信息等导致的总体损失约805亿元,人均约124元。如今,互联网上出现了多种黑色产业链条,有收集和买卖公民信息的,有利用"伪基站"发布诈骗信息的,有开发和传播木马软件的,有专门提供交易平台的等等。犯罪分子利用各种平台作案,专业化程度相当高。而且这些交易和勾连都借助互联网,具有跨域范围大、隐蔽性强等特点。

我国从首例计算机犯罪(1986年利用计算机贪污案)被发现至今,涉及计算机网络的犯罪,无论从犯罪类型还是发案率来看都在逐年大幅度上升。最初,计算机违法犯罪危害的领域主要集中在金融系统,后来扩展到证券、电信、科研、政府、生产等几乎所有使用计算机网络的领域,严重时甚至涉及整个地区、行业系统、社会或国家的安全。目前,我国公民的网络安全面临着日益严峻的形势,特别是不法分子利用现代通信信息技术实施新型网络犯罪呈高发态势,犯罪涉案链条长,团伙组织严密,犯罪手法逐步升级,更趋隐蔽,受害群体已覆盖各行各业。国外犯罪学家曾预言,"未来信息化社会犯罪的形式将主要是计算机网络犯罪"。

2015年12月,第二届世界互联网大会在乌镇举行,习近平主席在发言中指出:世界范围内侵害个人隐私、侵犯知识产权、网络犯罪等时有发生,网络监听、网络攻击、网络恐怖主义活动等成为全球公害。面对愈演愈烈的网络空间安全问题,我国制定和颁布网络空间安全相关法律法规是非常必要的。

目前我国颁布的信息安全法律法规列举如下。

1994年2月18日,国务院颁布了《计算机信息系统安全保护条例》(国务院147号令)。这是我国信息网络安全法制史上的一项重大事件。从此,我国信息网络安全保护工作进入了有法可依的阶段,并且国家相继颁布了一系列法律法规,许多行业主管部门和地方政府也加强了相应的立法。

1997年,新修订的《中华人民共和国刑法》增加了3条4款涉及计算机犯罪的规定,预示着我国信息网络安全立法领域最受关注的刑事立法掀开了序幕。

2000年12月28日,我国全国人大常委会通过了《关于维护互联网安全的决定》,对保障互联网的运行安全,维护国家安全与社会稳定,维护社会主义市场经济秩序和社会管理秩序,保护公民、法人和其他组织的合法权益等各方面进行了较为系统的法律规范。

2009年2月,《中华人民共和国刑法修正案(七)》中增加了2款涉及计算机犯罪的规定,增加了2款关于个人信息的罪名。

2015年9月,第十二届全国人大常委会第十六次会议表决通过了《中华人民共和国刑法修正案(九)》,修订后的刑法自2015年11月1日开始施行。此次刑法修正案(九)明确了网络服务提供者履行信息网络安全管理的义务,加大了对信息网络犯罪的刑罚力度,进一步加强了对公民个人信息的保护,对增加编造和传播虚假信息犯罪设立了明确条文。

2016年11月7日,第十二届全国人大常委会第二十四次会议通过了《中华人民共和国网络安全法》,进一步界定了关键信息基础设施范围,对攻击、破坏我国关键信息基础设施的境外组织和个人规定相应的惩治措施,增加了惩治网络诈骗等新型网络违法犯罪活动的规定等。《网络安全法》于 2017 年 6 月 1 日起施行。

到目前为止,我国颁布相关网络空间安全的法律法规主要有《宪法》《人民警察法》《刑法》《治安管理处罚条例》《刑事诉讼法》《国家安全法》《保守国家秘密法》《行政处罚法》《行政诉讼法》《行政复议法》《国家赔偿法》《全国人大常委会关于维护互联网安全的决定》《计算机信息系统安全保护条例》《计算机信息网络国际联网管理暂行规定》《计算机信息网络国际联网安全保护管理办法》《商用密码管理条例》《电信条例》《互联网信息服务管理办法》《上网营业场所管理条例》《通信网络安全防护管理办法》、公安部《计算机病毒防治管理办法》、工信部《通信网络安全防护管理办法》、《中华人民共和国网络安全法》等。一些省、市也颁布了相应的地方法规。

5.5.2 《网络安全法》立法定位、框架和制度设计

习近平总书记指出,"没有网络安全就没有国家安全,没有信息化就没有现代化"。《网络安全法》的出台,意味着建设网络强国的制度保障迈出坚实的一步,将已有的网络安全实践上升为法律制度,通过立法织牢网络安全网,为网络强国战略提供制度保障。国家网络空间的治理能力在法律的框架下大幅度提升,营造出良好和谐的互联网环境,更为"互联网+"的长远发展保驾护航。《网络安全法》开启了依法治网的崭新局面,成为依法治国顶层设计下一项共建共享的路径实践。

作为国家实施网络空间管辖的第一部法律,《网络安全法》属于国家基本法律,是网络安全法制体系的重要基础。此次《网络安全法》的出台从根本上填补了我国综合性网络信息安全基本大法、核心的网络信息安全法和专门法律的三大空白。

2016 年 7 月推出的《国家安全法》首次以法律的形式明确提出"维护国家网络空间主权"。《网络安全法》是《国家安全法》在网络安全领域的体现和延伸,为我国维护网络主权、国家安全提供了最主要的法律依据。此外,《网络安全法》也成为网络参与者普遍遵守的法律准则和依据。

尽管《网络安全法》只是网络空间安全法律体系的一个组成部分,但它是重要的起点,是依法治国精神的具体体现,是网络空间法制化的里程碑,标志着我国网络空间领域的发展和现代化治理迈出了坚实的一步。

1. 立法定位:网络安全管理的基础性"保障法"

科学的立法定位是搭建立法框架与设计立法制度的前提条件。立法定位对于法的结构确定起着引导作用,为法的具体制度设计提供法理上的判断依据。

第一,该法是网络安全管理的法律。《中华人民共和国网络安全法》(以下简称为《网络安全法》)与《国家安全法》《反恐怖主义法》《刑法》《保密法》《治安管理处罚法》《关于加强网络信息保护的决定》《关于维护互联网安全的决定》《计算机信息系统安全保护条例》《互联网信息服务管理办法》等法律法规共同组成我国网络安全管理的法律体系。因此,需做好网络安全法与不同法律之间的衔接,在网络安全管理之外的领域也应尽量减少立

法交叉与重复。

第二,该法是基础性法律。基础性法律的功能更多注重的不是解决问题,而是为问题的解决提供具体指导思路,问题的解决要依靠相配套的法律法规,这样的定位决定了不可避免会出现法律表述上的原则性,相关主体只能判断出网络安全管理对相关问题的解决思路,具体的解决办法有待进一步观察。

第三,该法是安全保障法。面对网络空间安全的综合复杂性,特别是国家关键信息基础设施面临日益严重的传统安全与非传统安全的"极端"威胁,网络空间安全风险"不可逆"的特征进一步凸显。在开放、交互和跨界的网络环境中,实时性能力和态势感知能力成为新的网络安全核心内容。

2. 立法架构:"防御、控制与惩治"三位一体

为实现基础性法律的"保障"功能,网络安全法需确立"防御、控制与惩治"三位一体的立法架构,以"防御和控制"性的法律规范替代传统单纯"惩治"性的刑事法律规范,从多方主体参与综合治理的层面明确各方主体在预警与监测、网络安全事件的应急与响应、控制与恢复等环节中的过程控制要求,防御、控制、合理分配安全风险,惩治网络空间违法犯罪和恐怖活动。

法律界定了国家、企业、行业组织和个人等主体在网络安全保护方面的责任,设专章规定了国家网络安全监测预警、信息通报和应急制度,明确规定"国家采取措施,监测、防御、处置来源于中华人民共和国境内外的网络安全风险和威胁,保护关键信息基础设施免受攻击、入侵、干扰和破坏,依法惩治网络违法犯罪活动,维护网络空间安全和秩序",已开始摆脱传统上将风险预防寄托于事后惩治的立法理念,构建兼具防御、控制与惩治功能的立法架构。

3. 制度设计:网络安全的关键控制节点

《网络安全法》关注的安全类型是网络运行安全和网络信息安全。网络运行安全分别从系统安全、产品和服务安全、数据安全以及网络安全监测评估等方面设立制度。网络信息安全规定了个人信息保护制度和违法有害信息的发现处置制度。法律制度设计基本能够涵盖网络安全中的关键控制节点,体系较为完备。除了网络安全等级保护、个人信息保护、违法有害信息处置等成熟的制度规定外,产品和服务强制检测认证制度、关键信息基础设施保护制度、国家安全审查制度等都具有相当的前瞻性,成为该法的亮点。从制度具体内容来看,部分规范性内容较为细化,打破了传统"原则性思路"的束缚,具有较强的可操作性。

《网络安全法》规定了网络安全等级保护、关键信息基础设施安全保护、网络安全监测预警和信息通报、用户信息保护、网络信息安全投诉举报等制度,以及网络关键设备和网络安全专用产品认证、关键信息基础设施运营者网络产品和服务采购的安全审查、关键信息基础设施运营者信息/数据境内存储、关键信息基础设施运营者信息/数据境外提供安全评估、关键信息基础设施运营者年度风险检测评估、网络可信身份管理、建设运营网络或服务的网络安全保障、网络安全事件应急预案/处置、漏洞等网络安全信息发布、网络信

息内容管理、网络安全人员背景审查和从业禁止、网络安全教育和培训、数据留存和协助执法等制度。

5.5.3 我国惩治计算机犯罪的立法

网络空间安全法律体系是指网络空间安全法的内部层次和结构,是由包括《网络安全法》在内的各种法律法规组成的统一的法律整体。它应当是内外协调一致的,对外应与其他法律体系相协调,保证整个法律体系的和谐统一,对内则应是网络空间安全法的各种法律法规之间的协调互补,以发挥网络空间安全法的整体功能,维系网络空间安全法成为相对独立的、有别于其他的法律体系。法的体系是一国以所有现行法为基础所形成的,作为一个有机统一存在的法的整体。换言之,是指将一个国家的全部现行法律规范分类组合为不同的法律部门而形成的有机联系的统一整体。一国的法律制度,由一个一个具体的法所组成,建立和完善法的体系其目的就是要使法的体系同它所规范的各种社会关系的整体保持平衡和统一。

网络空间安全法律体系是由网络空间安全法的调整对象决定的,网络空间安全法的调整对象是国家基于维护社会公共安全为目的而设立的网络空间安全监督管理关系。调整对象的相对独立性和针对性决定了法律规范的相对独立性,从而决定了整个网络空间安全法体系的相对独立性。

构成网络空间安全法的法律法规并非是形式意义上的以统一的法律或法规命名的网络空间安全法,而是实质意义上的法律规范的集合。

5.5.3.1 刑法

第八届全国人大会常委会第五次会议1997年3月13日通过对《中华人民共和国刑法》的修改,在分则第6章妨害社会管理秩序罪第1节扰乱公共秩序罪中,专列3个条文规定了计算机犯罪。这些规定填补了刑法在计算机犯罪领域的空白,结束了我国计算机信息系统领域无法可依的局面,为我国以刑罚手段惩治计算机犯罪提供了法律依据。

《中华人民共和国刑法》主要规定了以下几种计算机和信息的罪名。

1. 非法侵入计算机信息系统罪

第二百八十五条第一款规定:"违反国家规定,侵入国家事务、国防建设、尖端科学技术领域的计算机信息系统的,处三年以下有期徒刑或者拘役。"

第二百八十五条第二款规定:"违反国家规定,侵入前款规定以外的计算机信息系统或者采用其他技术手段,获取该计算机信息系统中存储、处理或者传输的数据,或者对该计算机信息系统实施非法控制,情节严重的,处三年以下有期徒刑或者拘役,并处或者单处罚金;情节特别严重的,处三年以上七年以下有期徒刑,并处罚金。"

《刑法修正案(七)》中增加了对非法侵入其他计算机信息系统情况的规定。

2. 提供侵入、非法控制计算机信息系统程序、工具罪

第二百八十五条第三款规定:"提供专门用于侵入、非法控制计算机信息系统的程序、工具,或者明知他人实施侵入、非法控制计算机信息系统的违法犯罪行为而为其提供程序、工具,情节严重的,依照前款的规定处罚。"

第二百八十五条第三款《刑法修正案(七)》中增加的,将提供专门用于侵入、非法控制计算机信息系统的程序、工具,或者明知他人实施侵入、非法控制计算机信息系统的违法犯罪行为而为其提供程序、工具,情节严重的行为规定为犯罪。本款罪名体现了罪状中规定的"提供""侵入"和"非法控制计算机信息系统程序、工具"三个核心要件。

说明:

(1) 所谓计算机信息系统,根据1994年2月18日国务院颁布的《计算机信息系统安全保护条例》第二条的规定,是指计算机及其相关的配套的设备、设施(含网络)构成的,按照一定的应用目标和规则对信息进行采集、加工、存储、传输、检索等处理的人机系统。

(2)《刑法修正案(七)》中对第二百八十五条增加了行为对象:"侵入前款规定以外的计算机信息系统"。

(3)《刑法修正案(七)》中第二百八十五条增加了行为方式:①采用其他技术手段,获取该计算机信息系统中存储、处理或者传输的数据。②对该计算机信息系统实施非法控制。③提供专门用于侵入、非法控制计算机信息系统的程序、工具,或者明知他人实施侵入、非法控制计算机信息系统的违法犯罪行为而为其提供程序、工具。

3. 破坏计算机信息系统功能罪

第二百八十六条第一款规定:"违反国家规定,对计算机信息系统功能进行删除、修改、增加、干扰,造成计算机信息系统不能正常运行,后果严重的,处五年以下有期徒刑或者拘役;后果特别严重的,处五年以上有期徒刑。"

4. 破坏计算机信息系统数据、应用程序罪

第二百八十六第二款规定:"违反国家规定,对计算机信息系统中存储、处理或者传输的数据和应用程序进行删除、修改、增加的操作,后果严重的,依照前款的规定处罚。"

5. 故意制作、传播计算机病毒等破坏性程序罪

第二百八十六第二款规定:"故意制作、传播计算机病毒等破坏性程序,影响计算机系统正常运行,后果严重的,依照第一款的规定处罚。"

6. 适用于一切利用计算机实施的其他犯罪

第二百八十七条规定:"利用计算机实施金融诈骗、盗窃、贪污、挪用公款、窃取国家秘密或者其他犯罪的,依照本法有关规定定罪处罚。"

7. 非法提供个人信息罪

《刑法修正案(七)》中对第二百五十三条增加"非法提供个人信息罪"的条款:

"国家机关或者金融、电信、交通、教育、医疗等单位的工作人员,违反国家规定,将本单位在履行职责或者提供服务过程中获得的公民个人信息,出售或者非法提供给他人,情节严重的,处三年以下有期徒刑或者拘役,并处或者单处罚金。"

"窃取或者以其他方法非法获取上述信息,情节严重的,依照前款的规定处罚。"

"单位犯前两款罪的,对单位判处罚金,并对其直接负责的主管人员和其他直接责任人员,依照各该款的规定处罚。"

注意:行为主体是国家机关或者金融、电信、交通、教育、医疗等单位的工作人员;行为方式是违反国家规定,将本单位在履行职责或者提供服务过程中获得的公民个人信息,出售或者非法提供给他人,以及窃取或者以其他方法非法获取上述信息;单位可以成为本罪主体。

5.5.3.2 网络安全法

《网络安全法》的调整范围包括了网络空间主权,关键信息基础设施保护,网络运营者、网络产品和服务提供者义务等内容,各条款覆盖全面,规定明晰,显示了较高的立法水平。

1. 内容框架

《网络安全法》全文共七章七十九条,包括总则、网络安全支持与促进、网络运行安全、网络信息安全、监测预警与应急处置、法律责任以及附则。除法律责任及附则外,根据适用对象,可将各条款分为六大类:

第一类是国家承担的责任和义务,共计十三条,主要条款包括第三条"网络安全保护的原则和方针"、第四条"顶层设计"、第二十一条"网络安全等级保护制度"等。

第二类是有关部门和各级政府职责划分,共计十一条,主要条款包括第八条"网络安全监管职责划分"、第十六条"加大网络安全技术投入和扶持"等。

第三类是网络运营者责任与义务,共计十二条,主要条款包括第九、二十四、二十五、二十八、四十二、四十七和五十六条"网络运营者承担的义务"、第四十条"用户信息保护"、第四十四条"禁止非法获取及出售个人信息"等。

第四类是网络产品和服务提供者责任与义务,共计五条,主要条款包括第二十二、二十七条"网络产品和服务提供者的义务"、第二十三条"网络安全产品的检测与认证"等。

第五类是关键信息基础设施网络安全相关条款,共计九条,主要条款包括第三十三条"三同步原则"、第三十四条"关键信息基础设施运营者安全义务"、第三十五条"网络产品和服务的国家安全审查"、第三十七条"个人信息和重要数据境内存储"等。

第六类其他,共计八条,包括第一条"立法目的"、第二条"适用范围"、第四十六条"打击网络犯罪"等。

2. 重点解读

《网络安全法》内容主要涵盖关键信息基础设施保护、网络数据和用户信息保护、网络安全应急与监测等领域,与网络空间国内形势、行业发展和社会民生紧密的主要有以下重点内容:

一是确立了网络空间主权原则,将网络安全顶层设计法制化。网络空间主权是一国开展网络空间治理、维护网络安全的核心基石;离开了网络空间主权,维护公民、组织等在网络空间的合法利益将沦为一纸空谈。《网络安全法》第一条明确提出要"维护网络空间主权",为网络空间主权提供了基本法依据。此外,在"总则"部分,《网络安全法》还规定了国家网络安全工作的基本原则、主要任务和重大指导思想、理念,厘清了部门职责划分,在顶层设计层面体现了依法行政、依法治国要求。

二是对关键信息基础设施实行重点保护,将关键信息基础设施安全保护制度确立为国家网络空间基本制度。当前,关键信息基础设施已成为网络攻击、网络威慑乃至网络战的首要打击目标,我国对关键信息基础设施安全保护已上升至前所未有的高度。《网络安全法》第三章第二节"关键信息基础设施的运行安全"中用大量篇幅规定了关键信息基础设施保护的具体要求,解决了关键信息基础设施范畴、保护职责划分等重大问题,为不同行业、领域关键信息基础设施应对网络安全风险提供了支撑和指导。此外,《网络安全法》提出建立关键信息基础设施运营者采购网络产品、服务的安全审查制度,与国家安全审查制度相互呼应,为提高我国关键信息基础设施安全可控水平提出了法律依据。

三是加强个人信息保护要求,加大对网络诈骗等不法行为的打击力度。近年来,公民个人信息数据泄露日趋严重,"徐玉玉案"等一系列的电信网络诈骗案引发社会焦点关注。《网络安全法》在如何更好地对个人信息进行保护这一问题上有了相当大的突破。它确立了网络运营者在收集、使用个人信息过程中的合法、正当、必要原则。在形式上,进一步要求通过公开收集、使用规则,明示收集、使用信息的目的、方式和范围,经被收集者同意后方可收集和使用数据。另一方面,《网络安全法》加大了对网络诈骗等不法行为的打击力度,特别对网络诈骗严厉打击的相关内容,切中了个人信息泄露乱象的要害,充分体现了保护公民合法权利的立法原则。

四是实名认证制度。《网络安全法》规定了网络服务经营者、提供者及其他主体在与用户签订协议或者确认提供服务时应当采取实名认证制度,包括但不限于网络接入、域名注册、入网手续办理、为用户提供信息发布、即时通讯等服务。在实务中,这一制度灵活性及可操作性较强,可采取前台匿名、后台实名的方式进行。但是,实名认证的工作必须落实到位,若不实行网络实名制,则最高可对平台处以 50 万元的罚款。

五是重要数据强制本地存储制度和境外数据传输审查评估制度。该制度主要调整的是关键信息基础设施运营者在搜集个人信息重要数据的合法性问题,规定了需要强制在本地进行数据存储。本地存储的数据,若确属需要数据转移出境的,需要同时满足以下条件:①经过安全评估认为不会危害国家安全和社会公共利益的;②经个人信息主体同意的。另外,该制度还规定了一些法律拟制的情况,比如拨打国际电话、发送国际电子邮件、通过互联网跨境购物以及其他个人主动行为,均可视为已经取得了个人信息主体同意。

六是网络通信管制制度。网络通信管制制度的确立,目的是在发生重大事件的情况下,通过赋予政府行政介入的权力,牺牲部分通信自由权,来维护国家安全和社会公共秩序的制度。该做法是国际通行做法,例如在发生暴恐事件中,可切断不法分子的通联渠道,避免事态进一步恶化,保障用户的合法权益,维护社会稳定。但是,这种管制影响是比较大的,因此《网络安全法》严谨地规定实施临时网络管制,需要经过国务院决定或者批准。

5.5.3.2 其他法律法规

1. 全国人民代表大会常务委员会关于维护互联网安全的决定

2000年12月28日,第九届全国人大常委会第十九次会议审查、通过《全国人民代表大会常务委员会关于维护互联网安全的决定》。这个决定从保障互联网的运行安全,维护国家安全和社会稳定,维护社会主义市场经济秩序和社会管理秩序,保护个人、法人和其他组织的人身、财产等合法权利,以及其他5个方面,对通过互联网实施的犯罪行为做出了明确的划分和界定。

2. 计算机信息系统安全保护条例

1994年2月18日,国务院令第147号发布的《中华人民共和国计算机信息系统安全保护条例》是我国第一个关于信息系统安全方面的法规。这是我国计算机安全领域第一个全国性的行政法规,是我国政府的重大决策。《条例》的公布是我国计算机安全工作走上法制化、规范化的第一步,是我国政府维护国家主权和独立,保障国防,保护社会主义经济建设和人民在数据方面合法权益的重大决策。该安全保护条例的宗旨是促进计算机的应用和发展,使我国计算机信息系统能在一个适宜的安全环境得到顺利发展。保护的重点是国家事务、经济建设、国防建设、尖端科学技术等领域的信息系统。

3. 计算机信息系统国际联网安全保护管理办法

经国务院批准,公安部于1997年12月30日发布了《计算机信息网络国际联网安全保护管理办法》。该《办法》分5章共25条,目的是加强国际联网的安全保护。其主要内容如下:

① 公安部计算机管理监察机构及各级公安机关相应机构应负责国际联网的安全保护管理工作,具体是保护国际联网的公共安全;管理网上行为及传播信息;防止出现利用国际联网危害国家安全等违法犯罪活动。

② 国际出入口信道提供单位、互联单位的主管部门负责国际出入口信道、所属互联网络的安全保护管理工作。

③ 互联单位、接入单位及使用国际联网的法人应办理备案手续并履行安全保护职责。

④ 从事国际联网业务的单位和个人应当接受公安机关的安全监督、检查和指导,并协助查处网上违法犯罪行为。

4. 互联网安全保护技术措施规定

2005年12月13日,公安部正式颁布《互联网安全保护技术措施规定》(以下简称"规定"),并于2006年3月1日起实施。

《规定》是与《计算机信息网络国际联网安全保护管理办法》(以下简称"管理办法")相配套的一部部门规章。《规定》从保障和促进我国互联网发展出发,根据《管理办法》的有关规定,对互联网服务单位和联网单位落实安全保护技术措施提出了明确、具体和可操作性的要求,保证了安全保护技术措施科学、合理和有效地实施,有利于加强和规范互联网安全保护工作,提高互联网服务单位和联网单位的安全防范能力和水平,预防和制止网上违法犯罪活动。《规定》的颁布对于保障我国互联网安全将起到促进作用。

5. 治安管理处罚法

《治安管理处罚法》第一章总则第二条规定:扰乱公共秩序,妨害公共安全,侵犯人身权利、财产权利,妨害社会管理,具有社会危害性,依照《中华人民共和国刑法》的规定构成犯罪的,依法追究刑事责任;尚不够刑事处罚的,由公安机关依照本法给予治安管理处罚。

涉及信息安全的规定主要有以下几方面:

- 非法侵入计算机信息系统行为;
- 破坏信息功能行为;
- 破坏信息系统数据和应用程序行为;
- 制作传播破坏性程序行为;
- 威胁他人人身安全行为;
- 发送信息干扰他人的行为。

6. 计算机软件保护条例

由于计算机软件兼有作品和工具的双重性,致使传统的《著作权法》对它的保护既有适应的一面,又有需要补充的一面。我国目前采取对软件的保护适用《著作权法》的原则,同时制定单行法规进行具体保护的方法。

因此,我国于1991年6月4日颁布了《计算机软件保护条例》,并于同年10月1日起施行。2001年12月20日,经过修改的《计算机软件保护条例》由国务院总理以339号令颁布,自2002年1月1日起施行。1991年6月4日国务院发布的《计算机软件保护条例》同时废止。

7. 通信网络安全防护管理办法

《通信网络安全防护管理办法》围绕通信网络安全防护管理工作主要建立了如下制度:

一是确立了通信网络单元的分级保护制度,规定通信网络运行单位应当对本单位已正式投入运行的通信网络进行单元划分,并按照各通信网络单元遭到破坏后可能对国家安全、经济运行、社会秩序、公众利益的危害程度等因素,由低到高分别划分为五级。

二是建立了符合性评测制度,规定通信网络运行单位应当落实与通信网络单元级别相适应的安全防护措施,并进行符合性评测。

三是建立了安全风险评估制度,规定通信网络运行单位应当组织对通信网络单元进行安全风险评估,及时消除重大网络安全隐患。

四是建立了通信网络安全防护检查制度,规定电信管理机构对通信网络运行单位开展通信网络安全防护工作的情况进行检查。

8. 最高人民法院、最高人民检察院关于办理侵犯公民个人信息刑事案件适用法律若干问题的解释

《刑法》中提到侵犯公民个人信息罪的入罪要件是"情节严重",而这则解释就明确了什么是"情节严重",包括行踪轨迹信息、内容信息、征信信息、财产信息——非法获取、出售或提供50条以上即为情节严重。本解释自2017年6月1日起施行。

9. 网络产品和服务安全审查办法(试行)

为提高网络产品和服务安全可控水平,防范网络安全风险,维护国家安全,依据《中华人民共和国国家安全法》《中华人民共和国网络安全法》等法律法规,制定本办法,以提高网络产品和服务安全可控水平。本办法自2017年6月1日起实施。

5.6 本章小结

本章第一节介绍了计算机信息系统安全的基本知识,包括信息安全的基本含义、信息安全的目标和信息安全的内容,对操作系统安全、数据库安全、移动互联网和物联网安全进行了介绍。这部分内容是计算机网络安全课程的基本概念。第二节介绍了信息安全的主流技术和方法,包括防火墙、入侵检测系统、物理隔离与安全专网,以及VPN和SSL等通信安全技术,还介绍了身份认证手段和数据备份和灾难恢复等内容。第三节介绍了数据加密和认证等密码学算法,包括密码学概述、对称和非对称加密算法、哈希函数和消息摘要,以及数字签名、数字证书和PKI体系。第四节介绍了计算机病毒和防护技术,包括病毒的概念、分类、发展历程、特性和危害等,并对手机病毒进行了介绍,最后介绍了常用的计算机病毒防护手段。第五节介绍了的信息安全法律体系,重点介绍了《网络安全法》等涉及计算机信息系统犯罪的法律条款。

习 题

一、单选题

1. 以下不是信息安全基本属性的是( )。

A. 机密性 B. 完整性 C. 可用性 D. 便捷性
2. 下面关于伪基站的描述,错误的是( )。
   A. 伪基站问题的根源是,GSM网络没有提供用户对网络的认证
   B. 伪基站能把号码显示为任意的号码,包括"110""10086""95533"等
   C. 伪基站通常放置在缓慢行驶的汽车内和行人背包中
   D. 4G手机不受伪基站的影响
3. 一体化安全网关UTM不具有的功能是( )。
   A. 防火墙 B. 数据加密
   C. 防病毒 D. 垃圾邮件检测
4. 根据入侵检测部署位置不同,入侵检测分类不包括以下哪种?( )
   A. HIDS B. NIDS C. BIDS D. DIDS
5. VPN的基本功能不包括( )。
   A. 检测攻击 B. 加密数据 C. 身份识别 D. 信息验证
6. HTTPS使用的TCP协议端口是( )。
   A. 80 B. 8000 C. 8080 D. 443
7. 下面属于对称加密算法的是( )。
   A. AES B. RSA C. MD5 D. DSS
8. DES加密算法的分组长度是( )比特(位)。
   A. 8 B. 56 C. 64 D. 128
9. DES加密算法一共迭代了多少轮?( )
   A. 8 B. 16 C. 32 D. 64
10. 诱骗用户安装并且隐藏较深,窃取用户的信息和实施远程控制的是( )。
    A. 病毒 B. 蠕虫 C. 木马 D. 流氓软件
11. 熊猫烧香病毒是根据( )规则命名的。
    A. 发作的时间 B. 病毒类型
    C. 发作的症状 D. 病毒中包含的字符串
12. 目前手机病毒数目最多的是( )操作系统。
    A. 苹果的IOS B. 谷歌的Android
    C. 微软的Windows Phone D. Linux
13. 2016年11月,全国人大常委会表决通过了《中华人民共和国网络安全法》,该法于( )时间开始正式实施。
    A. 2016年11月 B. 2017年1月 C. 2017年6月 D. 2017年10月

二、填空题

1. 信息网络安全包括以下三个方面的内容_____、_____和_____。
2. 移动支付面临的安全威胁包括_____、_____和_____。
3. 物理安全一般分为三类_____、_____和_____。
4. 流经防火墙的数据有以下三种处理模式_____、_____和丢弃数据。

5. 网闸一般分以下三个基本部分组成_____、_____和_____。

6. IPSec 的工作模式主要分为_____和_____。

7. 一个典型的加密系统由五部分构成,包括_____、_____、_____、加密变换和_____。

8. 根据加密密钥和解密密钥是否相同,分为以下两种密码体制_____和_____。

9. RSA 加密算法是基于_____数学难题设计的。

10. 用于判断计算机病毒的 2 个标准为_____和_____。

三、简答题

1. 信息安全的定义是什么?
2. 操作系统的安全功能包括哪些?
3. 数据库的安全机制包括哪些?
4. 物联网面临的安全威胁有哪些?
5. 防火墙的定义和基本特性是什么?
6. 入侵检测系统的定义和根据检测方法的分类是什么?
7. VPN 的定义是什么?
8. SSL 提供的安全服务有哪些?
9. 非对称密码具有哪些特点?
10. 哈希函数具有哪些特点?在信息安全方面的应用主要是什么?
11. 计算机病毒的传播方式有哪些?
12. 计算机病毒的防护技术有哪些?
13. 请解读《刑法》第二百八十五条、第二百八十六条涉及计算机信息系统犯罪的条款。
14. 《网络安全法》的重点有哪 6 个方面的内容?

第 6 章 图像、视频处理技术基础

本章学习目标

- 熟练掌握多媒体技术的概念及关键技术
- 熟练掌握图像基础知识
- 熟练图像处理技术
- 了解视频处理技术以及在公安领域中的应用

本章先介绍多媒体技术的基本概念及相关外延知识,再介绍图像的基础知识及使用 Photoshop 对图像进行处理的方法,最后介绍视频处理技术、视频监控与侦查。

6.1 多媒体技术概述

多媒体技术包含以下内容:
- 多媒体技术的基本概念
- 多媒体技术的特点
- 多媒体关键技术
- 多媒体计算机系统

6.1.1 多媒体技术的基本概念

多媒体技术是 20 世纪 80 年代发展起来并得到广泛应用的计算机新技术。20 世纪 90 年代以后,随着计算机技术的不断发展,多媒体技术也得到了广泛应用。

1. 多媒体与多媒体技术的概念

多媒体是一种把多种不同的但相互关联的媒体,如文字、声音、图形、图像、动画、视频等综合在一起而产生的存储、传播和表现信息的全新载体。如图 6.1 所示。

多媒体技术是指以数字化为基础,利用计算机对多种媒体信息进行采集、编码、存储、传输、处理和输出等综合处理,使之建立起逻辑联系,集成为一个系统,并具有良好交互性的技术。

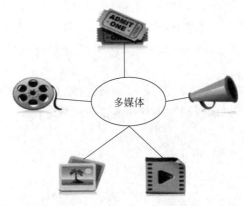

图 6.1 多媒体与多媒体技术

多媒体技术涉及文本、图形、图像、声音、视频和动画等与人类社会息息相关的信息处理,因此它的应用领域极其广泛,已经渗透到了计算机应用的各个领域。不仅如此,随着多媒体技术的发展,一些新的应用领域正在开拓,前景十分广阔,如图 6.2 所示。

(a) 触摸一体机　　(b) 多媒体数字展台　　(c) 视觉一体机　　(d) 感知识别系统

图 6.2 多媒体技术应用产品

2. 超媒体技术

(1) 超文本

超文本(Hyper text)技术是把一些信息根据需要链接起来的一种信息管理技术,用户可以通过一个文本的链接指针打开另一个相关的文本。只要单击页面中的超链接(通常是带下划线的条目或图片),便可跳转到新的页面或另一位置,获得相关的信息。

(2) 超媒体

超媒体(Hyper media)的英文是由超文本(Hyper text)和多媒体(Multi media)组合而来的,因此超媒体是超文本和多媒体相互融合的产物。超媒体可以理解为是使用文本、图形、图像、声音、动画或影视片断等多种媒体来表示信息,使用各种交互手段建立这些媒体之间错综复杂的链接关系。有人简单称"超媒体"就是"多媒体+Internet"。

超媒体一词最早出现约在 1996 年前后,当初只是一个比"多媒体"具备更高能量的技术词汇。超媒体的发展经历了三次蜕变期,即:

第一次蜕变：纯技术的超媒体(Hyper media)＝视频＋多媒体＋Internet。
第二次蜕变：技术化的超级媒体(Super media)＝Hyper media＋传统媒体。
第三次蜕变：真正的超媒体(UltraMedia)＝个人全球化、媒体化与BusinessMedia思维的有机聚合。

超媒体不仅仅是新技术、新产品，更是一种新思维，超媒体技术的发展体现了个人全球化时代的到来。图6.3展示了超文本与超链接的结构对比。

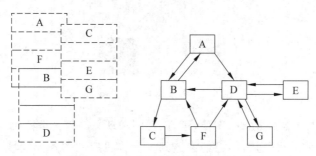

图6.3　超文本与超链接结构对比图

（3）网络多媒体

随着信息社会的发展，人们不仅需要传送文本、声音、图像，同时还有交互和即时通信等需求。网络多媒体技术是一门综合的、跨学科的技术，它综合了计算机技术、网络技术、通信技术以及多种信息科学领域的技术成果，提供全新的信息服务手段，形成一个新的研究领域，目前已经成为世界上发展最快和最富有活力的高新技术之一。

6.1.2　多媒体技术特点

多媒体技术具有以下几个特点：

① 综合性：多媒体技术处理的源信息具有综合性和多样性，不再局限于单一的文本或图像。

② 集成性：不仅指多媒体系统的设备集成，而且也包含多媒体的信息集成和表现集成，能够对信息进行多通道统一获取、存储、组织与合成。

③ 交互性：交互性是多媒体应用有别于传统信息交流媒体的主要特点之一。传统的信息交流媒体只能单向地向用户输出信息，而多媒体应用不但可以输出，还可以通过友好的人机界面得到用户的反馈，从而使输出的形式更加生动形象。

④ 实时性：当用户给出操作命令时，相应的多媒体信息都能够得到实时控制。

⑤ 信息结构的动态性："多媒体是一部永远读不完的书"，用户可以按照自己的目的和认知特征重新组织信息，增加、删除或修改节点，重新建立链接。

6.1.3　多媒体关键技术

多媒体技术最关键的问题是要求计算机能实时地综合处理文字、声音、图像等信息，多媒体信息的处理和应用需要有一系列相关技术作为支持。以下几个方面的关键技术是目前多媒体研究和应用的热点,也是未来发展趋势。

1. 数据压缩/解压缩技术

数据压缩和编码技术是多媒体的关键技术之一,尤其是网络多媒体时代,对高效数据压缩和传输就有了更高的要求。

如果以单一文本信息的数据量比较来说,多媒体信息的原始数据量是超乎想象的庞大。举例来说,一幅具有 640×480 像素、中等分辨率的图像(24 位真彩色),它的数据量约为 7.37Mb。若制作成动画,需要达到 25 帧/s,则每秒所需的数据量为 184Mb,而且要求系统的数据传输速率必须达到 184Mb/s,目前几乎无法达到。再以声音为例,若采样位数为 16 位的 PCM 编码,采样速率选为 44.1kHz,则双声道立体声声音每秒将有 176KB 的数据量。由此可见图像、音频、视频的数据量之大,如果不进行处理,计算机系统几乎无法对其进行存取和交换。

因此,在多媒体计算机系统中,为了达到令人满意的图像、视频画面质量和听觉效果,必须解决视频、图像、音频信号数据的大容量存储和实时传输问题。解决的方法,除了提高计算机本身的性能及通信信道的带宽外,更重要的是对多媒体信息进行有效的压缩。选择适合的数据压缩技术,有可能将字符数据量压缩到原来的 1/2 左右,语音数据量压缩到原来的 1/2~1/10,图像数据量压缩到原来的 1/2~1/60。

2. 多媒体专用芯片技术

专用芯片是多媒体计算机硬件体系结构的关键。为了实现音频、视频信号的快速压缩、解压缩和播放处理,需要大量的快速计算,只有采用专用芯片,才能取得满意的效果。

多媒体计算机专用芯片可归纳为两种类型:一种是固定功能的芯片;另一种是可编程的数字信号处理器(DSP)芯片。

3. 大容量信息存储技术

利用数据压缩技术,一张 CD-ROM 光盘上能够存取 70 多分钟全运动的视频图像、十几个小时的语言信息或数千幅静止图像。

在 CD-ROM 的基础上,还开发了 CD-I 和 CD-V、可录式光盘 CD-R、高画质、高音质的光盘 DVD 以及 PHOTO CD 等。

4. 多媒体输入/输出技术

多媒体输入/输出技术包括媒体变换技术、媒体识别技术、媒体理解技术和综合技术。

媒体变换技术是指改变媒体的表现形式。如当前广泛使用的视频卡、音频卡(声卡)都属媒体变换设备。

媒体识别技术是对信息进行一对一的映像过程。例如,语音识别技术和触摸屏技术等。

媒体理解技术是对信息进行更进一步的分析处理和理解信息内容。如自然语言理解、图像理解、模式识别等技术。

媒体综合技术是把低维信息表示映像成高维的模式空间的过程。例如,语音合成器就可以把语音的内部表示综合为声音输出。

5. 多媒体软件技术

多媒体软件技术主要包括多媒体操作系统、多媒体素材采集与制作技术、多媒体编辑与创作工具、多媒体数据库技术、超文本/超媒体技术、多媒体应用开发技术。

6. 多媒体网络与通信技术

多媒体通信技术包含语音压缩、图像压缩及多媒体的混合传输技术。宽带综合业务数字网(B-ISDN)是解决多媒体数据传输问题的一个比较完整的方法,其中 ATM(异步传送模式)是近年来研究和开发上的一个重要成果。

7. 虚拟现实技术

虚拟现实的定义可归纳为利用计算机技术生成的一个逼真的视觉、听觉、触觉及嗅觉等的感觉世界,用户可以用人的自然技能对这个生成的虚拟实体进行交互考察。

虚拟现实技术是在众多相关技术上发展起来的一个高度集成的技术,是计算机软硬件技术、传感技术、机器人技术、人工智能及心理学等飞速发展的结晶。

6.1.4　多媒体计算机系统

自 20 世纪 80 年代以来,多媒体个人计算机(Multimedia Personal Computer,MPC)越来越多地进入到科学研究、办公、家庭等各个领域,逐渐取代了以往只用于科学计算、仅能处理文本数据的一般计算机。现在,大多数场合下能见到的个人计算机(Personal Computer,PC)都是多媒体个人计算机。简单来说,多媒体计算机就是能够综合处理多媒体信息的计算机。

1. 多媒体计算机硬件系统

构成多媒体计算机硬件系统,除了需要高性能的计算机主机硬件外,通常还需要的多媒体设备包括:

- 声/像输入设备:光驱、刻录机、音效卡、话筒、扫描仪、录音机、摄像机等。
- 声/像输出设备:音效卡、录音录像机、刻录光驱、投影仪、打印机等。
- 功能卡:电视卡、视频采集卡、视频输出卡、网卡、VCD 压缩卡等。
- 存储设备:光存储设备、磁带存储、大容量硬盘等。

图 6.4 所示为具有基本功能的多媒体计算机硬件系统的组成示例。

MPC 3.0 标准规定 PC 机系统硬件最低配置如下:

- 主机:主频 75MHz Pentium CPU,至少 8MB 内存、640MB 硬盘容量,显示分辨率为 640×480(65536 色)的显示器。

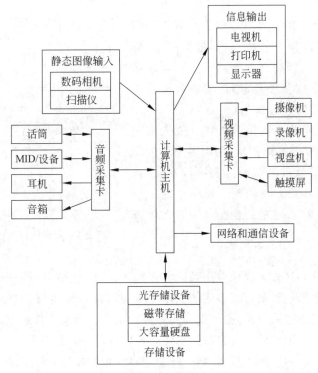

图 6.4　多媒体个人计算机硬件系统组成

- CD-ROM 驱动器：4X 传输速率(600kB/s)，最大寻址时间为 200ms，CD-ROM XA。
- 声卡：采样频率为 44.1kHz，16bit 量化精度，Wavetable(波表)MIDI 音效合成器。

与 MPC3.0 标准配备下的多媒体计算机比较，当前国内流行的多媒体计算机配置要大大高于这一标准，人们可以深刻感受到多媒体技术的发展速度是多么迅速。目前主流多媒体计算机硬件配置如下：

- 主机：英特尔酷睿 i5 3450 CPU，8GB DDR3 内存、1TB 硬盘容量，显示分辨率为 1440×900(32 位真彩色)的显示器(19 英寸)。
- DVD-ROM 驱动器：32X 传输速率(21600kB/s)。
- 声卡：采样频率支持 24b/96kHz。

2. 多媒体计算机软件系统

多媒体计算机的软件系统按照功能分为系统软件和应用软件。除了以操作系统为基础外，还有多媒体数据库管理系统、多媒体压缩/解压缩软件、多媒体声像同步软件、多媒体通信软件等。特别需要指出的是，多媒体系统在不同领域中的应用需要有多种开发工具，而多媒体开发和创作工具为多媒体系统提供了方便直观的创作途径，一些多媒体开发软件包提供了图形、色彩板、声音、动画、画像及各种媒体文件的转换与编辑手段。

图 6.5 所示为多媒体计算机软件系统结构。

1) 系统软件

多媒体系统软件除了具有一般系统软件的特点外,还具有多媒体技术的特点,如数据压缩、媒体硬件接口的驱动、新型交互方式等。多媒体系统软件主要包括多媒体驱动软件、多媒体操作系统和多媒体开发工具等。

其中,多媒体开发工具是多媒体开发人员用于获取、编辑和处理多媒体信息,编制多媒体应用程序的一系列工具软件的统称。它可以对文本、图形、图像、动画、音频和视频等多媒体信息进行控制和管理,并按要求把它们连接成完整的多媒体应用软件。

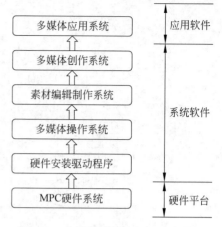

图 6.5 多媒体计算机软件系统结构

2) 应用软件

多媒体应用软件又称多媒体应用系统或多媒体产品,它是由各种应用领域的专家或开发人员利用多媒体编程语言或多媒体创作工具编制的最终多媒体产品,是直接面向用户的。要开发多媒体应用系统,必须先使用多媒体编辑工具来创作或编辑多媒体素材,这些工具通常包括字处理软件、绘图软件、图像处理软件、动画制作软件、声音编辑软件以及视频编辑软件等。然后再使用多媒体开发工具将各种媒体素材融合到一起,制作出各种功能的多媒体应用程序。

6.1.5 常用的多媒体工具

对于多媒体对象,包括文字、图形图像、声音、动画以及视频等的编辑和制作,一般都需要借助多媒体素材编辑工具软件。从表 6.1 中可以看出,针对每一种多媒体对象的素材编辑工具软件多种多样,包括文字处理软件、图像处理软件、视频编辑软件等。值得注意的是,现在多媒体编辑工具的一个发展趋势是功能越来越集成,体积越来越小,也就是说一个编辑工具软件可以处理声音、视频、图像等多个媒体。

表 6.1 常用的多媒体工具

功　能	工　具　软　件
文字处理	写字板、记事本、Word、WPS
图形图像处理	Photoshop、Freehand、CorelDRAW
动画制作	Flash、3ds Max、AutoDesk、Animator Pro、Maya
声音处理	GoldWave、Wave Edit、Sound Forge、Cool Edit、Ulead Media Studio
视频处理	Adobe Premiere、Ulead Media Studio

6.2 图像基础知识

图像基础知识包含以下内容：
- 图像的基本概念
- 图像文件及分类
- 图像色彩模式
- 图层

6.2.1 图像的基本概念

图像都是以模拟图像的形式存在，它们是由连续的有不同色彩及亮度等属性的颜色点组成的。要利用数字计算机处理模拟图像，就必须将模拟图像转换成用数字方式表示的数字图像文件，即所谓的数字图像。将模拟图像转换成数字图像的过程称为图像数字化过程。

1. 图像的颜色与深度

图像颜色是指图像中所具有的最多颜色种类。图像中的每一个像素都有其自己的颜色或灰度值，当像素很小且相邻像素的颜色或色调变化不大时，图像会显示一种连续色调的视觉效果。

图像中的细节由像素尺寸和色调可取范围决定，而像素尺寸与分辨率有关，色调范围是由扫描设备的动态范围确定的。

图像深度是指描述图像中每个像素的数据所占的位数。图像的每一个像素对应的数据通常可以是1位或多位字节，用来存放该像素点的颜色、亮度等信息。数据位数越多，所对应的颜色种数就越多。

图像深度一般有1位、2位、4位、8位、16位、24位、32位及36位等几种。图像颜色数与图像深度有着密切的关系，即颜色数=2^图像深度，如表6.2所示。

表6.2 颜色深度与图像类型

颜色深度	颜色总数	图像类型	颜色深度	颜色总数	图像类型
1	2^1	单色图像	16	2^{16}	16位色(增强色)
4	2^4	16色图像	24	2^{24}	真彩色图像
8	2^8	256色图像	32	2^{32}	真彩附加一个α通道

2. 图像的尺寸

图像的尺寸是指图像的长与宽，根据不同的需要，尺寸可以用不同的单位来度量，如可用像素点的数量来表示显示器屏幕上显示的图像的尺寸。需要注意的是，描述显示器分辨率的 640×640 与描述图像尺寸的 640×640 是有不同含义的，前者表示屏幕一次可以显示的总信息量，而后者对图像而言是确定的，如果利用图像处理软件改变该值，则图像本身就发生了变化。

图像在显示器上显示的尺寸与图像在打印机上输出的尺寸是没有直接关系的，它们分别与图像本身的尺寸、显示器的分辨率与尺寸及打印机的分辨率等有关。

一般地，描述图像的尺寸时常用 dpi、inches、cm 等来描述，它们之间可以相互换算。

3. 图像的大小

图像文件的大小确定图像所需要的磁盘存储空间，一般用计算机存储的基本单位字节（Byte）来度量。不同色彩模式的图像，每一像素所需要的字节数不同，如灰度图像的每一像素灰度用 1 个字节的数值表示；而彩色图像中的每一像素一般最少用 8 个字节来度量。

图像文件的大小主要受图像分辨率、色彩数（位深）和图像大小三个因素共同决定。图像分辨率也影响到图像在屏幕上的显示大小，如果在一台设备分辨率为 72dpi 的显示器上显示的图像分辨率从 72dpi 增大到 144dpi 且保持图像尺寸不变，则该图像将以原图像实际尺寸的 2 倍显示。

4. 像素

像素是组成图像的基本单元。计算机不能处理连续的图像信号，只能处理离散的信号，这些离散信号就是用像素表现的。将连续信号分散成多个可以独立处理的单元是照相机等数字化设备的主要作用之一，这些可以独立处理的单元就是像素。

像素作为图像元素，是可以用来度量图像数据的最小单元。计算机图像是由像素点组成的，在同样大小的面积上，组成的像素点越多，图像的清晰度就越高。

像素尺寸是位图图像高度和宽度上的像素数目。

5. 分辨率

分辨率表示图像数字信息的数量或密度，它与像素和网格特性有着直接的联系，而像素与网格是扫描设备或输出设备再现光栅图像的基础成分。依据应用对象或环境的不同，图像的分辨率可以分为几种类型或描述方式，如输入（扫描）分辨率、光学分辨率、内插分辨率、显示器分辨率、图像分辨率、输出分辨率及打印机分辨率等。图像分辨率、显示器分辨率及输出分辨率等是图像设计与处理中的重要参数。

从图 6.6 中可以看出，(b) 图比 (a) 图分辨率高，显得更清晰。

像素和分辨率是两个密不可分的重要概念，它们的组合方式决定了图像的数据量。例如，同样是 1 英寸×1 英寸的两个图像，分辨率为 72ppi 的图像包含 5184 个像素（72 像素×72 像素=5184 像素），而分辨率为 300ppi 的图像则包含多达 90000 个像素（300 像素×300 像素=90000 像素）。像素点越小，像素的密度越密，图像细节和颜色过渡效果更好。虽然分辨率越高越好，但是高分辨率也意味着占用更大的存储空间。

 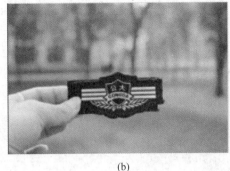

(a)　　　　　　　　　　　(b)

图 6.6　分辨率不同的两幅图

6. 色调

色调指光所呈现的颜色,如红、绿、黄等。彩色图像的色调决定于其在光照射下所反射的光的颜色。一般来说,发光物体的色调决定于其本身的光谱组成,而非发光物体的色调决定于光源及物体本身的反射与透射性质。

7. 色相/色泽

色相是赤橙黄绿青蓝紫等名称,代表了一种色彩区别于另一种色彩的表象特征。在 0~360 度标准色轮上按位置度量色相,色相由颜色名称标识,白及各种灰色则属于无色系。

由图 6.7 可以看出,基色沿圆周排列,距离相等,每一种次色位于产生它的两种基色之间;互补色/反差色/反相颜色在色盘上彼此相对。

8. 饱和度

饱和度表明色彩的纯度,它决定于物体反射或透射的特性。饱和度用与色调成一定比例的灰度数量来表示,取值范围通常是 0%(饱和度最低)~100%(饱和度最高)。

饱和度示例如图 6.8 所示。

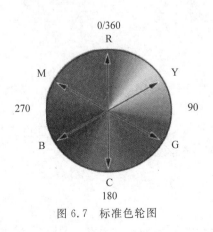 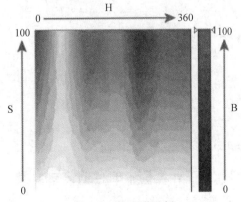

图 6.7　标准色轮图　　　　　图 6.8　饱和度示例

可见光中单色光是最饱和的色彩。饱和度为最大时,每一色相显示最纯的色光。对于同一色调的彩色光,其饱和度越高,则其颜色就越深,如深红比浅红的饱和度高。高饱和度的彩色光加入白色后会被冲淡,变成低饱和度的彩色光。

9. 亮度

图像的亮度指图像色彩的明暗程度,通常用 0%(最暗)~100%(最亮)之间的值来表示。亮度为 0 时即为黑,最大亮度是色彩最鲜明的状态。亮度是人眼对物体明暗强度的感觉,发光物体的亮度或非发光物体的反射度越高,则色彩的亮度均会显得越高。

10. 对比度

对比度是指图像中的明暗对比或变化,或是指亮度大小的差别。对比度是不同颜色之间的差异,对比度越大,两种颜色之间的反差也就越大,反之则颜色相近。比如,如果提高一幅灰度图像的对比度,则会使图像变得黑白分明;而降低对比度时,图像中不同部分的颜色就趋向于相同,最终会使得整幅图像都成为灰色。从图 6.9 中可以看出,(a)图的对比度低,(b)图的对比度高。

(a)　　　　　　　　　　(b)

图 6.9　对比度示例

6.2.2　图像文件及分类

数字图像是以计算机图像文件的形式存在的。根据计算机具有的处理图像的特殊方式及各种图像本身具有的不同的表现形式与用途等因素,图像文件一般可按计算机的存储方式与图像本身的颜色来分类。按计算机存储方式,可以将图像文件分成矢量格式与位图格式;按图像本身的颜色,可以分成黑白图像、灰度图像及彩色图像。

1. 按在计算机中的存储方式分类

(1) 矢量图形

矢量格式(向量格式)是用一系列的绘图指令与参数及数学式来表示一幅图,这幅图由点、直线、矩形、圆、曲线以及一些复杂的曲面构成,如图 6.10 所示。矢量根据图像的几何特征对图像进行描述。表 6.3 列出了常见的矢量图格式。

图 6.10　矢量图形

表 6.3　常见的矢量图形格式

图像格式	扩展名	说　　明
CDR	.cdr	CorelDRAW 专用的矢量文件格式
FH	.fhs	FreeHand 专用的矢量文件格式(扩展名中的 x 为版本号)
AI	.ai	Illustrator 专用的矢量文件格式
WMF	.wmf	图元文件,属于位图和矢量图的混合体,Windows 中的许多剪贴画就是这种格式
EMF	.emf	扩展图元文件
EPS	.eps	用 PostScript 语言描述的一种 ASCII 码文件格式
DXF	.dxf	AutoCAD 中的矢量文件格式,以 ASCII 码方式存储文件
SWF	.swf	Flash 中的矢量文件格式

(2) 位图图像

位图图像又称点阵图或栅格图像,是直接描述图片元素的矩形网络(像素点)属性的图像文件格式,如图 6.11 所示。用计算机存储位图图像时,是存储图像各像素的位置和颜色数据等。位图图像格式包含图像种类、色彩位数和压缩方法等信息,表 6.4 列出了常见的位图图像格式。其中,BMP、GIF 和 JPG 格式是平时使用范围最为普遍的,PSD 是 Photoshop 专用的图像格式,可以存储图层信息,截屏得到的图像大多用 PNG 格式。

图 6.11　位图图像

表 6.4 常见的位图图像格式

图像格式	扩展名	说 明
BMP	.bmp	一种与设备无关的图像格式,也是 Windows 系统的标准位图格式
GIF	.gif	只有 256 种颜色,包括 GIF87a、GIF89a 两个规格,具有交错透明色和动画效果(GIF89a 支持)
JPEG	.jpg	一种高效的有损压缩格式,对单色和彩色图像的压缩比分别为 10∶1 和 15∶1
TFF	.tif	一种跨平台的图像格式,最早用于扫描仪和桌面出版业
PCX	.pcx	具有压缩及全彩色的功能,占用磁盘空间较少
PSD	.psd	Adobe Photoshop 的专用格式,可保存图层、通道等信息,制作特殊效果
PNG	.png	一种流式网络格式,色彩深度多达 48 位,支持无损压缩、交错和透明色

(3) 位图与矢量图比较

表 6.5 位图与矢量图比较

对 比 项	位 图	矢 量 图
存储空间	大	小
分辨率	有关	无关
放大缩小	不可以	可以
图像效果	可以表现出色彩丰富的图像	无法表现逼真的图像
运算	比较简单	比较复杂

从表 6.5 中可以看出,位图与分辨率有关,描述图像的数据被固定到一个特定大小的网格中。放大位图尺寸的效果是增大单个像素,这些像素在网格中重新进行分布,扩大位图放大到一定比例,图像的边缘呈锯齿状,并且丢失细节。

矢量图形与分辨率无关,这意味着,当更改矢量图形的颜色、移动矢量图形、调整矢量图形的大小、更改矢量图形的形状或者更改输出设备的分辨率时,其外观品质不会发生变化。

如图 6.12 所示,(a)中位图中的自行车轮胎就是由该位置的像素拼合在一起组成的。(b)中矢量图形中的自行车轮胎是由一个圆的数学定义组成的,这个圆按某一半径绘制,放在特定的位置,并填以特定的颜色。

(a) 位图

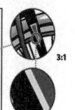
(b) 矢量图

图 6.12 位图与矢量图直观对比

2. 按颜色分类

(1) 黑白图像

黑白图像是最简单的一种图像,它只包含黑白两种信息,占用很少的存储空间。严格意义上的黑白图像,不存在过渡性的灰色,它的一个像素只需要一个二进制位就能表示出来,即 0 表示黑,1 表示白。

黑白图像可以分成两种不同的类型,即线条图和半色调图。线条图是一种简单的黑白线条组成的图像,包括如铅笔或钢笔描绘的素描图或如机械蓝图等单一颜色类的彩图,如图 6.13 所示。半色调图是一种模拟灰度图像的黑白图,如图 6.14 所示。

 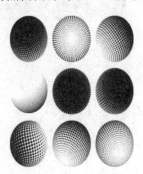

图 6.13　黑白线条图　　　　　　图 6.14　半色调图

(2) 灰度图像

灰度图像除包含黑色和白色,还包含实际的灰色调。灰度图是有级数的,除了黑白之外,中间过渡的灰色能更加精确地表示明暗变化。一般电脑上用的灰度图是 8 位,即用 8 个二进制位(1 个字节)来表示一个灰度图的像素,根据应用需要,灰度级也可以到达 16 位甚至更高。图 6.15 所示为原图及灰度图对比。

(a) 原图　　　　　　　　　　　　(b) 灰度图

图 6.15　灰度图示例

(3) 彩色图像

彩色图像包含丰富的图像信息,计算机中通常采用 RGB(红、绿、蓝)三原色的模型来表示。RGB 三原色可以组成世界上所有的颜色。图 6.16 是由 RGB 组成的彩色图像。

彩色图像中的每个像素是用多个位来表示的,常用的是 24b 彩色图像。它由三个 8b

的 RGB 通道组成,可以记录 1670 万种色彩,这种图像常称为真彩色图像。

图 6.16　彩色图像

6.2.3　图像的色彩模式

　　色彩模式是把色彩表示成数据的一种方法,它决定了图像以什么样的方式在电脑中显示或打印出来。表示彩色特性的方法有许多,如 RGB 模式、CMYK 模式、HSB 模式等。在计算机图像处理系统中,根据各种需要或运用环境的不同也提供了相应的色彩应用模式。如图像的颜色可以由 RGB 三种基色来合成,也可以由其他基色来合成,这就构成了颜色的多种合成方式。表 6.6 列出了常见的几种色彩模式。

表 6.6　常见的几种色彩模式

色彩模式	RGB	CMYK	HSB/HLB	Lab	Multichannel
含义	红、绿、蓝	青、洋红、黄、黑	色泽、饱和度、亮度	发光率、两个颜色	多通道
特点	最常用,图像质量最高	本身不发光,但吸收一部分光	根据人的感觉心理设计的颜色模式	色彩范围最广	删除颜色通道就转换成此模式
适用应用领域	计算机显示器	商业印刷	视觉效果	PhotoShop 内置模式	有特殊打印要求

　　其中,RGB 模式是显示器所采用的模式。它使用红(Red)、绿(Green)、蓝(Blue)三基色按不同比例的强度来混合,生成其他各种颜色。根据三种颜色光的比例不同,可以呈现出不同颜色的光。如 R、G、B 都取 100%,则光点为白色;如 R、G、B 都取 0%,则光点为黑色。由于三种颜色合成可以产生白色,所以 RGB 模式也称为色光加色法。计算机显示器就是使用加色原色创建颜色的设备。

　　目前,彩色显示器和彩色电视机都是使用 RGB 模式来显示彩色图像。将彩色图片用扫描仪输入到计算机中,是采用图像显示的逆过程,也是将彩色图片上的颜色分解成强度不同的 R、G、B 三种不同的光,并以数据的形式进行存储,如果再将其传到显示器,则又可以显示出原来的颜色。

图 6.17　图像在 PS 中的 RGB 模式与 CMYK 模式对比

而 CMYK 模式是打印机采用的颜色模式，CMYK 是 Cyan(青)、Magenta(洋红)、Intensity(黄)、Black(黑)的缩写。在现实世界中，当光照射到一个物体上时，这个物体将吸收一部分光线，并将剩下的光线反射出去，而反射光色就是人眼所见的物体的颜色。理论上，纯青色、洋红、黄色色素合成后吸收所有颜色，生成黑色。所以 CMYK 模式被称为色光减色法。将原色混合在一起后生成的颜色都是原色的不纯版本(减色)。例如，将洋红色和黄色进行减色混合创建纯色。减色是指一些颜料，当按照不同的组合将这些颜料添加在一起时，可以创建一个色谱。与显示器不同，打印机使用减色原色(青色、洋红色、黄色和黑色)并通过减色混合来生成颜色。

一般来说，任何一种颜料(或墨水)的颜色都可以由三种基本颜色(青、洋红、黄)的颜料按照一定比例混合获得。比如等量的三种基本颜色的颜料混合成黑色，但实际上，由于纯色一般是很难获得的，印刷结果常会带一些褐色。为此，印刷品需增加一种黑色来使色彩更均衡，保证颜色阴暗与深度。颜料的颜色是由其能反射的光的颜色决定的，假设由七种颜色的光混合而成的太阳光照在红色的物体上，该物体只反射红光，而将其他六种颜色的光吸收掉；白色物体对所有颜色的光很少吸收，将照射在其上的太阳光几乎都反射出去，使之看上去是白色的。如果一个物体能同时反射多种颜色光，则物体显示相同于不同颜料的颜色混合后的颜色。

在 Photoshop 中可以通过图像→模式→CMYK 模式改变图像的色彩模式，图 6.18 是在 Photoshop 中 RGB 模式与 CMYK 模式的对比。

CMKY 模式主要应用于出版和计算机彩色打印，它为要打印的图像上的点指定四种打印墨水的颜色，一般打印机或印刷设备的油墨都是采用 CMYK 模式。显然，CMYK 模式与 RGB 模式对颜色的产生方式是不同的。一般来说，CMYK 模式是达不到 RGB 模式的标准的，这也是有时屏幕上显示的图像要比打印出的图像的效果丰富得多的原因。当然，这不是绝对的，因为效果与图像本身的内容、色彩有很大的关系。

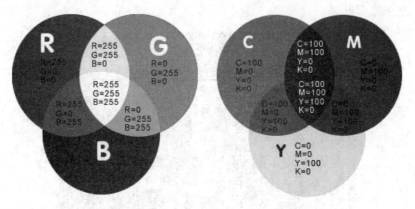

图 6.18　RGB 与 CMYK 创建颜色过程对比

6.2.4　图层

在计算机设计系统中,为了更便捷有效地处理图像素材,通常将它们置于不同的图层中,而图像可以看做是由若干层图像叠加而成的。利用图像处理软件,每层图像均可作单独的处理,而不影响其他层图像的内容。通俗地讲,图层就像是含有文字或图形等元素的胶片,一张张按顺序叠放在一起,组合起来形成页面的最终效果。图层可以将页面上的元素精确定位。图层中可以加入文本、图片、表格、插件,也可以在里面再嵌套图层。

图层原理如图 6.19 所示。

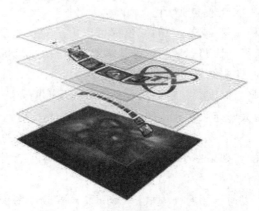

图 6.19　图层原理

在 Photoshop 软件中,图层(Layer)给图像处理与组合提供了便利的条件。可以将图层看做是一个独立的图像,各个图层可以分别进行操作处理,而一幅图像可以由若干个图层组成。对层的处理方法类似于在制作动画片过程中对明片的处理方法。一幅图像的内容可分别画在若干层子图上,每层子图称为一个图层,其上画出图像的一部分,每层子图的透明度可以根据需要设定,将各子图按照一定的次序进行叠加就可以得到综合图像。可以建立、增加与删除图层,并且可以设置每层图像的透明值以及重新排列叠加顺序等。

对每个图层中的图像进行的编辑处理,不会影响其他图层中的图像。

6.3 图像处理技术与应用

图像处理技术与应用包含以下内容:
- 图像的基本编辑
- 图层操作
- 图像处理技术拓展

6.3.1 图像的基本编辑

Photoshop 是世界上最优秀的图像编辑软件之一,它的应用十分广泛,不论是平面设计、数码艺术、网页制作、3D 动画、矢量绘图还是多媒体制作,Photoshop 在每一个领域都发挥着不可代替的作用。

Adobe 公司于 1990 年 2 月推出了 Photoshop 1.0。2003 年 9 月,公司将 Photoshop 与其他几个软件集成为 Adobe Creative Suite CS 套装,这一版本称为 Photoshop CS。Photoshop CC 2017 是 Photoshop CC 系列的全新版本,它开启了全新的云时代 PS 服务。本节以 Photoshop CS 6 版本软件进行介绍,图 6.20 所示为该版本软件主窗口界面。

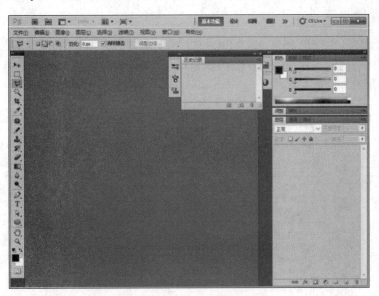

图 6.20 Photoshop CS 6 界面

1. 新建图像文件

选择"文件"→"新建"命令,弹出图 6.21 所示的"新建"对话框。

图 6.21 "新建"对话框

① 名称：设置新图像的名称。默认的文件名为"未标题-1""未标题-2"……
② 宽度和高度：设置画布的大小，单位有像素、英寸和厘米等。
③ 分辨率：默认值为 72 像素/英寸。
④ 颜色模式：默认为 RGB 颜色。
⑤ 背景内容：有白色、背景色和透明三个选项。
⑥ 高级选项中的颜色配置文件和像素长宽比一般为默认。

2. 打开图像文件

选择"文件"→"打开"命令，或在 Photoshop 主窗口的空白处双击，出现图 6.22 所示的"打开"文件对话框。在"查找范围"内指定存放文件的路径，选取一个或多个文件后单击"打开"按钮。

图 6.22 "打开"对话框

3. 修改像素尺寸

从数码相机中拍摄的照片或者从网上下载的图片,由于用途的不同,图像尺寸和分辨率有时候不能满足不同的需要,因此要对图像的尺寸和分辨率进行适当的调整。

打开一张图像文件,执行"图像"→"图像大小"命令,打开"图像大小"对话框,如图 6.23 与图 6.24 所示。当调整宽度为 960 像素和高度为 539 像素后,图像大小变为 1.48M。

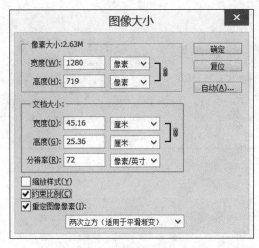

图 6.23 "图像大小"对话框

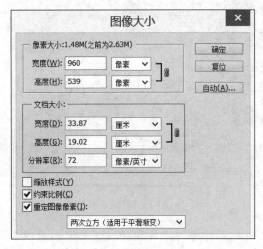

图 6.24 "像素大小"变化

"文档大小"选项组用来设置图像的打印尺寸,包括"宽度"和"高度"选项和"分辨率"选项。通过增加或减少"宽度"和"高度",可以改变图像的尺寸。值得注意的是"重定图像像素"选项的勾选,如果勾选此选项,当增加图像的大小时,会增加新的像素,这时图像尺寸虽然增大了,但画质会下降;而如果不勾选此选项,则在增加图像大小时会自动减少分辨率,画质没有改变。

图 6.25　勾选"重定图像像素"选项

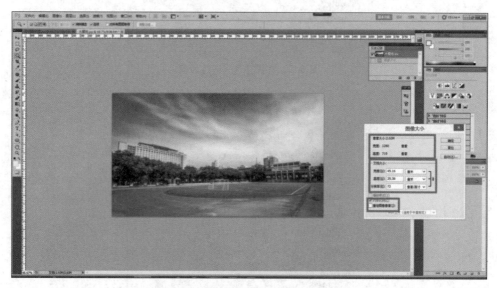

图 6.26　取消勾选"重定图像像素"选项

从图 6.25 与图 6.26 的对比中可以发现,勾选"重定图像像素"选项会使图像的尺寸变大,而取消勾选此项,图像尺寸没有改变。

注意:仅仅增加分辨率有时不能让小图变得更清晰。分辨率高的图像含有更多的细节成分,如果有一张既模糊且分辨率不高的图像,即使增加了它的分辨率,也不会变得很清晰。这是因为很多图像处理软件只是在原始图像上进行调整,它不能获得或者预测更多的关于图像的细节。

4. 图像的编辑

（1）选区

在用 Photoshop 处理图像时，有时候需要把图像中的某一部分裁剪出来，或对其背景进行修饰，或对其本身进行修改。例如，图 6.27(a)图所示是一张照片，如要修改花的颜色，如果不使用选区将编辑限制在花范围内，那么当改变颜色的时候，整幅图像的颜色都会被改变。

(a)　　　　　　　　　　　(b)

图 6.27　示例图

（2）选区方法

PS 中选区的方法有很多，包括选框工具、套索工具和快速选择工具。选框工具有很多种，可以选择矩形、椭圆、单行和单列。使用矩形或椭圆选框选择区域时，按住 Shift 键可以将选框限制为正方形或圆形。套索工具可以帮助我们选择不规则的图形。快速选择工具则可以快速选择到图案上的区域，图 6.27(b)图所示为用快速选择工具选择某朵花后改变颜色的效果。

6.3.2　图层操作

PS 中图层的基本操作包括选择图层、修改图层名称、新建图层、调整图层堆叠位置、复制图层、删除图层、合并图层等。图 6.28 所示的选框处可以对图层进行以上操作。

以用纯色填充图层，制作发黄旧照片为例，具体步骤如下：

① 按下 Ctrl+O 快捷键，打开待制作的图像文件。执行"滤镜"→"镜头校正"命令，打开"镜头校正"对话框。单击"自定"选项卡，设置"晕影"参数，使画面的四周变暗，如图 6.29 所示。

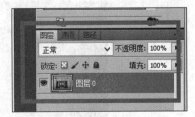

图 6.28　图层操作界面

② 执行"滤镜"→"杂色"→"添加杂色"命令，在图像中加入杂点，如图 6.30 和图 6.31 所示。

图 6.29 画面四周变暗操作

图 6.30 添加杂色界面

图 6.31 添加杂色效果

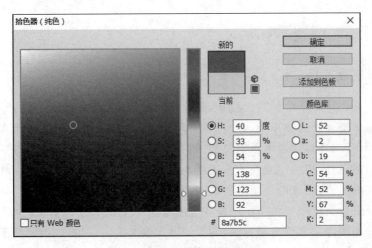

图 6.32　拾色器界面

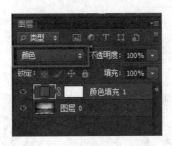

图 6.33　填充图层混合模式设置

③ 执行"图层"→"新建填充图层"→"纯色"命令，打开"拾色器"设置颜色，如图 6.32 所示，单击"确定"按钮关闭对话框，创建填充图层。将填充图层的混合模式设置为"颜色"，如图 6.33 所示。

④ 得到最终效果图，选择"文件"→"存储为"，选择保存路径和格式。

(a)　　　　　　　　　　　　　　(b)

图 6.34　编辑前后对比图

第 6 章　图像、视频处理技术基础

6.3.3 图像处理技术拓展

1. 图像灰度变换

灰度变换在图像的单个像素上操作,主要以对比度和阈值处理为目的。图像的灰度变换处理是图像增强处理技术中的一种非常基础、直接的空间域图像处理方法。由于成像系统的限制,常出现对比度不足的弊病,使人眼观看图像时视觉效果很差。灰度变换是指根据某种目标条件,按一定变换关系逐点改变源图像中每一个像素灰度值的方法。目的是为了改善画质,使图像的显示效果更加清晰。

为什么要进行灰度变换?由于图像的亮度范围不足或非线性特征,会使图像的对比度不理想。采用图像灰度值变换方法,即改变图像像素的灰度值,以改变图像灰度的动态范围,增强图像的对比度。

(1) 二值化和阈值处理

在 PS 中选择要处理的图片后,选择"图像"→"模式"→"灰度"子菜单,扔掉颜色信息后,可以得到如图 6.35(b)图所示的灰度图。

(a) 图像二值化处理前　　　　(b) 图像二值化处理后

图 6.35　灰度变换图

PS 中的"阈值"命令可以将彩色图像转化为只有黑白亮色的图像。图 6.36 是阈值处理前后的图像对比。

(a) 图像阈值处理前　　　　(b) 图像阈值处理后

图 6.36　阈值处理图

(2) 灰度直方图

灰度直方图是灰度级的函数,是对图像中灰度级分布的统计,反映的是一幅图像中各灰度级像素出现的频率。横坐标表示灰度级,纵坐标表示图像中对应某灰度级所出现的像素个数,也可以是某一灰度值的像素数占全图像素数的百分比,即灰度级的频率。

直方图反映了图的像素的灰度分布,是反映一幅图像中的灰度级与出现这种灰度级的像素的概率之间关系的图形。直方图的横坐标为灰度级(用 r 表示),纵坐标是具有该灰度级的像素个数或出现此灰度级的概率 $P(r_k)$。设 N 为一幅图像中的像素总数,n_k 为第 k 级灰度的像素数,r_k 表示第 k 个灰度级。则归一化后 k 级灰度像素数如下:

$$P(r_k) = n_k/N$$

图 6.37 形象地列出了灰度直方图计算的整个过程,包括 3 步,第 1 步对应的表代表了一个图像中各个像素的灰度值,第 2 步对应的表是每个像素值及其统计的结果,最后得到灰度直方图。

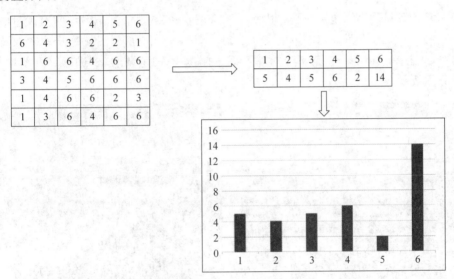

图 6.37 灰度直方图计算过程

图 6.38 是图像在 PS 中直方图的显示结果,通过单击"窗口"→"直方图"子菜单,可以弹出直方图界面。

(3) 直方图均衡化

直方图均衡化是应用灰度直方图进行图像修正的一种方法。灰度直方图反映了数字图像中每一灰度级与其出现频率间的关系,它能描述该图像的概貌。通过修改直方图的方法增强图像,是一种实用而有效的处理技术。直方图均衡化可以通过某种变换让输入的一幅图像占有很多的灰度级,而且分布均匀,这使得输入的图像具有高对比度和多变的灰色色调。它的基本思想是对图像中像素个数多的灰度级进行展宽,而对图像中像素个数少的灰度进行压缩,从而扩展图像原取值的动态范围,提高对比度和灰度色调的变化,使图像更加清晰。

图 6.39 中的(b)图就是 PS 中直方图均衡化的效果。正常照片的直方图应该是中间

 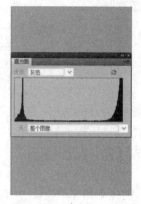

(a) 三原图　　　　　　　　　　　　(b) 直方图

图 6.38　PS 中显示灰度直方图

高、两边低。高调照片的直方图是右边高。暗调图像的直方图正好相反,它有大量的阴影而高光很少,所以直方图呈现左边偏高的现象。图 6.39 中的(a)图就是暗调图像及其直方图显示。选择 Photoshop 菜单中的"图像"→"调整"→"色调均化"进行直方图均衡化,呈现(b)图效果。

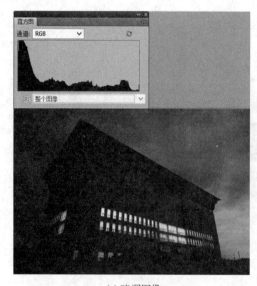 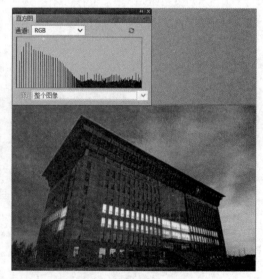

(a) 暗调图像　　　　　　　　　　　(b) 直方图均衡化的效果

图 6.39　PS 中显示直方图均衡化

2. 空间滤波

图像平滑滤波的目的是减少和消除图像中的噪声,以改善图像质量,有利于提取对象特征进行分析。

各类图像处理系统在图像的采集、获取、传送和转换(如成像、复制扫描、传输以及显示等)过程中均处在复杂的环境中,所有的图像均不同程度地被可见或不可见的噪声干扰。噪声源包括电子噪声、光子噪声、斑点噪声和量化噪声。如果信噪比低于一定的水平，噪声逐渐变成可见的颗粒形状，会导致图像质量下降。除了视觉上的质量下降，噪声同样可能掩盖重要的图像细节，在对采集到的原始图像作进一步的分割处理时，可能会发现有一些分布不规律的椒盐噪声，为此采取的相应对策就是对图像进行必要的滤波降噪处理。

空间滤波，就是直接在灰度值上作一些滤波操作。滤波一词，其实来源于频域，将某个频率成分滤除的意思。大部分线性的空间滤波器（比如均值滤波器），是在空间上进行一些灰度值上的操作，这个线性空间滤波器与频域滤波器有一一对应的关系（比如均值滤波器的本质就是低通滤波器），这样会有助于理解这个滤波器的特性。然而，对于非线性的滤波器（比如最大值、最小值和中央值滤波器），则没有这样一个一一对应的关系。

以中值滤波为例。中值滤波法是一种非线性平滑技术，它将每一像素点的灰度值设置为该点某邻域窗口内所有像素点灰度值的中值，如图 6.40 所示，将中心点的像素值 10 设置为中值 4。中值滤波是基于排序统计理论的一种能有效抑制噪声的非线性信号处理技术，中值滤波的基本原理是把数字图像或数字序列中一点的值用该点的一个邻域中各点值的中值代替，让周围的像素值接近真实值，从而消除孤立的噪声点。

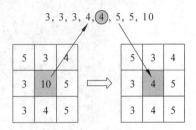

图 6.40　中值滤波计算过程

中值滤波是空间滤波的方法之一，它的特点是取中间值作为处理后图像像素点的灰度。中值滤波方法的主要功能是既可以去除图像的噪声点又能保护图像的边缘，从而获得较满意的复原效果。图 6.41(a)所示是一幅带有噪声点的图像，经过 PS 中"滤镜"→"杂色"→"中间色"子菜单中值滤波后，结果如图 6.41(b)所示。

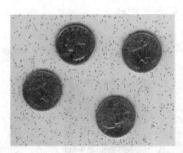

(a) 含有椒盐噪声的图像　　　　　(b) 中值滤波后的图像

图 6.41　中值滤波效果

3. 滤镜

滤镜是 Photoshop 中最具有吸引力的功能之一。滤镜不仅用于制作各种特效，还能模拟素描、油画、水彩等绘画效果。滤镜分为内置滤镜和外挂滤镜两大类。内置滤镜是 Photoshop 自身提供的各种滤镜，外挂滤镜则是由其他厂商开发的滤镜。Photoshop 的内置滤镜主要有两种用途。第一种用于创建具体的图像特效,第二种用于编辑图像,如减少图像杂色等。

实例:为图片添加星空效果。

① 打开图像文件后新建图层,按 D 键使用默认的黑白前景色和背景色,按 Alt+Delete 键或 Alt+退格键,填充前景色黑色,如图 6.42 所示。

② 选择"滤镜"→"杂色"→"添加杂色",分别设置数量为 10、高斯分布、单色,单击"确定"按钮,如图 6.43 所示。

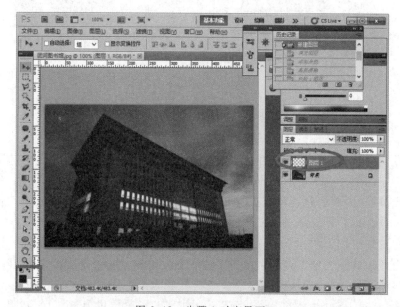

图 6.42　步骤 1 对应界面

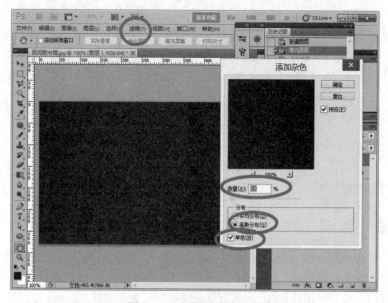

图 6.43　步骤 2 对应界面

③ 选择"滤镜"→"模糊"→"高斯模糊",半径 0.5 像素,单击"确定"按钮。用模糊效果将杂色效果的直方图连接成一体,方便下一步调整色阶,如图 6.44 所示。

④ 单击"图层窗口"→"新建调整图层"→"色阶",如图 6.45 所示。

图 6.44 步骤 3 对应界面

图 6.45 步骤 4 对应界面

⑤ 此时色阶中的直方图显示的是一个黑色峰值,将输入色阶中右面的三角块向左调整,然后将左面的三角块向右调整,就能看到图像中的变化,达到满意程度后单击"确定"

按钮,如图 6.46 所示。

⑥ 合并两个图层:色阶图层和前景色填充图,如图 6.47 所示。

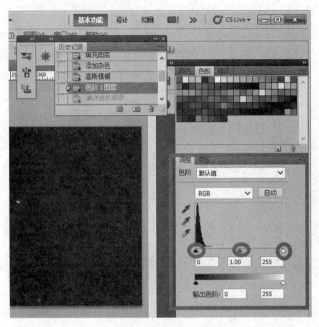

图 6.46 步骤 5 对应界面

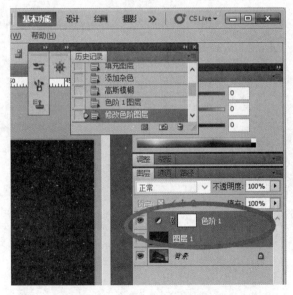

图 6.47 步骤 6 对应界面

⑦ 对于背景图层,用多边形套索工具勾勒出建筑物的形状。鼠标放置在选取处,右击,选择"选择反向",如图 6.48 所示。

⑧ 为合并后的色阶图层添加"图层蒙版",如图 6.49 所示。

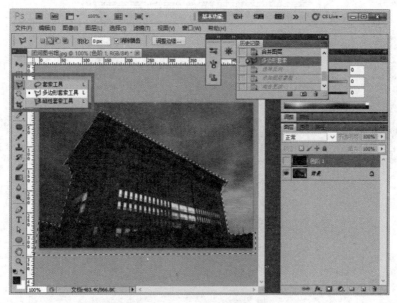

图 6.48 步骤 7 对应界面

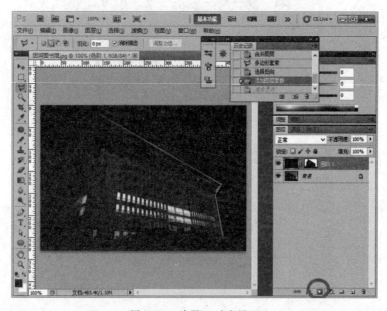

图 6.49 步骤 8 对应界面

⑨ 改变叠加模式为滤色,如图 6.50 所示。

⑩ 最终效果放大后对比。通过图 6.51 和图 6.52 的对比,可以看到添加星空后的图片,背景天空上多了满天星星。

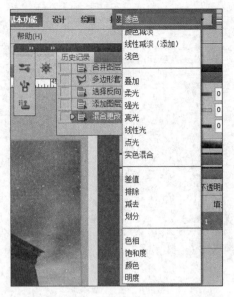

图 6.50 步骤 9 对应界面

图 6.51 原图

图 6.52 添加星空效果图

6.4 视频处理技术与应用

视频处理技术与应用包含以下内容：
- 视频的基本概念

- 数字视频应用

6.4.1 视频的基本概念

1. 视频

视频(Video)技术即动态图像传输,在电信领域被称为视频业务或视讯业务,在计算机界常常称为多媒体通信、流媒体(下载像流水)通信等。视频通信技术是实现和完成视频业务的主要技术。

视频具有时序性与丰富的信息内涵,常用于交待事物的发展过程。视频非常类似于我们熟知的电影和电视,有声有色,在多媒体中充当起重要的角色。图6.53所示为众多视频播放器中的一例。

图 6.53 视频播放器

2. 帧、场

帧:视频是由一幅幅连续图像序列组成的动态过程,而组成视频的每一幅静态画面称为"帧"。由于人眼具有视觉停留的现象,所以短暂的停顿人眼是感觉不到的,当帧速率达到一定程度的时候,连续的画面序列在人眼看来就是动态效果的视频。

帧速率:1秒钟能够播放的帧数。典型的帧速率范围是24~30帧/秒。帧速率越高,播放的效果越好。

场:每一幅画面都会被拆分开显示,而拆分后得到的最后画面称为"场"。

3. 视频格式

视频格式可以分为适合本地播放的本地影像视频和适合在网络中播放的网络流媒体影像视频。尽管后者可能在播放的稳定性和播放画面质量上没有前者优秀,但网络流媒体影像视频的广泛传播性使之正被广泛应用于视频点播、网络演示、远程教育、网络视频广告等互联网信息服务领域。

表6.7所示为本地视频格式,表6.8所示为网络视频格式。

表 6.7 本地视频格式

类型	全 称	基 本 介 绍	优 点	缺 点
AVI	Audio Video Interleaved,音频视频交错	可以将视频和音频交织在一起进行同步播放	图像质量好,可以跨多个平台使用	体积过于庞大,压缩标准不统一
MPEG	Moving Picture Experts Group,运动图像专家组	家里常看的 VCD、SVCD、DVD 就是这种格式	压缩比高,节省空间	有损压缩

表 6.8　网络视频格式

类型	全　　称	基本介绍	优　　点	缺　　点
ASF	Advanced Streaming Format	ASF 是一种可以直接在网上观看视频节目的文件压缩格式	本地或网络回放，多语言支持，环境独立性	图像质量稍微差一点
WMV	Windows Media Video	是微软推出的一种流媒体格式，它是从"同门"的 ASF 格式升级延伸得来	在与 ASF 同等视频质量下，WMV 格式的文件可以边下载边播放，因此很适合在网上播放和传输	WMV 技术的视频传输延迟要十几秒钟
RM	Real Media	可以说是视频流技术的创始者，它的诞生使得流媒体为更多人所知	能够实现即时播放，体积小而且比较清晰	通常只能容纳 Real Video 和 Real Audio 编码的媒体

4. 视频信号的数字化

在数字化空间里，视频的清晰度一般是使用垂直方向和水平方向的分解率来表示的。因此，要提高视频的清晰度，就必须要调整其水平方向及垂直方向的分解率。以电视视频信号为例，整个视频信号数字化的过程如下。

(1) 视频信息的获取

一般来说，视频的采集要用到视频采集卡、视频信号源及配置较高的 MPC 机。视频信息的获取是利用数字化设备进行的，比如数码摄像机；另外，也可通过模拟视频设备，比如录像机、摄像机等，输出其模拟信号，然后利用视频卡把模拟信号进行数字化，再存入计算机中，这样，计算机就能将其播放出来，而且还能对其进行编辑。

(2) 视频信息的数字化

常用的视频信息数字化的方法有复合数字化及分量数字化。复合数字化是指先利用高速模/数转换器将彩色全电视信号数字化，随后在数字域中将亮度和色度分离开来，以便于目标 YUV 或 YIQ 分量的获取，然后再将其转换成 RGB 的分量数据。而分量数字化是指先将复合彩色电视图像中的彩色分量的亮度及色度进行分离，得到目标 YUV 或 YIQ 分量，随后再利用 3 个模/数转换器分别对 3 个分量进行数字化，然后再将其转换成 RGB 空间。

(3) 视频信号的采样格式

对于复合电视信号来说，其中亮度信号的带宽要比色度信号的带宽高一倍，所以可利用色采样法来对视频信号进行数字化。对视频信号的数字化可用以下采样格式：Y：U：V=4：4：4；Y：U：V=4：2：2；Y：U：V=4：1：1；Y：U：V=4：2：0。

(4) 视频信号的数字化

总结起来，电视图像是空间函数与时间函数的结合，而且其输出方式又是隔行扫描式，相对于扫描仪扫描图像的方式而言，其所使用的采样方式要复杂很多。若采用分量采样,只能隔行采到所需要样本点,采集完成后还要对样本点进行隔行整理,然后再对样本点进行量化,使 YUV 转换到 RGB 的色彩空间,最后得到数字化的视频数据。

5. 数字视频处理的特点

处理数字图像时,其所占用的频带较宽,在实现视频的成像、传输、存储、处理及最后的显示等环节时,需要较高水平的技术,自然成本也不会低,因此,在使用频带压缩技术时,所要求的技术含量就更高。另外,数字图像中的像素都是相互关联的,而且不同像素在图像画面上会表现出相同或相似的灰度,导致需要处理的信息量很大,这就要求计算机的计算速度要更快、存储容量要更大。

6.4.2 数字视频应用

视频软件种类繁多,通常包括视频播放、处理、制作编辑、格式转换、下载、压缩/解码、屏幕录像、动画制作软件等。表 6.9 列举了一些常用视频软件。

表 6.9 常见的视频软件

软件名称	软件类型	说 明
Windows Live Movie Maker	数字视频制作工具	Movie Maker 是微软公司出品的一款简单的数字视频编辑工具。软件在转场、特效及字幕等方面提供了基本的支持
Total Video Converter	数字视频格式转换工具	Total Video Converter 能够读取和播放各种视频和音频文件,并且将它们转换成流行的媒体文件格式
Camtasia Studio	屏幕录像工具	Camtasia Studio 既是一个屏幕录像工具,也是一款视频编辑软件,还可以作为一款虚拟视频软件,通过网络与别人共享自己的桌面
格式工厂	万能多媒体格式转换软件	支持音频、图像、视频几乎所有格式转换,转换过程可修复某些意外受损视频,支持文件媒体压缩,转换图片文件支持缩放、旋转、水印等功能

1. Windows Live 影音制作

Windows Live 影音制作是微软开发的影音合成制作软件。它可以轻松导入和编辑视频,在很短的时间里轻松制作出精美的影片或幻灯片,并在其中添加各种各样的转换和特效。

实例:使用 Windows Live 影音制作软件制作一个宣传短片。通过素材收集、整理、设计,制作一个影片。操作步骤如下:

① 准备素材。根据短片主题确定素材内容,包括图片、背景音乐、视频等文档。

② 添加图片和视频素材。打开软件编辑器,如图 6.54 所示,显示为 Windows Live 影音制作窗口界面。该软件支持 Windows Vista/7 操作系统(不支持 Windows XP),提供简体中文语言界面,而且也采用了最新的 Ribbon 样式工具栏,包括开始、动画、视觉效果、查看、编辑等多个标签栏。

图6.54　Windows Live 影音制作窗口

③ 素材的查看与筛选。窗口左侧是预览区和播放控制按钮，右侧是添加的视频和照片素材。单击"开始"标签下的工具栏"添加视频和图片"按钮，加载图片和视频，拖动帧可以播放并查看效果，调整顺序、删减图片等操作。Windows live 影音制作还提供了几款主题，有怀旧型的，有现代气息的，也有平淡型的，使用主题可以不用为每张照片单独添加效果，主题会自动添加效果。

④ 加载背景音乐。单击"开始"标签下的工具栏"添加音乐"按钮，选择音乐文件作为背景音乐。

⑤ 添加片头和片尾。可以把下载好或者制作好的片头和片尾插进去，也可以使用 Windows live 影音制作添加片头和片尾。只要在开始选项卡中单击片头和片尾即可添加。添加的时候可以选择字幕的动画效果以及片头和片尾的颜色。

⑥ 选择选项中的"保存电影"菜单，可以进一步选择"高清晰度"电影，弹出"保存电影"对话框，单击"保存"按钮，即弹出"Windows live 影片制作"进度条，如图6.55所示。生成的视频文件默认为.wmv类型。

2. 格式工厂

格式工厂（Format Factory）由上海格式工厂网络有限公司创立于2008年2月，是面向全球用户的互联网软件。格式工厂致力于帮用户更好地解决文件使用问题，现拥有在音乐、视频、图片等领域庞大的忠实用户。它在该软件行业内位于领先地位，并保持高速发展趋势。

格式工厂的特长有：

- 支持几乎所有类型多媒体格式转换到其他常用格式；
- 转换过程中可以修复某些意外损坏的视频文件；
- 多媒体文件"减肥"或"增肥"；

图 6.55　保存电影

- 支持 iPhone/iPod/PSP 等多媒体指定格式；
- 转换图片文件支持缩放、旋转、水印等功能；
- DVD 视频抓取功能，轻松备份 DVD 到本地硬盘。

格式工厂可以在其官网上下载，如图 6.56 所示。

图 6.56　格式工厂官网首页

使用格式工厂，将 MP4 格式的视频转换成 AVI 格式，操作步骤如下：

① 首先准备要进行转换的视频文件，待转换的文件格式为 MP4 格式。图 6.57 是"格式工厂"的工作界面。

② 在左边"视频"一栏中单击选择想要转换的目标格式，如图 6.58 所示，这里选择 AVI 格式。

③ 在图 6.59 的转换界面上单击"添加文件"，选择待转换的视频文件进行添加，单击"确定"按钮。

④ 添加完毕，单击主界面上方的"开始"按钮，开始进行格式转换。如图 6.60 所示。

⑤ 转换结束，屏幕下方会弹出"任务完成"对话框，并记录耗时。单击上方的"输出文件夹"，即可打开格式转换成功的视频所在文件夹。如图 6.61 所示。

⑥ 也可以在左侧工具栏选择图片、音频、文档选项，分别对图片、音频、文档进行格式

第 6 章　图像、视频处理技术基础

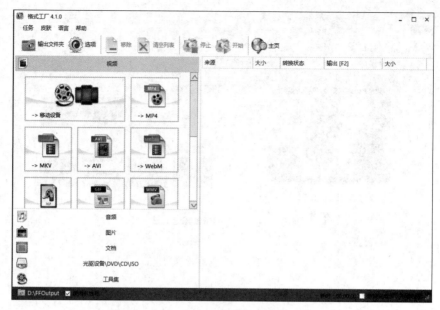

图 6.57 格式工厂界面

图 6.58 视频栏

转换。如图 6.62 所示。

再以视频合并为例,具体步骤如下:

① 在左侧工具栏选择"工具集"选项,选择"视频合并",如图 6.63 所示。

② 在弹出的对话框中选择"添加文件"选项,如图 6.64 所示。选择两个待合并的视频,选择时可以按 Ctrl 键进行多选,单击"打开"添加。

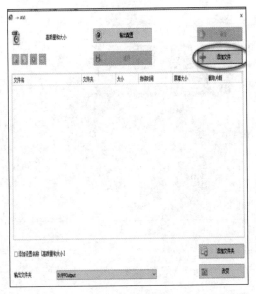

图 6.59 转换界面

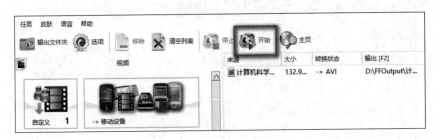

图 6.60 格式转换界面

图 6.61 格式结束界面

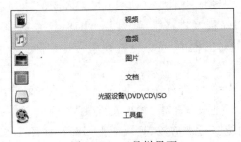

图 6.62 工具栏界面

第 6 章 图像、视频处理技术基础

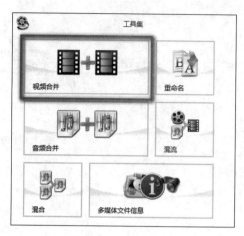

图 6.63　工具集界面

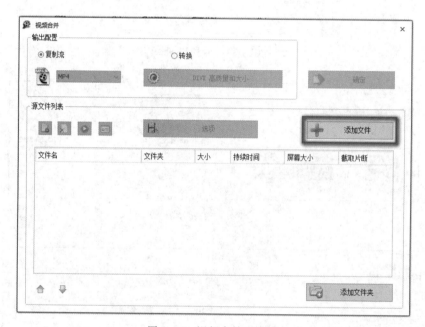

图 6.64　视频合并对话框

③ 在输出配置中可以单击"转换",在下拉菜单中选择我们想要输出的视频格式,也可以直接单击"复制流",视频格式不变。如图 6.65 所示。

④ 单击"选项",可以对视频进行视频剪辑。注意,这个"选项"是对添加的视频一个个地进行剪辑。在弹出的对话框中,可以设置视频"开始时间"和"结束时间"。如图 6.66 所示。

⑤ 都设置好后,单击"确定"进行保存,回到格式工厂主菜单,单击"开始"进行视频的合并。完成后,在格式工厂主菜单单击"输出文件夹"。弹出文件夹窗口后,找到刚刚合并好的视频。测试后,视频能够正常播放,且视频无损耗。如图 6.67 所示。

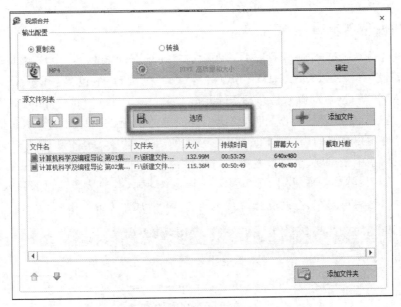

图 6.65 视频合并界面

图 6.66 设置界面

图 6.67 输出文件夹

第 6 章 图像、视频处理技术基础

3. Flash 动画制作

动画设计分为 2D 动画软件、3D 动画软件和网页动画软件。2D 动画软件包括 ANIMO、RETAS PRO、USANIMATION 等,3D 动画软件包括 3DMAX、MAYA、LIGHTWAVE 等,网页动画软件包括 Flash 等。

Flash 是一款动画设计制作软件,用于创建简单的动画、视频内容、演示文稿、应用程序和其他允许用户交互的内容。Flash 具有强大的功能,其三大基本功能是整个 Flash 动画设计知识体系中最重要、也是最基础的,包括绘图和编辑图形、补间动画和遮罩。

实例:在 Flash 中制作补间动画,创建一个文本动画,文本从舞台顶部移入到中央位置,稍作停滞,然后再向左、右两侧分散移出舞台,其动画效果如图 6.68 所示。

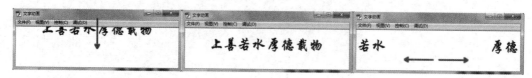

图 6.68　文本动画效果

根据设计好的动画过程,自定义创建补间动画的操作如下:

① 启动 Adobe Flash CS5 程序,弹出主窗口,如图 6.69 所示。新建文档,保存空白舞台文件,文件默认类型为.fla。

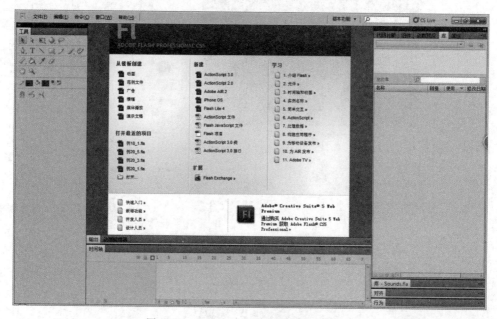

图 6.69　Adobe Flash CS5 主窗口起始页

② 在舞台上右击,选择快捷菜单中的"文档属性"命令,弹出图 6.70 所示的对话框,将文档设置为 600×200 像素大小。

③ 在工具箱中选择"文本"工具,文本属性设置为华文行楷,字号 40 点,输入一行文

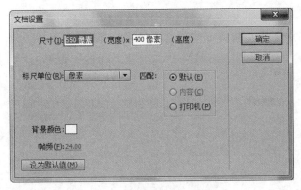

图 6.70　文件属性设置

本信息"上善若水",双击时间轴的"图层 1",重命名与文字内容一致;单击时间轴底部"新建图层"按钮,使用文本工具再输入"厚德载物",重命名该图层,并将文本移至舞台上方的外部,如图 6.71 所示。

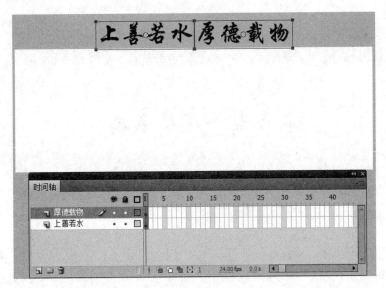

图 6.71　创建文本

④ 在舞台上选择要补间的"文本"对象。右击文本区(或当前帧),在弹出的快捷菜单中选择"创建补间动画",即可看到时间轴窗口发生的变化。图层的图标由常规图层类型变为补间图层类型,如图 6.72 所示。而且,时间轴一侧自动插入到第 24 帧,补间范围的

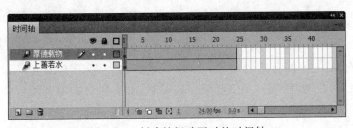

图 6.72　创建补间动画时的时间轴

第 6 章　图像、视频处理技术基础

长度等于 1 秒的持续时间（帧速率是 24 帧/秒）。

⑤ 将动画添加到补间。将播放头放在补间范围内的第 24 帧上，然后右击，在快捷菜单上选择[插入关键帧]/[位置]，时间轴显示添加了属性关键帧，属性关键帧在补间范围中显示为小菱形，如图 6.73 所示。

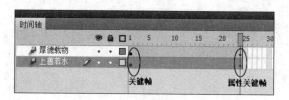

图 6.73　创建补间位置

⑥ 将舞台上方的文本对象垂直向下拖到舞台正中位置。此时，舞台上显示的运动路径显示从补间范围的第一帧中的位置到新位置的路径。舞台及时间轴内容如图 6.74 所示。

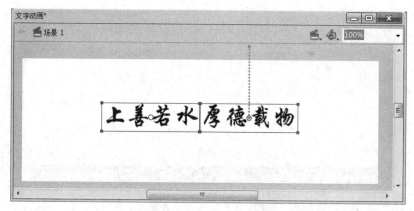

图 6.74　移动文字位置

⑦ 鼠标在时间轴第 35 帧位置划过上下两个图层，选中两个帧，右击，选择快捷菜单中[插入关键帧]/[全部]命令，然后再右击，选择菜单中[拆分动画]命令，则关键帧信息如图 6.75 所示。

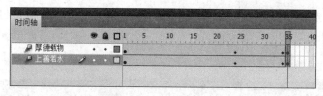

图 6.75　拆分动画

⑧ 将播放头放在补间范围内的第 70 帧上，并右击，在弹出的快捷菜单中选择[插入关键帧]/[位置]命令，则添加一个新的属性关键帧，水平移动文本到舞台外侧，如图 6.76 所示。

⑨ 将两个文本内容对称移出舞台，按下 Enter 键，在编辑窗口中观看动画完成效果。

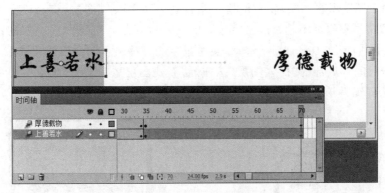

图 6.76 将文本移出舞台

按下 Ctrl+Enter 键,导出影片,在播放器窗口测试动画效果。

实例:下面通过制作一个"滚动字幕"的实例介绍遮罩动画的创作方法,动画效果如图 6.77 所示。

图 6.77 "滚动字幕"动画效果

具体实现步骤如下:

① 制作动画素材,绘制显示器。使用工具箱中的"基本矩形工具",如图 6.78 所示。绘制一个卡通的显示器图形。使用"椭圆工具"绘制显示器底座。选中完整图形后,右击,选择菜单中的[转换为元件]命令,将图形保存到"库"中,如图 6.79 所示。

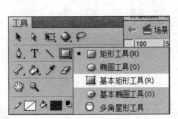

图 6.78 选择工具

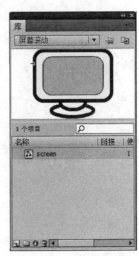

图 6.79 "库"中元件

② 重命名图形所在图层名为"屏幕",新创建一个"文本"图层,将一段文本输入到相应位置,设置文本框宽度不超过屏幕宽度,如图 6.80 所示。选择"文本"层的第 90 帧,并创建属性关键帧,使文本垂直向上移动,文本最后一行移出显示器顶部区域。

③ 单击时间轴底部的"插入图层"按钮,将新建图层重命名为"遮罩",单击"遮罩"层的第 1 帧,选择工具箱中的"矩形"工具,绘制一个矩形区域,如图 6.81 所示。

图 6.80 输入文本

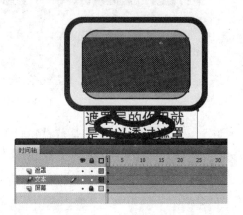
图 6.81 创建遮罩层

④ 选择"遮罩"层的第 90 帧,按下 F5 键,创建普通帧。

⑤ 选择"遮罩"层,右击,在弹出的快捷菜单中选择"遮罩层"命令,此时遮罩层与被遮罩层的嵌套关系在图层中显示出来,遮罩层总是遮住紧贴其下的层,因此要确保在正确的地方创建遮罩层,如图 6.82 所示。遮罩层与被遮罩层的锁定状态表示遮罩关系确定,若需要编辑某个层,先单击锁定图标解锁后可进行编辑。

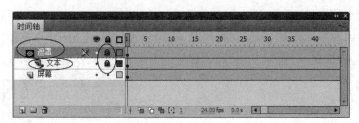
图 6.82 遮罩层与被遮罩层

⑥ 动画制作完成,测试动画。

6.5 视频监控与视频侦查

视频监控与视频侦查包含以下内容:
- 视频监控的概念
- 视频侦查的概念
- 公安视频监控系统规划与设计

- 涉案视频图像处理与分析
- 视频侦查研判

6.5.1 视频监控的概念

1. 视频监控系统

视频监控系统是利用视频技术监视设防区域,并实时显示、记录与回放现场图像的电子信息系统与网络,是安全技术防范系统的重要组成部分。

2. 视频监控系统的构成

当前,视频监控系统主要由前端采集子系统、传输子系统、存储子系统和视频监控管理平台等组成。视频监控系统构成及功能如表6.10所示。

表6.10 视频监控系统构成及功能

构成系统	组成	功能介绍
前端采集子系统	摄像机、镜头、视频服务器、云台、防护罩、补光灯等	是视频监控系统的信息源头,主要是采集视频信息,根据需要也可增加声音采集、报警信息采集等功能
传输子系统	同轴电缆、双绞线、光纤等传输媒介	主要是对前端摄像机采集的视频图像进行实时传输。由于需要由控制中心通过控制台对前端摄像机、镜头、云台等进行控制,因此,传输子系统传输的内容除图像、声音信号外,还包括控制信号、报警信号等
存储子系统	数字硬盘录像机(DVR)、网络硬盘录像机(NVR)、云存储	主要是对采集的视频监控图像等信息进行存储,存储方式包括前端存储、DVR、NVR、集中存储(网络磁盘存储)和云存储等。在模拟视频监控阶段,存储方式主要是DVR,数字和网络视频监控阶段主要是NVR和集中存储。现阶段,云存储作为一种新的存储方式,越来越得到广泛应用
视频监控管理平台	支撑层、服务层、应用层及表现层	是视频监控系统业务和应用的核心,主要实现对视频信息的综合管理,包括视频图像的存储管理、控制、流媒体转发、网络级联,以及开展视频图像的深度应用,并具有地图管理、显示管理、运维管理等功能

从表6.10可以看出,前端采集子系统完成实时数据采集、处理、反馈的功能;传输子系统在前端子系统采集完数据后,负责实时同步地传输采集到的信息,确保信息在传输过程中不丢失、延迟小;现阶段存储子系统主要采用云存储,云存储融合了集群应用、负载均衡、虚拟化等技术,可通过专业应用软件集合起网络中大量各种不同类型的存储设备协同工作,具有高性能、高可靠、不间断等特点;视频监控管理平台完成对各个监控点的全天候监视,能在多操作控制点上切换多路图像,是整个系统的控制核心。根据应用的不同,视频监控管理平台还能实现对报警设备、定位设备等其他安防设备的集成管理功能。

3. 视频监控系统的特点及作用

视频监控系统的特点如下:
① 信息丰富:图像高清,包含细节特征,有利于图像处理、识别及智能化。
② 实时性好:能够实时记录场景信息,不仅可以记录事件发生时的状态,还可以记录事件发展的过程和处理结果。可通过遥控摄像机及辅助设备(镜头、云台等),在监控中心直接观看被监控场所的一切情况(图像与声音等内容)。
③ 拓展性强:可以与防盗、防火、报警及门禁等其他安防体系联动运行,使防范能力增强,报警准确、安全可靠。
④ 应用范围广:除了作为安全应用外,丰富的信息资源还可作为工业、农业、商业等的非安全应用;同时可以一机多用,如监控、测速、流量统计、灾险情预报等。

视频监控系统在公安工作中的作用如下:
① 指挥处置中实时监控和驾驭全局的新支撑。
② 治安防控中震慑犯罪和精确打击的新手段。
③ 侦查破案中发现线索和固定证据的新来源。
④ 社会管理中便民利民和服务群众的新方式。

4. 视频监控系统的基本构成模式

视频监控系统的基本构成模式有模拟视频监控系统、数字视频监控系统、网络视频监控系统三种。表 6.11 列出了视频监控系统的基本构成模式,从表中可以看出这三种模式各有千秋。

表 6.11 视频监控系统基本构成模式介绍

模式名称	组成	工作过程	优势
模拟视频监控系统	模拟摄像机,同轴电缆,矩阵主机(或显示、记录装备),切换控制设备	主要利用模拟摄像机进行视频信号采集,通过同轴电缆将视频信号传输到矩阵主机或显示、记录设备	控制延时短,图像预览效果较好
数字视频监控系统	嵌入式网络硬盘录像机(Embedded Digital Video Recorder,E-DVR)或嵌入式视频服务器(Digital Video Server,DVS)	主要利用嵌入式网络硬盘录像机或嵌入式视频服务器将模拟信号进行数字化、编码、压缩后接入网络,实现联网视频监控	不失真,图像可靠度高;实时性好;充分利用、保护投资;提供智能监控所需最佳高清图像;操作便捷
网络视频监控系统	IP 前端、中心管理平台、IP 存储、电视墙解码、用户访问	又称 IP 监控,是将压缩后的视音频信号、控制信号通过各种有线、无线网络进行传输	可多人同时上网,监看不受时间、地点限制;可与无线网络及移动终端结合;操作简便,系统易于扩充及整合性高

6.5.2 视频侦查的概念

1. 视频侦查

视频侦查是指将视频监控技术运用于犯罪侦查中,利用视频监控发现和掌握犯罪的发生过程、确定犯罪嫌疑人的体貌特征、分析和采集侦查线索的技术性侦查方式。侦查学的发展始终是伴随着现代科技发展而发展的,现代科学技术的每一次革新都会推动侦查学、侦查技术、侦查模式发生转变,而视频侦查正是随着视频监控技术的发展而产生的,并且在实践中得到了广泛运用,在侦查破案、打击犯罪等工作中发挥着越来越重要的作用。目前,视频侦查技术已经成为继刑事技术、行动技术、网侦技术之后公安机关侦查破案的又一大支撑技术。

2. 视频侦查的特点

视频侦查的特点如下:

① 准确性和直观性:视频客观地再现犯罪原貌,不仅记录人的外貌、行为动作,还记录了时间、地点等多种信息,从中获得的犯罪信息丰富且真实,视频图像直观明了。

② 人机互动性:具备实时性的视频监控系统与"网格化"巡逻紧密对接,大大增强了公安机关驾驭社会治安局势的能力。人机互动、人机对接的战法,使机防与人防协调发展,优势互补,综合发挥作用,有效推进"打、防、控、管"手段的创新和变革。

③ 现代科学技术与传统侦查手段的结合:视频侦查需要运用各种现代图像处理技术对视频图像进行处理,运用技术手段对监控视频进行分析。同时,视频侦查作为一种特殊的侦查模式,传统的侦查手段必然体现在整个侦查活动中,只有技术与侦查的完美结合,才能最大限度发挥视频侦查的作用。

④ 隐含信息的挖掘:视频监控系统在保存视频信息后,具有倒查功能。通过对监控图像的综合研判,回放和固定各类案件正在发生时的客观事实,深度挖掘视频信息中隐含的深层次犯罪信息,准确分析研究案件,为案件的侦查提供明确的方向。

⑤ 视频信息的外延与拓展:可将视频监控记录的视听资料与现有的户籍资料、暂住人员和在逃人员信息库、汽车车辆信息库、打防控系统等各种信息资源库结合,并在此基础上采用影像合成技术、模拟画像、模糊图像处理等图像处理技术,为各业务部门提供侦查方向,检验鉴别与案件相关的监控图像。

⑥ 视频监控及记录手段多样性:目前,视频监控系统在治安、刑侦、监管、督查、网监、指挥中心、交警等各警种中都有应用。还包括行业视频监控系统、移动视频监控系统、个人视频监控系统、各种视频拍摄和记录设备。

3. 视频监控与视频侦查的关系

① 视频侦查是随着视频监控技术的发展而逐渐形成的。

② 视频监控是视频侦查的基础,为视频侦查服务。

③ 视频侦查将案件的时空关系建立在视频监控之上,是一种将犯罪时空与视频监控记录的时空重叠起来的侦查方法,不仅仅局限于案件发生的时空,还包括与案件有关的所有时空。

6.5.3　公安视频监控系统规划与设计

1. 点设置策略

(1) 规划原则

根据本地区社会治安实际,结合自身地域特点和城市规划,按照全域覆盖、统筹应用、兼顾城乡的原则,对辖区内视频监控点位设置统筹规划。

(2) 规划目标

应能够通过电子卡口或视频监控系统,将机动车辆实时、准确地框定在可逐步缩小的相对区域内,实现"区域全面监控、时空无缝衔接、目标全程追踪"的目标。

(3) 设计要点

① 路口点位设置时,应实现全断面监控:每个方向的行车道均有专用监控摄像机进行正向视频图像采集,初步形成可视化"监控单元格";对通过路口车辆的号牌和车辆特征进行有效监控以及对通行人员的外貌、衣着等基本特征的有效辨别,实现对各路口全天候、全封闭、无盲点监控。

② 路段点位设置时,应结合路段治安特点,选择适合的点位设置方式。首先,应全面采集路段治安信息,主要包括辖区内各级各类道路、交叉路口和桥梁、隧道等数据信息和各类反恐重点目标;火车站、长途客运站、公交站点、旅游景区、文化广场、商场超市等人员聚集区域;学校、幼儿园、医院、金融营业网点等重点单位;煤、水、电、气、热等关系国计民生的企事业单位的具体分布。其次,在上述基础上合理选择监控点位设置方式。可供选择的路段点位设置方式主要有双侧、单侧("之"字形)两种。

2. 设备选型原则

(1) 总体原则

看得清、抓得全、识得准;全面监控、适应环境。

(2) 道路交叉口设备选型原则

① 应选取 200 万以上像素高清摄像机及与其分辨率相适应的光学高清镜头,以确保能获取车辆行驶轨迹上各点位的清晰图像。

② 定点通常选取焦段为 12~50mm 的手动变焦镜头,并根据路口的实际宽度和监控角度进行调校,保证实时监控视频及录像的清晰度,为增配其他智能应用提供支撑。

③ 动点通常采用 360°旋转的球机,也可使用电控云台,球机通常选取 8~16mm 的镜头,电动云台采用 8~32mm 大焦段的电动变焦镜头,光学变焦在 20 倍以上,实现画面缩放及云台转动的远程控制,为十字路口的全面监控与重点特写提供设备保障。

④ 重点路口宜选用具有抓拍功能的智能监控相机,焦段为 4~15mm,能够对行人、

非机动车、机动车进行实时抓拍,提高全方位监控能力。

(3) 道路路段设备选型原则

① 为最大程度将沿途重点监控目标纳入监控画面,在选取 200 万以上像素高清摄像机的同时,镜头通常选取焦段为 4~15mm 的手动变焦镜头,在调校过程中,应根据监控实际,尽可能选取广角端。

② 动点通常采用 360°旋转的球机,也可使用电控云台,球机通常选取 8~16mm 的镜头,电动云台采用 8~32mm 大焦段的电动变焦镜头,光学变焦在 20 倍以上,实现画面缩放及云台转动的远程控制,为十字路口的全面监控与重点特写提供设备保障。

3. 视频监控共享平台设计要点

视频监控共享平台设计要点见表 6.12。

表 6.12　视频监控共享平台设计要点

设计原则	设计要求	平台部署
• 统一规划 • 统一标准 • 分级建设 • 互联互通 • 一网运行 • 共享应用	集多种管理手段、分析处理手段于一体;支持视频信息专网系统协议;支持实时视频监控检索;实现与智能交通系统集成联动	• 联网实战平台组成:平台管理模块、流媒体模块、图像资源库、图像侦查模块、图像检索模块、管理客户端组成; • 视频共享平台组成:平台管理模块、流媒体模块、存储模块、解码设备、显示设备、管理客户端以及网络交换设备组成

除表 6.12 列出的设计要点之外,以视频图像应用为例,设计要求要综合社会面向公共安全视频监控子系统、智能化治安卡口监控子系统等多业务的全方位应用管理系统,能有效结合数据关联分析、智能图像分析等技术手段,实现对系统信息的比对、判断以及联动控制操作,最大程度地提高视频监控的作用和效率;对平台部署下面的子模块,应有更细的要求。

联网实战平台包括以下模块。

平台管理模块:主要由管理服务器、数据库服务器等组成,实现对共享平台内的视频资源进行统一管理,对人员权限进行统一调配,对系统运行日志进行统一记录。

流媒体模块:主要由流媒体服务器组成,负责对联网实战平台接入的视频进行流媒体转发,将视频流分发给存储模块和客户端。

图像资源库:主要由网络存储磁盘阵列组成,实现对市级监控点位视频进行统一存储,另外还可以实现对联网实战平台和共享平台的重要视频数据进行存储。

图像侦查模块:主要由图像侦查服务器组成,可实现图像侦查、车辆技战法和实战指挥功能,依托海量的视频图像信息资源,为办案人员提供一套利用视频监控进行案件侦查、线索收集和分析的手段,将视频监控应用贯穿于线索收集分析过程中,实现视频监控与案件侦查研判的有机结合,是拓宽案件侦查线索的重要方法,有利于加强跨地区刑侦合作,共享犯罪信息资源,有利于获取各种犯罪证据、深挖余罪、预防犯罪。

智能检索模块:主要由视频检索服务器组成,可通过智能预处理技术对视频文件进行智能分析，可对视频中的行为、人员、车辆设置排查规则，依据排查规则，快速定位目标视频，提高特定目标的搜索效率，达到提高视频查看效率的目的。

视频共享平台包括以下模块。

解码设备：主要由高清解码矩阵组成，实现视频图像输出上墙、切换、控制、显示、大屏拼接等功能。

显示设备：主要由液晶拼接大屏和LED屏组成，集中显示监控视频图像，实现大量图像上墙显示。配合高清解码矩阵，可实现单屏显示、整屏显示、图像叠加、任意切割显示、任意组合显示、图像漫游显示等功能，满足各种形式的画面显示需求。

网络交换设备：主要由接入交换机和汇聚交换机组成，接入交换机负责接入前端监控点位视频和区级共享平台视频，汇聚交换机负责整个区级共享平台数据交换。各服务器通过千兆UTP连接到交换机端口，对于数据流量大的服务器，如流媒体服务器和图像资源库，可通过双链路（或多链路）捆绑实现更大带宽。

存储系统：存储系统是平台的重要组成部分，可对视频录像、微卡口及卡口图片信息及文本数据进行存储。存储系统结合存储业务特征和网络存储可靠性要求，设计成完整的网络存储流程，包括从前端缓存、中心直存到中心备份各个应用环节的针对性设计，可以满足文件、数据库、视频、图片等结构化和非结构化数据的高性能读写要求，组建高性价比的数据存储解决方案。

6.5.4 涉案视频图像处理与分析

涉案视频图像是指在侦查破案过程中，能够直接或间接反映案件"七要素"（何事、何时、何地、何物、何情、何故、何人）的视频、图像资料。

涉案视频图像资料主要来源于公安机关建设的视频监控网络以及社会面自建的视频监控。由于各地前端监控设备规格参差不齐，社会面监控更是缺乏统一规范的标准，再加上天气、光照等客观条件限制，涉案视频图像模糊不清、无法辨认的情况成为侦查办案人员不得不面对的一大难题。另外，在无法精确获知涉案时间、涉案地点的条件下，对大覆盖面、大时间跨度的视频监控进行人工分析所需要的时间成本也是快速侦查破案的一大障碍。

涉案视频图像处理与分析是通过视频检索、摘要技术，实现快速视频分析，找出涉案目标（人、车、物）；通过图像视频增强、去模糊等技术手段，发掘图像视频中难以直接用人眼察觉的隐藏线索，实现揭露、证实犯罪的目的。

1. 视频处理分析技术

视频处理分析技术就是利用先进的视频图像视觉分析手段分离公安视频监控场景中的背景和目标，以便进一步分析并追踪在监控录像中的目标。民警可以根据不同的分析模块，通过提前在监控摄像头的场景中预设不同的非法规则，一旦场景中的目标有异常行为或者其行为违反了预设的规则，监控平台系统会自动发出警告信息，监控指挥平台会自动弹出报警信息并发出警示音，触发相关的联动设备，提醒值班人员密切注意，做到提早预防。表 6.13 列出了常用的两种视频处理分析技术。

表 6.13 视频处理分析技术

技术名称	概　念	特　点
视频检索	根据视频图像中的目标特征，通过人工设定检索规则，让计算机自动从视频中搜索有用的视频和图像片段	目前广泛应用的检索条件包括：绊线规则、区域规则、时间规则、颜色规则、目标类型规则（人、车、物或全部）等
视频摘要	又称视频浓缩摘要、视频压缩或者视频浓缩。通过运动目标分析，提取运动目标，将背景和活动目标分离出来，形成目标代表帧快照	视频摘要将原始视频生成了一个简短的视频片断，包含了原视频中所有重要的目标活动和快照；这个摘要同时也是原始视频文件的一个索引，可以找到每一个事件发生的真实时间

2. 视频图像增强技术

公安视频监控系统的建立确实有助于提高公安部门的侦查速度和破案效率，提高指挥治安防范和防控能力。但是，现实的情况是各类图像视频信息的采集和处理过程中，总会存在各种使图像视频质量下降的因素，其中有主观因素，也有不可避免的客观因素，如技术的限制、天气情况的影响等等。所以，对质量下降后的图像进行增强处理是必需的过程。通过视频图像增强处理，可以有效地提高图像的辨识度，有利于后续正确评价采集到的视频图像。表 6.14 列出了常用的视频图像增强技术。

表 6.14 视频图像增强技术

名　称	概　念	特　点
锐化	可以快速聚焦模糊边缘，提高视频中目标对象的清晰度或者聚焦程度，使视频特定区域的色彩更加鲜明。锐化应用一定要适度，否则很容易使图像中的目标变得不真实	不适用于校正严重模糊的图像
强光抑制	把视频图像中过度曝光的区域弱化，把较暗欠曝光的区域亮化，达到光线平衡的智能算法	能有效抑制强光点直接照射形成的光晕偏大、视频图像模糊的现象，可以自动分辨强光点
放大	指运用插值的方式提高视频图像分辨率的智能算法	用于视频局部细节的展现
多帧图像超分辨率重建	利用连续多帧的低分辨率图像中不同而又相似的信息，并结合先验知识，重建高分辨率图像的方法	将视频中一些相邻帧的信息融合到当前帧，并且在融合过程中去除模糊、噪声等
色调均衡	是指色调平均化，即将视频中最亮的部分提升为白色，最暗的部分降低为黑色。色调均化的方法根据图像像素的灰度值重新分布亮度，使图像看上去更加鲜明	无法纠正偏色

6.5.5 视频侦查研判

所谓视频研判,是指通过对调取的视频资料进行观看研判获取案件信息。通过分析、研究监控视频中嫌疑人的作案过程、活动轨迹、人数、性别、年龄及其体貌、衣着、行为特征,分析其职业、经济状况等社会属性及心理特征,涉案物品、涉案车辆及车牌号等信息,形成研判资料,引导现场摸排查、现场走访以及结合网侦、技侦等其他侦查手段开展下一步工作。视频侦查研判包括视频搜索、视频追踪和信息挖掘和关联。

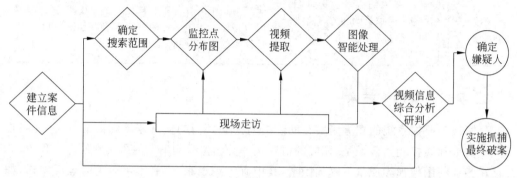

图 6.83 流程化视频图像侦查研判分析

图 6.83 描述了实际办案中公安机关对于视频图像侦查研判的流程化步骤。第一步,案件发生后,核实情况后建立案件信息;第二步,寻找所有可能的有用信息,分析案情,初步确定案件的搜索范围;第三步,绘制监控点分布图,重要出入口没有监控摄像的也要标识;第四步,调取所有的监控录像,排查;第五步,对所有提取的视频图像剪辑处理后,进行清晰化的文字描述,形成摘要,便于后续快速查找;第六步,根据现场走访得到的线索,进一步扩大或缩小视频图像研判范围,所有线索综合分析,在视频监控分布地图上绘制嫌疑人可能的活动轨迹;第七步,综合研判,最终确定嫌疑人,实施抓捕。

1. 视频搜索

视频搜索是根据案发现场的各种情况和信息,对现场周边可能拍摄到犯罪情况的视频监控点进行搜索和查看,及时发现嫌疑对象,或与案件相关的视频信息。

视频搜索方法包括单点情景模式搜索、单点盲目搜索、多点关联搜索、多点并列搜索、多点接力搜索和软件搜索等。

2. 视频追踪

视频追踪方法有:时空追踪,运用时空关系来确定视频目标;连线追踪,运用连线追踪来确定视频目标;圈踪拓展,运用圈踪拓展法来确定视频目标;情景分析,依据对案情的研究确定犯罪嫌疑人。

视频追踪地图的制作:视频追踪地图需要在地图上标注作案路线和时间点,视频追踪地图的制作方法包括运用现有地图、电子地图、城市实景图等进行制作标注。

3. 信息挖掘与关联

视频信息必须与其他侦查手段结合起来使用,才能有效地发挥作用。包括与现场勘查的结合、与调查访问的结合、与技术侦查关联、与网络侦查关联、与情报信息关联等。

6.6 本章小结

本章第一节介绍了多媒体技术,包括多媒体技术的基本概念、特点、关键技术、常用的多媒体工具等,多媒体关键技术包括数据解/压缩技术、多媒体专用芯片技术、大容量信息存储技术、多媒体输入输出技术、虚拟现实技术等,这一节的内容是本章内容的基础。第二节介绍了图像基础知识,包括图像的基本概念、图像文件及分类、图像的色彩模式,另外还对图像的基本概念进行了拓展,介绍了图像处理中经常使用的图层的基本概念,为后续章节作好铺垫。第三节介绍了图像处理技术与应用,包括在 Photoshop 中图像的基本编辑、图层操作、图像灰度变换、空间滤波和滤镜,其中对图像二值化、阈值处理和中值滤波的原理进行了介绍——这一节的内容是本章的核心。第四节介绍了视频处理技术与应用,首先明确了视频的基本概念,然后从实例演示入手介绍了数字视频应用,实例涉及 Windows Live 影音制作、格式工厂视频格式转换、Flash 动画制作。第五节主要介绍视频图像与公安领域工作的结合,从视频监控与视频侦查的角度介绍了视频监控及视频侦查的概念、公安视频监控系统的规划与设计,重点介绍了涉案视频图像处理与分析和视频图像侦查研判流程。

习　题

一、单选题

1. 下列哪项不是图像文件的格式?(　　)
   A. DIB　　　　B. TIFF　　　　C. BMP　　　　D. WMA
2. 下列哪项不是矢量图像的优点?(　　)
   A. 对矢量格式的图形移动、缩放等非常方便
   B. 可将常见的图形作为构成复杂图形的基本元素预先绘制好,存储在系统的图形库中加以利用
   C. 色彩表现力很强
   D. 一般可对矢量图形进行任意缩放、移动或变形而不影响其清晰度和光滑性等,更不会丢失细节

3. 下图是一张原始图像直方图,下列四个选项中,(　　)是亮区扩展直方图。

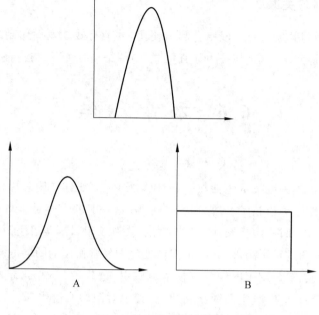

4. 一幅数字图像是(　　)。
   A. 一个观测系统　　　　　　　　B. 一个有许多像素排列而成的实体
   C. 一个2D数组中的元素　　　　　D. 一个3D空间的场景
5. 一幅灰度级均匀分布的图像,其灰度范围为[0,255],则该图像的信息量为(　　)。
   A. 0　　　　　B. 255　　　　　C. 6　　　　　D. 8
6. 以下方法中,不能用来获取计算机图像的是(　　)。
   A. 用绘图软件制作　　　　　　　B. 用扫描仪获取
   C. 用普通相机拍摄　　　　　　　D. 用捕捉软件捕捉
7. 以下文件格式中,不属于视频文件的是(　　)。
   A. .JPG　　　　B. .AVI　　　　C. .MPG　　　　D. .GIF
8. 以下视频格式中,最适于网络应用的是(　　)。
   A. .WMV　　　B. .AVI　　　　C. .MPG　　　　D. .DAT

9. 在以下设备中,不能直接获取数字媒体的设备是(　　)。
   A. 数码相机　　　B. 数码录音笔　　　C. 麦克风　　　D. 数码摄像机
10. 在 Photoshop 中,最适合选择不规则形状的工具是(　　)。
   A. 移动工具　　　　　　　　　　B. 魔术棒工具
   C. 磁性套索工具　　　　　　　　D. 矩形选框工具

二、填空题

1. 超文本是_____。
2. 多媒体技术的特点有:_____、_____、_____和_____。
3. 超媒体是_____。
4. 采样点数越多,_____越高。
5. 计算机中的数字图像可分为_____和_____两类,它们的生成方法不同。
6. 对比度是_____。
7. 灰度直方图的定义为_____。

三、简答题

1. 为什么在多媒体表述中强调必须具有交互功能?其具有哪些内涵?
2. 常用的颜色模型有哪些?它们之间有什么关系?
3. 描述中值滤波的原理与过程。
4. 设某个图像如下图所示:

1	3	7	3
2	6	0	6
8	2	6	5
9	2	6	0

求该图的灰度直方图;对该图像进行直方图均衡化处理,并写出过程和结果。
5. 任选一个视频技术,简述其在公安领域的应用。

第 7 章 信息检索与利用

本章学习目标

- 了解信息检索基础知识,掌握访问图书馆数字资源的方法
- 掌握常用国内数据库的检索与利用方法
- 了解常用国外数据库的检索与利用方法
- 掌握网络免费资源检索与利用方法

本章首先介绍信息检索的基本概念和基础知识,随后介绍国内外常用数据库数据资源和基本检索途径、检索方法与检索技巧,并介绍了网络免费资源检索与利用方法。通过本章学习,读者可以逐步了解并掌握文献信息检索的概念、方法和基本操作技能。

7.1 信息检索基础知识

21世纪是一个信息时代,社会在进步,信息功能也在进步。当代大学生应该对所处的信息社会及其特征有充分的了解和把握,能够充满自信地运用各类信息解决问题,只有与时俱进掌握好信息检索的技巧和各种工具的使用方法,才能在信息爆炸的时代把握正确的信息。

7.1.1 信息素养

美国图书馆学会(American Library Association,ALA)对信息素养(Information Literacy)的描述是:人们能够敏锐地察觉信息需求,并能进行相应的信息检索、评估以及有效利用所需信息的水平。信息素养的本质是全球信息化需要人们具备的一种基本能力。信息素养的目标是获得终身学习的能力。

信息素养的内涵包含了四要素,即信息文化、信息意识、信息技能、信息道德。其中,信息文化是指对产生分布、组织加工、传播流通、检索利用等各个环节总结和提炼的原理、现状、规律等信息知识;信息意识是指人对各种信息自觉的心理反应(包括对于信息科学的、正确的认识及对自身信息需求的意识);信息能力包括信息技术应用能力,信息查询、获取能力,信息组织加工、分析能力,信息的有效利用、评估和传播能力等;信息道德是指

整个信息活动中的道德规范,无论是信息生产者、加工者、传递者还是使用者,都必须自觉遵守和维护信息道德规范。

信息素养的四要素共同构成一个不可分割的统一整体,其中信息意识是先导,信息知识是基础,信息能力是核心,信息道德是保证。

7.1.2 信息检索基本概念

1. 文献的含义

ISO/DIS 5217(《文献情报术语国际标准》)把文献(Literature 或 Document)定义为:在存储、检索、利用或传递信息的过程中,可以作为一个单元处理的,在载体内、载体上或依附于载体而存在的存储信息或数据的载体。

2. 信息、知识、情报和文献的关系

信息:是客观世界各种事物特征和变化的反映,以及经过人们大脑加工后的再现。信号、消息、报道、通知、报告、情报、知识、见闻、资料、文献、指令均是信息的具体表现形式。

知识:是人类在改造客观世界实践中所获得的认识和经验的总和,是信息的一部分。也可以说,知识是人类对大量信息进行思维分析,加工提炼,并加以系统和深化而形成的结果。

文献:是记录有知识、信息的一切载体。

情报:是人们在一定时间内为一定目的而传递的有使用价值的知识或信息。

知识来源于信息,是理性化、优化和系统化了的信息;情报是知识中的一部分;文献是它们的载体。

信息、知识、情报和文献的关系如图 7.1 所示。

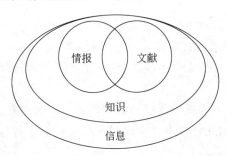

图 7.1 信息、知识、情报和文献的关系

3. 信息检索

信息检索(Information Retrieval)是用户使用某种方式(手工、计算机或其他),借助某种工具(不同载体类型的工具书、计算机信息系统等)查找满足需求的信息线索,最终满足信息需求的过程。

信息检索也可以理解为将信息按一定的方式组织和存储起来,并根据信息用户的需要找出有关的信息过程,所以又可以称为"信息的存储与检索"。

"今天你 Search 了没有？"信息社会需要每个人做有检索/搜索意识的人,有没有检索意识,其区别在于：遇到一个问题的时候,没有检索意识的人往往去求助别人,而有检索意识的人常常检索/搜索当先(Search First),自己掌握主动。

4. 数字图书馆

数字图书馆(Digital Library)是用数字技术处理和存储各种图文并茂文献的图书馆,实质上是一种多媒体制作的分布式信息系统。它把不同载体、不同地理位置的信息资源用数字技术存储,以便于跨越区域、面向对象的网络查询和传播。它涉及信息资源加工、存储、检索、传输和利用的全过程。

数字图书馆具有以下优点：
① 信息储存空间小,不易损坏。
② 信息查阅检索方便。
③ 可远程迅速传递信息。
④ 同一信息可多人同时使用。

高等学校图书馆是为高等学校教学和科学研究服务的图书馆,是高等学校的文献情报中心。其网上资源的服务是全天 24 小时开放。

目前,中国人民公安大学图书馆的电子图书有 100 余万种,中外文电子期刊 2.3 万种,数据库 12 个,电子学位与会议论文 721 万篇。特色资源库收录民国法律图书、港澳台及海外警政图书和期刊 6337 种,警学会议论文集 1200 册,精品课程 700 例,是目前国内公安类文献资源最为齐全的高校图书馆。

本章所介绍的主要信息资源是通过本校图书馆提供的数据库资源获取的,所以在此先介绍图书馆电子资源的访问方法,后面提供有针对各种校园网数据库检索操作的实例,其访问入口是统一的。

首先访问校园网的图书馆(lib. ppsuc. edu. cn),或者通过校园网首页访问图书馆(www. ppsuc. edu. cn),图书馆首页如图 7.2 所示。将鼠标移入页面左下角的"馆藏 & 资源"版块,会自动弹出菜单,在菜单中单击"常用资源",进入到电子资源页面,如图 7.3 所示。

该页面中的常用资源列表提供了多种数据库资源的超链接,可以根据检索需求访问不同的数据库,也可以使用几种数据库资源对同一个任务进行检索,比较检索结果,从而获得更精准有效的文献资源。

5. 电子期刊

电子期刊(Electronic Journal),也称为电子出版物、网上出版物。就广义而言,任何以电子形式存在的期刊皆可称为电子期刊,涵盖通过联机网络可检索到的期刊和以 CD-ROM 形式发行的期刊。

现在的电子期刊已经进入第 4 代,它和电子杂志一样,以 HTML 5 技术为主要载体,

图 7.2 图书馆首页

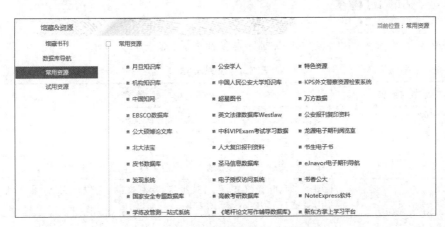

图 7.3 图书馆提供的常用电子资源

独立于网站存在。电子期刊是一种非常好的媒体表现形式,它兼具了平面与互联网两者的特点,且结合了图像、文字、声音、视频、游戏等媒体形式,动态呈现给读者,此外,还有超链接、实时互动等网络元素,是一种很享受的阅读方式。

电子期刊具有以下优点:
① 传播速度快,情报价值高。
② 海量存储,信息量大。
③ 检索方便、快捷,查全率高。
④ 丰富的表现形式,文字、声音、图像并茂。

⑤ 使用方便自由,具有交互性。
⑥ 参考文献链接。
⑦ 全文阅读器。

6. 核心期刊

核心期刊(Core Journals)是指在某学科(或专业领域)中那些发表该学科领域学术论文较多,被使用频率(包括被引、被转载、被摘录、被阅读利用的频率)较高,学术影响力较大的期刊。

《中文核心期刊要目总览》(以下简称《总览》)是由北京大学图书馆、北京高校图书馆期刊工作研究会通过文献计量学对中文核心期刊的研究而出版的,是国内高校作为学术成果评价的指标之一。《总览》每4年更新一次,最早出版于1992年。2008版核心期刊定量评价采用了被索量、被摘量、被引量、他引量、被摘率、影响因子、获国家奖或被国内外重要检索工具收录、基金论文比、Web下载量等9个评价指标,选作评价指标统计源的数据库及文摘刊物达60余种,涉及期刊14400余种,8200多位学科专家参加了核心期刊评审工作。经过定量评价和定性评审,从我国正在出版的中文期刊中评选出1982种核心期刊,分属七大编73个学科类目。

7.1.3 文献的种类

根据不同的分类标准,文献可以划分为多种类型,如表7.1所示。

表7.1 文献分类

分 类 标 准	文 献 类 型
内容加工深度(文献级别)	零次文献、一次文献、二次文献、三次文献
内容公开程度	白色文献、灰色文献、黑色文献
载体类型	纸介型文献、缩微型文献、声像型文献、电子型文献
出版类型	图书、期刊、会议文献、科技报告、专利文献、学位论文、标准文献、政府出版物、产品样本、档案文献

1. 按加工深度划分

文献按加工深度可分为零次文献、一次文献、二次文献与三次文献四种类型。

- 零次文献(灰色文献):是未经记录、未形成文字材料或未经正式发表出版发行的原始资料、素材,如手稿、实验数据等。零次文献是一种特殊形式的情报信息源。
- 一次文献(原始文献):是以作者本人的研究成果为依据而创作或撰写,并首次出版发行的各种文献,如图书、期刊论文、专利文献等。一次文献具有创新性、实用性和学术性等明显特征,是主要情报信息源。
- 二次文献(检索性文献):是对大量分散、零乱、无序的一次文献进行收集、加工、整理,并被有序化编排存储而形成的便于检索利用的文献形式,如目录、索引、文摘等。二次文献是一次文献的集中提炼和有序化,是文献信息检索的主要工具。
- 三次文献(参考性文献):是对有关领域的一次文献和二次文献进行广泛深入的综合、分析、研究而再度加工生成的文献,如词典、百科全书、手册、年鉴等。三次文献是高度浓缩的文献信息,具有较高的实用价值,它既是文献信息检索和利用的对象,又可作为信息检索的工具。

2. 按公开程度划分

文献按公开程度可分为:白色文献、灰色文献与黑色文献三种类型。
- 白色文献:一切正式出版并在社会上公开流通的文献。包括图书、报纸、期刊等。这类文献通过出版社、书店、邮局等正规的渠道公开发行,向社会所有成员公开,其蕴含的信息人人均可利用。
- 灰色文献:非公开发行的内部文献和限制流通的文献。包括社会公开传播的内部刊物、内部技术报告、内部教材和会议资料等。这类文献的出版量小、发行渠道复杂、流通范围有一定限制,不易收集。
- 黑色文献:包括两个方面,一是人们未破译和未辨识其中信息的文献,如考古发现的古老文字未经分析厘定的文献;二是处于保密状态和不愿公布其内容的文献,如未解密的政府文件、内部答案、个人日记、私人信件等。这类文献除作者及特定人员外,一般社会成员极难获得和利用。

3. 按载体类型划分

文献按载体类型可分为:纸介型文献、缩微型文献、声像型文献与电子型文献几种。
- 纸介型文献:以纸张为载体的文献,又可分为手抄型和印刷型两种。这是一种历史悠久的传统形式,是文献信息传递的主要载体。其优点是传递知识方便灵活、广泛,保存时间相对较长;缺点是存储密度小、体积庞大。
- 缩微型文献:以感光材料为载体的文献,如缩微胶卷。这类文献的特点是体积小、信息密度高、轻便、易于传递、容易保存。缺点是使用时必须用专门的放大设备。
- 声像型文献:通过特定设备,使用声、光、磁、电等技术将信息转换为声音、图像、视频和动画等形式,给人以直观、形象感受的知识载体,如唱片、录像带、CD、DVD等。这类文献提供的内容形象、逼真,易于记载难以用文字表达和描绘的资料。
- 电子型文献:采用高科技手段,将信息存储在磁盘、磁带或光盘等媒体中,形成多种类型的电子出版物。特点是信息存储密度高,存取速度快,具有电子加工、出版和传递功能。包括电子图书、电子期刊、网络数据库、光盘数据库等。

4. 按出版形式划分

文献按出版形式可分为十大类:图书、期刊、会议文献、科技报告、专利文献、学位论文、标准文献、政府出版物、产品样本、档案文献,又称为"十大科技情报源"。这些文献都是我们常见并广泛使用的科技资料类型,也是文献检索的主要对象。

- 图书(Book):凡篇幅达 48 页以上并构成一个书目单元的文献称为图书。图书阅读量占到 10%～40%。图书的特点是系统、全面、成熟,出版形式比较固定,但出版周期长,传递情报速度比较慢。
- 期刊(Periodical, Journal or Magazine):出版量大,周期短,内容新颖,能迅速反映国内外各专业学科领域的水平和动向。占阅读量的 65%。
- 科技报告(Science & Technical Report):指各学术团体、科研机构、大学研究所的研究报告及其研究过程中的真实记录。其特点是内容详尽、专深,能代表一个国家的研究水平,特别是一些新兴学科和尖端科学的研究成果,往往首先在科技报告中反映出来。科技报告理论性强、数据可靠,但保密性强,难以获取。
- 会议文献(Conference Document):国内外各种学术团体召开的专业会议上发表的论文与报告。其特点是学术性强,内容比较新颖,通常代表着一门学科的最新研究成果。
- 专利文献(Patent):指发明人向政府部门(专利局)递交的、说明自己创造的技术文件,同时也是实现发明所有权的法律性文件。其具有技术性、新颖性、独创性、实用性等特征,是重要的技术经济情报来源。
- 标准文献(Standard Literature):指对产品、工程和管理的质量、规格程序、方法所做的规定。一般由主管部门颁布,是从事生产、管理的一种共同依据和准则。其特点是具有约束性、适用性、统一性、可靠性、协调性、时效性。
- 学位论文(Dissertation):指高等学校或研究机构的学生为取得学位,在导师的指导下完成的科学研究、科学实验成果的书面报告。它具有选题新颖、引用材料广泛、阐述系统、论证详细的特点。
- 政府出版物(Government Publication):是由政府机关负责编辑印制的,并通过各种渠道发送或出售的文字、图片以及磁带、软件等。
- 产品样本(Product Sample):主要是对产品的规格、性能、特点、构造、用途、使用方法等的介绍和说明。所介绍的产品多是已投产和正在行销的产品,反映的技术比较成熟,数据也较为可靠,内容具体和通俗易懂,通常附有较多的外观照片和结构简图,直观性较强。
- 档案文献(Archives Document):档案是国家机构、社会组织以及个人从事政治、军事、经济、科学、技术、文化、宗教等活动直接形成的具有保存价值的各种文字、图表、声像等不同形式的历史记录。

上述这十类文献中,图书和期刊以外的其他类型文献又称为"特种文献"。在学术信息检索实践中,通常按照这种分类原则对信息资源进行检索和处理。

7.1.4 文献标识与著录格式

1. 文献类型标识

在学术研究过程中,参考文献是对某一著作或论文的整体参考或借鉴,一般附于文献末尾。参考文献的著录应执行最新国家标准 GB/T 7714-2015《信息与文献参考文献著录规则》。

根据 GB/T 3469-2013《信息资源的内容形式和媒体类型标识》规定,以单字母方式标识文献类型,如表 7.2 所示。

表 7.2 单字母方式标识文献类型

参考文献类型	专著	论文集	报纸	期刊	学位论文	报告	标准	专利	汇编	参考工具	论文集中的析出文献
类型标识	M	C	N	J	D	R	S	P	G	K	A

电子文献类型的参考文献以双字母作为标识,如表 7.3 所示。标准中也以双字母标识说明电子文献载体类型,如表 7.4 所示。

表 7.3 双字母标识文献类型

电子文献类型	数据库 (Database)	计算机程序 (Computer Program)	电子公告 (Electronic Bulletin Board)
类型标识	DB	CP	EB

表 7.4 双字母标识文献载体类型

电子文献载体类型	互联网 (online)	光盘 (CD-ROM)	磁带 (Magnetic Tape)	磁盘
类型标识	OL	CD	MT	DK

2. 文献著录格式

著录格式是指在各种论文的参考文献或题录型检索工具或数据库中通常的书写格式。在实际撰写科研论文时,却经常会出现一些不符合要求的误区,如所列文献过少或者过多,文献著录格式不符合规范等问题。下面介绍一些主要文献类型的著录格式。

1) 专著类

【格式】

[序号]著者(编者).书名[文献标识码].出版地:出版社,出版时间:起止页码

【例】

[3]陈选文.云计算和现代远程教育[M].成都:电子科技大学出版社,2011.

2) 期刊类

【格式】

[序号]作者.题名[文献标识码].刊名,出版年份,卷号(期号):起止页码

【例】

[4]袁庆龙,候文义.Ni-P 合金镀层组织形貌及显微硬度研究[J].太原理工大学学报,2001,32(1):51-53.

3）学位论文

【格式】

[序号]作者.篇名[文献标识码].出版地：保存者,出版年份：起始页码.

【例】

[1]吴旅燕.论我国私有财产权的宪法保护[D].上海：华东政法大学法律学院,2010.

4）电子文献

【格式】

[序号]主要责任者.电子文献题名[文献类型/载体类型标识].电子文献出处.或可获得地址,发表或更新日期/引用日期.

【例】

[1]陈翔,韦红."一带一路"建设视野下的中国地方外交[DB].国际观察,2016-06.

[2]刘雅辉,张铁赢,靳小龙,等.大数据时代的个人隐私保护[J/OL].计算机研究与发展,2015,52(01)：229-247.（2014-11-04）[2017-09-22]. http：//kns.cnki.net/kcms/detail/10.7544/issn1000-1239.2015.20131340.html.

7.1.5 信息检索工具

1. 手工检索和计算机检索工具

① 手工检索工具：指使用纯手工方式查找信息,如使用印刷版《新华字典》查找完成如下实例的工作。

【例】查生僻字"砼""韡"的读音和含义。按照部首查字法查出两个字的正确读音和含义。

② 计算机检索工具：指在计算机系统的辅助下完成查找信息任务,如电子词典、有道电子词典等。

【例】中英对照翻译 Accept the challenges so that you can feel the exhilaration of victory. 在浏览器中输入有道官网地址 http：//www.youdao.com,显示图7.4所示的页面,可以选择"下载词典客户端"或"下载词典移动端",下载安装后使用。也可以直接在线使用,在文本框内输入句子后单击"翻译"按钮,查看到中文含义"接受挑战,这样你就能

图7.4 电子词典实例

感受到胜利的喜悦"。

2. 门户网站、搜索引擎、专业检索工具

Internet 简单易用、方便快捷，也作为最大的信息源，是解决一般信息需求问题的最好途径。

① 门户网站：指在一个机构或组织所建立的针对特定领域的网上导航系统，如中国工商银行官网、中国互联网络信息中心（CNNIC）、太平洋电脑网等。

【例】某人查询近一个月在工行的收支账单明细。在浏览器中输入中国工商银行官网地址 http：//www.icbc.com.cn，显示图 7.5 所示的工行官网页面。按照导航提示进行信息查询。

图 7.5　门户网站实例

② 搜索引擎：指特定的、以计算机技术为基础、功能强大的网络信息检索工具，如百度、谷歌、百度学术等搜索引擎工具。

【例】了解"黑天鹅事件"与"莫菲定律"的区别。在浏览器中输入百度网地址 http：//www.baidu.com，并在文本框中直接输入"黑天鹅事件　莫菲定律"，单击"百度一下"，在搜索结果中找到需要的链接，如图 7.6 所示。

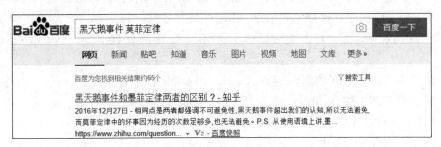

图 7.6　搜索引擎实例

③ 专业检索工具：特指收录特定类型文献线索的检索工具，如超星数字图书馆、馆藏书目检索系统、维普科技期刊数据库、专利数据库、谷歌学术搜索等。

不同的专业检索工具收录的文献类型和专业范围都不尽相同，一般来说，专业检索工具中收录的文献信息的权威性和可靠性高于普通搜索引擎。而且，不同的工具开发时设计的用户需求、技术方案、信息资源也不尽相同，因而对同一问题的检索结果也会不同。

【例】小高正在学习"网络安全"专业课程，老师要求找几篇2012年以来有关"网络空间安全"方面的相关网络信息或文章作为学习参考资料。小高先后使用了百度、维普和中国知网等检索工具完成了该工作。（实现方法参考下一节内容。）

3. 目录型、文摘型、全文型检索工具

根据所收录文献加工深度的不同，检索工具可分为目录型、文摘型和全文型三种类型。

① 目录型检索工具：该类工具仅揭示文献的名称，没有摘要，单纯的目录型检索工具已不多见，图书的目录就是一种微型的目录型检索工具。

② 文摘型检索工具：文摘版数据库，就是将各种参考文献的内容按照一定规则记录下来，集成为一个规范的数据集。通过这个数据库，可以建立著者、关键词、机构、文献名称等检索点，满足作者论著被引、专题文献被引、期刊、专著等文献被引、机构论著被引、个人、机构发表论文等情况的检索。著名的文摘版数据库有以下几种：

- SCI：科学引文索引
- EI：工程索引
- CPCI：科技会议录索引
- SSCI：社会科学引文索引
- CSSCI：中文社会科学引文索引
- CSCD：中国科学引文数据库

【例】张老师在教学改革方面计划研究"MOOC教学"并撰写该方面的论文，要求研究生辅助他查阅2010年以来的相关期刊论文，形成文献综述报告。学生利用校内图书馆提供的免费数据库资源进行了检索，并形成文献报告。（实现方法参考下一节内容。）

③ 全文型检索工具：全文数据库是全文检索系统的主要构成部分。所谓全文数据库，是将一个完整的信息源的全部内容转化为计算机可以识别、处理的信息单元而形成的数据集合。全文数据库不仅存储了信息，还有对全文数据进行词、字、段落等更深层次的编辑、加工的功能，而且所有全文数据库无一不是海量信息数据库。著名的全文数据库有：

- 维普中文科技期刊数据库(www.cqvip.com，简称维普)
- 超星电子图书馆(sslibbook2.sslibrary.com，简称超星)
- EBSCO 数据库(search.ebscohost.com)
- PQDT 学位论文数据库(pqdt.calis.edu.cn)
- 万方数据资源系统(www.wanfangdata.com.cn，简称万方数据)
- 中国知网(www.cnki.net，简称 CNKI)

4. 特种文献检索工具

特种文献是指出版发行和获取途径方面比较特殊的科技文献。一般指图书、报刊以外的各种信息资源。其内容广泛新颖，类型复杂多样，涉及科学技术、生产生活的各个领域。出版发行无统一规律，但具有很高的科技价值，是非常重要的信息源。

特种文献类型包括专利文献、标准文献、会议文献、科技报告、学位论文、科技档案、产品样本、政府出版物等。著名的特种文献检索工具有：

- 中国标准服务网（国家标准化管理委员会主办）（www.cssn.net.cn）
- ISO 网站（国际标准化组织，ISO Online）（www.iso.org/iso）
- 美国的四大科技报告：商务部的 PB 报告、国防部的 AD 报告、国家宇航局的 NASA 报告、能源部的 DOE 报告
- CNKI 数据库
- 万方数据库
- 法律法规数据库

7.1.6 信息检索技术

信息检索（Literature Retrieval）是利用计算机对文献进行存储与检索的过程。在信息检索过程中，为了保证检索结果的快、全、准，仅靠一个检索词（关键词、主题词）难以满足检索的需要，有时需要运用各种运算符将多个检索词组成一个检索式来完成复杂的检索。它们主要有布尔逻辑检索、截词检索和限制字段检索等经典检索方法和技术。

7.1.6.1 布尔逻辑检索

布尔逻辑检索（Boolean Retrieval），也称做布尔逻辑搜索，严格意义上的布尔检索法是指利用布尔逻辑运算符连接各个检索词，然后由计算机进行相应逻辑运算，以找出所需信息的方法。它使用面最广、使用频率最高。布尔逻辑运算符的作用是把检索词连接起来，构成一个逻辑检索式。布尔逻辑检索有三种逻辑关系，即逻辑与、逻辑或和逻辑非，如图 7.7 所示。

1. 逻辑与

用"AND"或"＊"表示。可用来表示其所连接的两个检索项的交叉部分，也即交集部分。如果用 AND 连接检索词 A 和检索词 B，则检索式为 A AND B（或 A＊B），表示让系统检索同时包含检索词 A 和检索词 B 的信息集合 C。

2. 逻辑或

用"OR"或"＋"表示。用于连接并列关系的检索词。用 OR 连接检索词 A 和检索词 B，则检索式为 A OR B（或 A＋B），表示让系统查找含有检索词 A、B 之一，或同时包括检索词 A 和检索词 B 的信息。

3. 逻辑非

用"NOT"或"-"表示。用于连接排除关系的检索词,即排除不需要的和影响检索结果的部分。用 NOT 连接检索词 A 和检索词 B,检索式为 A NOT B(或 A-B),表示检索含有检索词 A 而不含检索词 B 的信息,即将包含检索词 B 的信息集合排除掉。

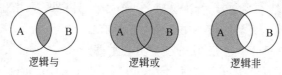

图 7.7 布尔逻辑关系

7.1.6.2 短语检索

短语检索(Phrase Search)又称为词组检索或精确检索,以半角字符双引号""表示,既将检索词组成的词组或短语用双引号标出,要求检索结果中必须包含该词组或短语。短语检索的目的是避免拆分关键词,提高检索结果的精确度和准确度。在检索机构名称、人名、地名、专有名词时应用短语检索会提高查准率,避免误检或漏检。如查找"信息素养"方面的外文文献,应将其视为专有名词,用双引号括起,即"Information Literacy"。

7.1.6.3 截词检索

截词检索是预防漏检,提高查全率的一种常用检索技术,大多数系统都提供截词检索的功能。截词是指在检索词的合适位置进行截断,然后使用截词符进行处理,这样既可节省输入的字符数目,又可达到较高的查全率。截词符一般使用"*"或是"?",其中"*"代表 0 到无数个字符,"?"代表 1 个字符。

1. 前截词

是指检索结果中单词的后面几个字符要与关键字中截词符后面的字符相一致的检索。如 *ology 可以检索出的单词有 biology、geology、sociology、sychology、archaeology、agrology 等。

2. 中截词

中截词也称屏蔽词。一般来说,中截词仅允许有限截词,主要用于英、美拼写不同的词和单复数拼写不同的词。如 organi?ation 可检索出含有 organisation 和 organization 的记录。

3. 后截词

是指检索结果中单词的前面几个字符要与关键字中截词符前面的字符相一致的检索。如 econom* 可以检索出的单词有 economy、economic、economical、economist、economize 等。

7.1.6.4 限定检索

通过限定检索(Range Searching)范围,达到优化检索结果。将检索结果限制在某一范围当中,是一种缩小或约束检索结果的方法,有利于提高查准率。

表现形式为:检索词限制字符检索字段。

常用的限制字符为:/、:、in、=、>=、<=、<等。

常用的检索字段为:关键词(KW);题名(TI);文摘(AB);作者(AU);语种(LA);出版年(PY);文献类型(DT)等。

【例】要查找在题名字段中包含"信息检索"或者在文摘字段中包含"搜索引擎",并且发表年代为2010年至今,语种为英语的文献,其检索表达式为:

("information retrieval"/TI OR "search engine"/AB) AND PY>=2010 AND LA=English

7.2 常用国内数据库

7.2.1 中国知网CNKI

7.2.1.1 中国知网资源简介

中国知网即国家知识基础设施工程(China National Knowledge Infrastructure,CNKI),是一个综合性的数字文献资源系统,由中国学术期刊电子杂志社和清华同方技术有限公司提供。始建于1999年6月,是全球信息量最大、最具价值的中文网站。收录的文献包括期刊、博硕士论文、会议论文、报纸等;内容涵盖理工、社会科学、电子信息技术、农业、医学等。收录年限为自1915年至今出版的期刊,部分期刊回溯至创刊。绝大部分数据库为日更新。

CNKI用户遍及全国和欧美、东南亚、澳洲等各个国家和地区,实现了我国知识信息资源在互联网条件下的社会化共享与国际化传播。目前,CNKI提供了包括《中国期刊全文数据库》在内的150个数据库中的题录、文摘检索。其中主要的全文数据库包含表7.5所示的项目。

表 7.5 CNKI 主要资源列表

CNKI主要全文数据库	中国学术期刊网络出版总库(1915—)
	中国优秀硕士论文全文数据库(1984—)
	中国主人会议论文全文数据库(1999—)
	国家标准全文数据库(1950—)
	中国行业标准全文数据库(1950—)
	中国专利数据库(1985—)
	中国主要报纸全文数据库(2000—)
	中国年鉴全文数据库(1999—)

7.2.1.2 访问 CNKI

1. 外网访问 CNKI

通过 Internet 访问 CNKI，首页如图 7.8 所示。一般情况下，用户通过到所在地的省（或市公共图书馆）办理认证手续后，可以凭读者号或用户号上网，免费进行检索并获取其中的全文内容。否则，必须通过注册、付费方式才能获得自己想要的文献全文内容。

图 7.8 CNKI 首页

2. 通过校园网访问

高校图书馆是购买了使用权的机构，在校学生用户和教职工用户可以通过学校图书馆电子资源访问 CNKI，由此渠道免费获取全文文献资源。

7.2.1.3 检索

CNKI 数据库为用户提供的检索方式有多种，包括初级检索（快速检索）、高级检索（标准检索）、专业检索、科研基金检索、句子检索等。下面就介绍几种常用的检索方法。

1. 初级检索

初级检索，又称"快速检索"或"一站式检索"。可以通过系统提供的两个菜单选择，迅速选定检索范围，以对应检索项。再通过文本框输入检索词或检索式，快速检索到需要的文献列表。

【例】查找互联网技术中有关病毒防护方面的文献。

① 选择第一个下拉菜单中的专辑名称，可以选择某一类"信息科技"＞"互联网技术"。（注：系统默认全部检索。）

CNKI 期刊库包括十大专辑名称,如图 7.9 所示。十大专辑下分为 168 个专题和近 3600 个子栏目。

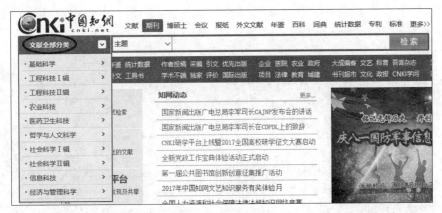

图 7.9　期刊文献分类

② 选择第二个下拉菜单决定检索内容,系统提供了 13 个检索途径,如图 7.10 所示,系统默认途径是"主题"检索。

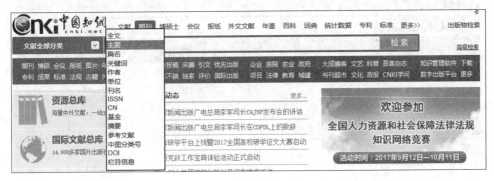

图 7.10　期刊检索途径

③ 在检索文本框中填写检索词"病毒防护"。

注:检索文本框中填写的检索词应与选择的检索途径对应或匹配。

④ 单击文本框右侧的"检索"按钮,检索结果如图 7.11 所示。

2. 高级检索

(1) 进入高级检索页面

在 CNKI 首页单击导航栏中的"期刊"选项,如图 7.12 所示。进入到 CNKI 期刊高级检索页面,如图 7.13 所示。

(2) 高级检索方法

在该页面的文本框中输入检索词,选择限定条件,单击"检索"按钮即可进行检索。利用检索项左侧的"+"号添加文本框,以实现多个字段的组合检索,最多可以增至 5 组。检索框之间的关系用逻辑与、或、非限定,优先级为:非＞与＞或。

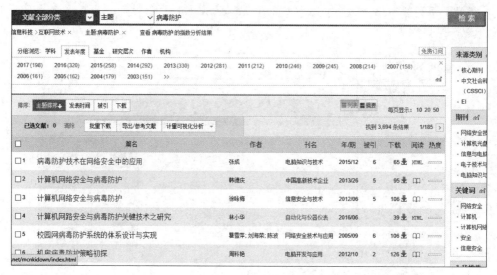

图 7.11 快速检索结果

图 7.12 CNKI 导航栏

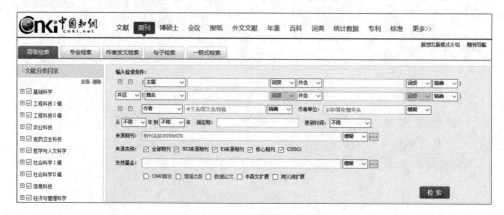

图 7.13 CNKI 高级检索页面

系统提供了限定条件,包括数据年代、排序方式、检索匹配方式、数据更新范围、期刊开源范围、检索结果的每页显示条数等。

【例】使用 CNKI《期刊库》查找近五年国内核心期刊上登载的有关"大数据"与"云计算"方面的核心期刊文献。

检索步骤可以按照"选择检索途径""输入检索词(多个检索词可逻辑组配)""选择检索限定""实施检索"来进行。

① 检索功能。

在高级检索页面选择"文献分类目录",选择感兴趣的领域和专业类型,如图7.14所示,再输入检索条件信息,如图7.15所示。

检索方法:高级检索

检索表达式:(主题=大数据)and(主题=云计算)

年代限制:2012—2017

匹配方式:精确

来源类别:核心期刊

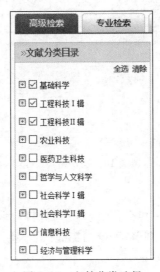

图7.14 文献分类选择

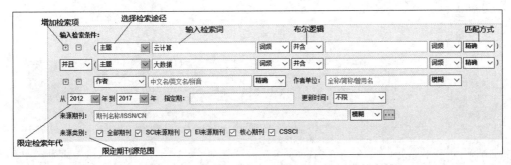

图7.15 输入检索条件

【说明】

检索项之间的连接方式共有三种选择:

- 并且:相当于逻辑与的关系。指要求检索出的结果必须同时满足两个条件。
- 或者:相当于逻辑或的关系。指检索出的结果只要满足其中任意一个条件即可。
- 不包括:相当于逻辑非的关系。指要求在满足前一个条件的检索结果中不包括满足后一条件的检索结果。

② 检索结果。

单击"检索"按钮,下方显示检出文献列表,如图7.16所示,命中记录数为836条。在检索结果中可以分组浏览,按默认项"发表年度"以及"学科""基金""研究层次""作者"和"机构"等选项查看。默认排序是"主题排序",也可以按"发表时间""被引"和"下载"查看。

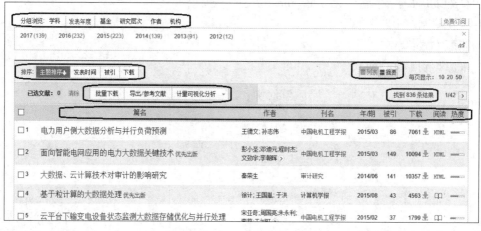

图7.16　检索结果显示

③ 查看详细信息。

在检索结果列表中单击某一篇名,系统将在新窗口显示该文章详细信息,如图7.17所示。此时,文章的作者、机构、刊名、关键词都提供了超链接。

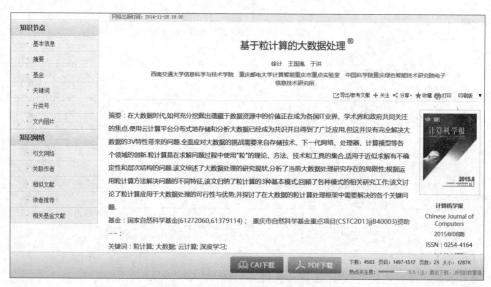

图7.17　浏览某篇文章详细信息

④ 导出题录。

在检索结果列表中,勾选需要导出的多篇参考文献(也可以全选),单击上方的"导出/参考文献",显示页面如图7.18所示。单击"导出"按钮,即可批量导出参考文献。

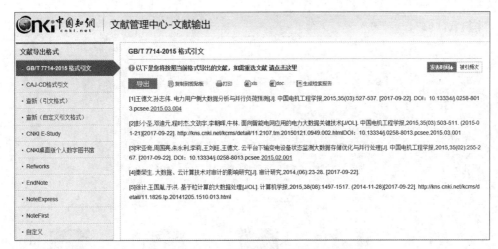

图 7.18　导出参考文献

⑤ 下载全文。

文章的详细记录页面上提供了全文下载链接，单击"CAJ 下载"或"PDF 下载"按钮，可以下载全文。在浏览全文前，需要事先下载安装"CAJ Viewer 全文浏览器"或"Acrobat Reader 阅读器"。

在检索结果页面，也可以进行文献的批量下载。

3. 期刊导航

期刊导航用于在"中国学术期刊网络出版总库"中通过浏览途径查找期刊，特别适合集中查看某种已知刊名的期刊，就像是看历年的期刊合订本一样方便。

【例】从期刊导航进入查找期刊"环境"文章。

① 在 CNKI 的期刊检索页面右上角处单击"期刊导航"，如图 7.19 所示。

图 7.19　期刊导航链接

② 进入到图 7.20 所示的期刊导航页面。在上方的文本框中输入"环境"，并单击右侧的"出版来源检索"按钮。

③ 检索结果显示在下方，如图 7.21 所示。可以看到，检索出 112 条结果。跟"环境"相关的期刊以期刊详情视图方式显示出来，可以查看某种期刊的刊名全名、复合影响因子数、综合影响因子数等信息。进一步勾选"核心期刊"，则检索出 28 条结果。

④ 单击期刊《遥感学报》封面图标，进入到该刊信息页面。可获得该刊的"基本信息""出版信息"和"评价信息"等更详细的信息内容。选中左侧"刊期浏览"年份为"2017"，则主页区显示出最近一期的期刊目录，如图 7.22 所示。进一步单击目录中的某篇文章题目，即可链接到该篇文章的详细信息页。

图 7.20 期刊导航页面

图 7.21 期刊导航检索结果

7.2.2 万方数据库

7.2.2.1 万方数据资源简介

北京万方数据公司始建于 1993 年,是国内第一家专业数据库公司。1997 年,万方数据(集团)公司成立,成为国内第一家科技信息网站对外服务机构。万方数据资源系统是一个综合性的科技、商务信息平台,集信息资源产品、信息增值服务和信息处理方案为一体。平台整合数亿条全球优质学术资源,集成期刊、学位、会议、科技报告、专利、视频等十余种资源类型,覆盖各研究层次,感知用户学术背景,做智慧的搜索。

图 7.22 期刊目录信息

该资源系统由多个子库构成,表 7.6 所示为系统的主要资源列表。

表 7.6 万方数据资源列表

万方数据资源平台	中国学术期刊数据库(CSPD)(原数字化期刊库)(1998—)
	中国学位论文全文数据库(CDDB)(1980—)
	中国学术会议文献数据库(CCPD)(1985—)
	中外专利数据库(WFPD)
	中外标准数据库(WFSD)
	中国法律法规数据库(CLRD)(1949—)
	地方志(GLGD)(1949—)
	中国科技成果数据库(CSTAD)
	中国特种图书数据库(CSBD)
	中国机构数据库(CIDB)
	中国专家数据库(CESD)
	中国学者博文索引库(WFBID)
	OA 论文索引库(OAPID)

7.2.2.2 访问万方数据

1. 外网访问万方

访问万方数据库,网址为 www.wanfangdata.com.cn,进入首页,如图 7.23 所示。可以检索查询需要的资源信息,全文下载需要付费。

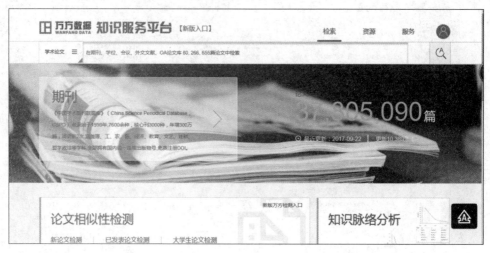

图 7.23　万方数据平台首页

2. 通过校园网访问

从校园网图书馆的电子资源访问万方数据,如图 7.24 所示,为万方数据资源的旧版平台。也可以切换到图 7.25 所示的新版平台。

图 7.24　万方数据旧版平台

7.2.2.3　高级检索

万方数据资源系统提供了众多的资源类型检索,下面以实例介绍期刊数据检索的方法。

【例】检索自 2000 年至今,结合金融案例剖析"金融风暴"的相关论文文章,并导出其中 5~10 篇参考文献。

图 7.25 万方数据新版平台

① 检索。通过万方数据平台的"期刊检索"页面选择"高级检索",在如图 7.26 所示的高级检索页面中输入以下的检索方案。

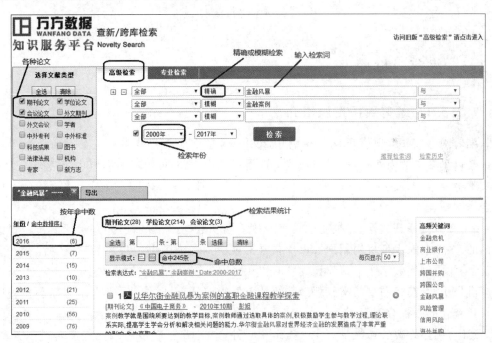

图 7.26 万方高级检索

检索方法:高级检索
文献类型:期刊论文|学位论文|会议论文
检索表达式:(主题=金融风暴)and (主题=金融案例)
年代限制:不限
匹配方式:模糊

检索结果：245 条（注：结果根据数据库动态更新而变化）

从图中可以看到，根据上方给定的检索条件，检索结果在下方窗口中分别显示出命中总数 245 条，包括期刊论文数、学位论文数和会议论文数，左侧窗格中给出按年份命中的论文数。

② 导出参考文献。在检索结果的文献列表中勾选感兴趣的文章若干篇，选择"导出"标签，如图 7.27 所示。单击"导出"按钮，形成.txt 导出文件。

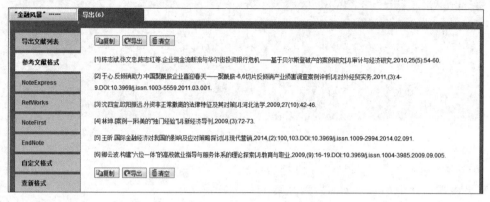

图 7.27　批量导出参考文献

7.2.3　维普数据库

7.2.3.1　维普数据资源简介

维普网，原名"维普资讯网"，建立于 2000 年，是重庆维普资讯有限公司所建立的网站。经过十多年的商业建设，已经成为全球著名的中文信息服务网站，是中国最大的综合性文献服务网，并成为 Google 搜索的重量级合作伙伴，是 Google Scholar 最大的中文内容合作网站。

《中文科技期刊数据库》是我国最大的数字期刊数据库，目前已拥有包括港澳台地区在内的 7000 余家大型机构用户。该库自推出就受到国内图书情报界的广泛关注和普遍赞誉，是我国网络数字图书馆建设的核心资源之一，被我国高等院校、公共图书馆、科研机构广泛采用，是高校图书馆文献保障系统的重要组成部分，也是科研工作者进行科技查证和科技查新的必备数据库。

迄今为止，维普公司收录有中文报纸 400 种、中文期刊 12000 多种、外文期刊 6000 余种；已标引加工的数据总量达 1500 万篇、3000 万页次，拥有固定客户 5000 余家，在国内同行中处于领先地位。维普数据库已成为我国图书情报、教育机构、科研院所等系统必不可少的基本工具和获取资料的重要来源。

数据库特点如下：

期刊总数：18000 余种

核心期刊：1983 种

文献总量：6000 余万篇

回溯年限：1989 年

更新周期：中心网站日更新

全文质量：采用国际通用的高清晰 PDF 全文数据格式

学科范围：社会科学、自然科学、工程技术、农业、医药卫生等

检索方式：基本检索、高级检索、检索式检索、导航检索

7.2.3.2 访问维普网

访问网址 http://qikan.cqvip.com，进入维普网首页，如图 7.28 所示。

图 7.28 维普网首页

单击"高级检索"，进入图 7.29 所示的页面。提供向导式和检索式两种检索方式，运用逻辑组配关系，方便用户查找多个检索条件限制下的文献。

7.2.4 超星数字图书馆及读秀学术搜索

7.2.4.1 电子图书

1. 电子图书概念

"电子图书"又称 E-book，是指以数字代码方式将图、文、声、像等信息存储在磁、光、电介质上，是纸介图书的数字化表现形式。一般通过计算机或类似设备使用，并可复制发行的大众传播体。

2. 电子图书的特点

- 图文声像结合，内容更丰富
- 成本更低，容量更大

图 7.29 维普高级检索

- 可检索,可复制,提高资料利用率

3. 电子图书常见格式

电子图书常见格式有 TXT、DOC、HTML、EXE、CHM、PDF、PDG 等。

7.2.4.2 超星简介

超星数字图书馆始建于 1999 年 12 月,是国家 863 计划中国数字图书馆示范工程项目,由北京世纪超星公司投资兴建。

超星数字图书馆为目前世界最大的中文在线数字图书馆,提供大量的电子图书资源,其中包括文学、经济、计算机等 50 余大类,数百万册电子图书,500 万篇论文。全文总量为 13 亿余页,数据总量为 1000000GB,其中有大量免费电子图书,超 16 万集的学术视频,拥有超过 35 万授权作者,5300 位名师,1000 万注册用户,并且每天仍在不断增加与更新内容。收录年限为 1977 年至今。

7.2.4.3 超星外网资源利用

1. 注册成为超星个人用户

在 Internet 中输入网址 http://www.chaoxing.com,进入"超星发现"首页,如图 7.30 所示。首次使用超星的用户需要单击页面右上角的"注册",注册完成成为新会员后,以用户身份登录进入到后面的使用页面。

图 7.30　"超星发现"页面

"超星发现"页面的左上角提供了"期刊""读书""专题""讲座""学银在线"等功能版块。

2. 超星读书频道

① 单击页面左上角的"读书"版块,链接到"超星读书"(book.chaoxing.com)页面,如图 7.31 所示。

图 7.31　超星读书

② 可以查找一本自己感兴趣的图书,列出题录信息并在线阅读全文。在文本框中输入想要阅读的书名,如"撒哈拉的故事",按"书名"搜索。结果如图 7.32 所示。

第 7 章　信息检索与利用　351

图 7.32　搜索书名

③ 单击书名"撒哈拉的故事",弹出图 7.33 所示的页面,图书阅读方式可分为"网页阅读""阅读器阅读"和"下载本书"等线上和线下不同的阅读方式。图 7.34 所示是在超星阅读器 SSReader 的读书窗口。

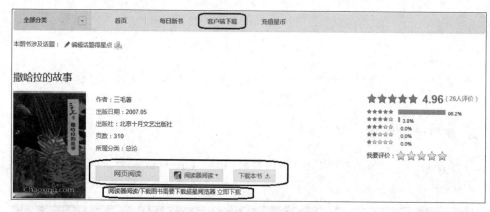

图 7.33　图书阅读方式

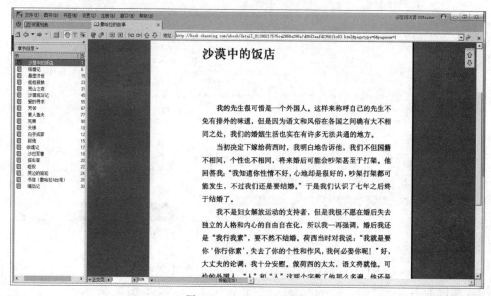

图 7.34　SSReader 阅读

【注】用户首次使用阅读器阅读时,需要本地下载并安装超星阅读器,页面提供了立即下载的链接,操作方便。下载图书需要付费购买。

3. 超星讲座频道(超星视频)

在超星发现首页的左上角单击"讲座"版块,进入到"超星视频"的首页面(video.chaoxing.com),如图 7.35 所示。利用系统提供的视频资源,可以在公开课栏目在线观看免费视频讲座。

图 7.35　超星视频

7.2.4.4　超星内网资源利用

1. 汇雅书世界

在校园网环境下输入网址 http://www.sslibrary.com,进入"汇雅书世界"首页,如图 7.36 所示。首页顶部提示:本站资源仅供中国人民公安大学非商业使用,为学习、教学研究服务。说明该站点属于内网提供的免费资源。

2. 读秀学术搜索

读秀学术搜索是目前全世界最完整的中文文献搜索及获取服务平台,由北京世纪超星公司研发。其主要资源有 330 万种图书目录,其中 280 万种图书提供全文。主要功能是为用户提供深入内容的书目和全文检索,部分章节试读。

① 在校园网环境下输入网址 http://www.duxiu.com,或是通过校园网图书馆的电子资源找到超星图书,单击并进入到图 7.37 所示的检索页面。在此可以检索读秀图书资源。

② 单击右上角的"退出"按钮,则切换到图 7.38 所示的外网读秀登录界面。

③ 单击"进入体验版",则进入到图 7.39 所示的读秀学术搜索首页。

图 7.36 汇雅书世界首页

图 7.37 校园网超星图书检索

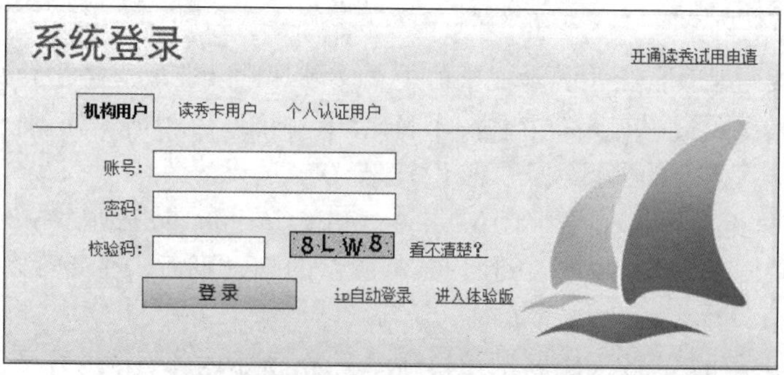

图 7.38 读秀登录界面

图 7.39 读秀首页

7.2.5 其他资源库

本校校园网电子资源还为广大师生用户提供了多种中文数据库,下面就介绍几种特色的数据库。

1. 北大法宝

北大法宝 1985 年诞生于北大法律系,是由北大英华公司和北京大学法制信息中心共同开发和维护的法律数据库产品。经过 30 多年的不断创新,目前已发展成法律法规、司法案例、法学期刊、律所实务、专题参考、英文译本和法宝视频七大检索系统,在内容和功能上全面领先,已成为法律信息服务领导品牌,是法律工作者的必备工具,受到国内外客户的一致好评。同时,基于北大法宝庞大内容支持的法律软件开发业务日益受到用户青睐。图 7.40 所示为北大法宝首页。

图 7.40 北大法宝首页

2. 月旦知识库

台湾月旦知识库(大陆地区专用版)收录包括台湾期刊文献、图书文献、词典工具书、两岸常用法规、精选判解、教学案例、博硕论文索引、大陆文献索引库、题库讲座等子库,50万笔全文数据,运用智能型跨库整合交叉比对查询。

2012年3月,为符合大陆高校对台湾地区社科文献取得与学术交流需要,在原技术平台的基础上,该知识库扩大收录教育、公共行政、社会、犯罪、金融、保险、财税、工程、环境、科技、智慧财产、医药、卫生、护理、心理等各个学科的期刊、专论、教师资源、硕博士文章等学术资源,以满足两岸跨领域学术科研整合需要,学科覆盖法学、教育、公共管理、经济、医护卫生5大领域。

图7.41所示为月旦知识库大陆地区专用的首页。首页下方的版块包括台湾地区历年各类特考复习资料,以及大陆地区历年司法考试复习资料。

图 7.41　月旦知识库首页

3. 龙源电子期刊

龙源期刊网(www.qikan.com.cn)是中文期刊第一网,目前全文在线的综合性人文大众类期刊品种已达到3000种,内容涵盖时政、党建、管理、财经、文学、艺术、哲学、历史、社会、科普、军事、教育、家庭、体育、休闲、健康、时尚、职场等领域。图7.42所示为龙源电子期刊阅览室的首页。

图 7.42　龙源电子期刊阅览室

7.3　常用国外数据库

7.3.1　EBSCO 数据库

7.3.1.1　EBSCO 数据库简介

EBSCOhost（史蒂芬斯数据库）是美国 EBSCO 公司为数据库检索设计的系统，有近 60 个数据库，其中全文数据库有 10 余个。下面介绍几个主要的数据库。

1. 学术期刊集成全文数据库

ASP（Academic Search Premier）是跨学科数据库。提供全文的期刊有 4600 种，其中同行鉴定的期刊中提供全文的有 3900 多种，被 ISCI & SSCI 收录的核心期刊为 993 种（全文有 350 种）。它还提供 100 多种期刊，回溯至 1975 年或更早期发表的 PDF 格式资料，以及 1000 多种期刊的可搜索引用参考文献。

该数据库主要涉及工商、经济、信息技术、人文科学、社会科学、通讯传播、教育、艺术、文学、医药、通用科学等多个领域，如表 7.7 所示，其中社会科学类和自然科学类期刊各占 50%。

表 7.7　ASP 期刊分类统计

类 别 名 称	期刊数	类 别 名 称	期刊数	类 别 名 称	期刊数
农业	77	教育	639	图书馆和信息科学	68

续表

类别名称	期刊数	类别名称	期刊数	类别名称	期刊数
健康	273	电学	64	文学和文艺评论	261
人类学	184	能源	21	海洋学	60
考古学	57	工程技术	289	数学	126
建筑设计	44	环境科学	264	医学	775
区域研究	256	种族和文化研究	204	音乐	35
艺术	114	食品与营养学	77	护理学	163
天文学	37	同性恋研究	40	哲学	133
生物学	511	性学	107	物理学	133
商业	106	科学通论	106	政治和政治学	357
化学	159	地理学	63	种群研究	38
通讯和媒体	130	地质学	100	心理学和精神病学	402
计算机科学	269	历史	356	宗教和神学	199
消费者健康	89	国际关系	172	社会学和社会工作	612
军事和防御	77	语言学	112	职业研究	17

2. 商业资源集成全文数据库

BSP(Business Source Premier)是行业中最常用的商业研究数据库。全文收录了2300多种期刊(包括1100多种同行评审期刊),被 ISCI & SSCI 收录的核心期刊为398种(全文有145种)。全文内容最早可追溯至1886年,可搜索的引文参考最早可追溯至1998年。相比同类数据库,BSP 的优势在于全文收录的内容涵盖包括市场营销、管理、MIS、POM、会计、金融和经济在内的所有商业学科,如表7.8所示。该数据库在 EBSCOhost 上每日更新。

表 7.8 BSP 期刊分类统计

类别名称	期刊数	类别名称	期刊数	类别名称	期刊数
会计和税收	192	健康业	95	人力资源	108
航空和空间科学	16	旅游观光	30	工业和制造业	637
农业和灌溉	46	法律	148	管理	272
建筑、设计和建筑物	46	产品和经营管理	67	管理信息系统	112
区域研究	1118	商业心理学	102	公共管理	91
银行、财政和保险	372	营销和市场	152	房地产	34
商业史	16	社会学	173	计算机科学	333

续表

类 别 名 称	期刊数	类 别 名 称	期刊数	类 别 名 称	期刊数
化学和化工	45	运输和物流	73	经济学	1302
通讯和媒体	138	能源	47	商业教育	78
电子学	85				

3. 国际安全与反恐参考中心

ISCTRC(International Security & Counter Terrorism Reference Center)提供有关安全及反恐怖主义的全面信息,旨在通报分析程序状态以及帮助大众加强对安全和有关恐怖主义问题的认识。它为分析家、风险管理专家和学生提供全面的开源智力资源(Open Source Intelligence Resource),内容包括数百种期刊和报刊的全文、大量精选文章、新闻、报告、摘要、书籍、FAQ 以及恐怖主义和安全方面的专有背景资料概要。

7.3.1.2 访问 EBSCO 数据库

1. 通过外网访问

通过 Internet 访问 EBSCO 站点(www.ebscohost.com),首页如图 7.43 所示。

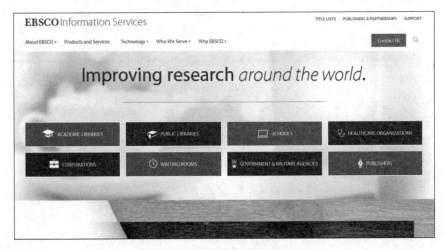

图 7.43 EBSCO 首页

2. 通过校园网访问

通过访问校园网图书馆网站,在电子资源网页的电子资源列表中找到并单击"EBSCO 数据库",链接到图 7.44 所示的 EBSCOhost 首页。

【例】检索从社会问题(Social Problem)的角度研究反恐(Anti-terrorism)方面的文章,检索并下载外文期刊文献。

① 访问 EBSCO 数据库首页,首先选择数据库为 International Security & Counter

图 7.44 EBSCOhost 首页

Terrorism Reference Center 和 Academic Search Premier。

② 单击"继续"按钮,进入到高级检索页面,输入检索词,如图 7.45 所示。

界面:EBSCOhost Research Databases

检索屏幕:高级检索

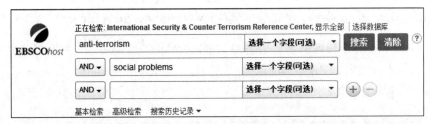

图 7.45　EBSCO 高级检索

数据库：International Security & Counter Terrorism Reference Center；Academic Search Premier

检索词：anti-terrorism AND social problems

搜索结果：46 条

③ 可以变化给定检索条件，进行多次检索，在"搜索历史记录/快讯"中产生检索列表，可以对每次检索进行"查看结果""查看详细资料"，或再次"编辑"，并"刷新检索结果"。如图 7.46 所示。

图 7.46　EBSCO 搜索历史记录

④ 单击某篇文献超链接，进入到该文献的详细信息页面。也可以在线阅读 PDF 格式的全文，或者下载全文。

7.3.2　其他国外数据库

国外数据库种类繁多，包罗万象，下面简单介绍其中的几个数据库资源。

7.3.2.1　全文数据库

1. SpringerLink 全文数据库（link.springer.com）

SpringerLink 是全球最大的在线科学、技术和医学领域学术资源平台。SpringerLink 的服务范围涵盖各个研究领域，提供超过 1900 种同行评议的学术期刊以及不断扩展的电子参考工具书、电子图书、实验室指南、在线回溯数据库以及更多内容。

在 Springer 电子图书库中，读者可以访问、下载英文电子书。数据库涉及 14 个大学科，即化学与材料科学、工程学、数学与统计学、资源环境与地球科学、计算机科学、物理学与天文学、专业电脑和计算机应用、行为科学、商业与经济管理、人文社科、法律、哲学、生命科学、医学等。

2. Elsevier(爱思唯尔)全文数据库(www.sciencedirect.com)

Science Direct 是爱思唯尔的核心产品,是全学科的全文数据库,是世界领先的科技和医学信息数据库之一。用户可在线访问 24 个学科,2500 多种期刊、11000 种图书、1000 多万篇全文文献,最早文献可回溯至 1823 年。目前通过互联网可以免费阅读文摘。

3. Wiley InterScience 全文数据库(onlinelibrary.wiley.com)

Wiley InterScience 是一个综合性的网络出版及服务平台,该平台提供全文电子期刊、电子图书和电子参考工具书的服务。数据库收录了 1500 种期刊和 8000 本在线图书、参考工具书、丛书系列、手册和辞典的 350 万篇文章。Wiley InterScience 是数字化内容的集合平台,它囊括了领先的化学和医药数据库,另外还收纳了 10000 多种来自备受推崇的实验室指南手册的实验室方法。通过互联网可以免费阅读文摘。

4. JSTOR 电子期刊全文过刊库(www.jstor.org)

JSTOR 主要以人文及社会科学方面的期刊为主,收集从创刊号到最近三五年前的过刊,并不断有新刊加入。该库覆盖的学科领域包括人类学、建筑、艺术、生态、经济、教育、金融、普通科学、历史、文学、法律、数学、哲学、政治学、人口学、心理学、公共政策与行政、社会学、统计学、非裔美国人研究、亚洲研究等。

5. Westlaw 法律数据库(edu.westlawchina.com)

Westlaw 提供约 32000 个即时检索数据库,其中包含判例法、法律报告、法律法规、法律期刊、法院文档、法律专著以及法律格式文书范本,覆盖几乎所有的法律学科。

【注】本校内网提供了该数据库全文检索。

7.3.2.2 引文数据库

1. Science Citation Index(SCI)科学引文索引

SCI 是美国 ISI 公司 1997 年推出的 Web of Science 产品,是引文索引数据库的 Web 版,包括三大引文库科学引文索引 SCI,社会科学引文索引 SSCI,艺术与人文引文索引 A&HCI 和两个化学数据库,即 Index Chemicus 检索化学物质、Current Chemical Reactions 检索新奇的化学反应,均以 ISI Web of Knowledge 作为检索平台。

科学引文索引扩展版(Science Citation Index Expanded,SCIE)是 ISI 公司 Web of Science 中的一个数据库,它是由美国 ISI 公司研制的 SCI 光盘数据库的网络扩展版。该库收录数、理、化、农、林、医、生命科学、天文、地理、环境、材料、工程技术等 150 多个学科领域内的核心期刊。数据库是国际公认的反映基础学科研究水准的代表性工具,也是学术界公认的最权威的科技文献检索工具。数据库不仅可以从文献引证的角度评估文章的学术价值,还可以揭示过去、现在、未来科学研究之间的内在联系,揭示科学研究中涉及的各个学科领域的交叉联系,协助研究人员迅速地掌握科学研究的历史、发展和动态。

2. Social Sciences Citation Index(SSCI)社会科学引文索引(www.soci.org)

SSCI 为 SCI 的姊妹篇,亦由美国科学信息研究所创建,是可以用来对不同国家和地区的社会科学论文的数量进行统计分析的大型检索工具。

1999 年,SSCI 全文收录 1809 种世界最重要的社会科学期刊,内容覆盖人类学、法律、经济、历史、地理、心理学等 55 个领域。收录文献类型包括研究论文、书评、专题讨论、社论、人物自传、书信等。选择收录 (Selectively Covered)期刊为 1300 多种。

3. Ei Compendex Web(EI)工程索引

Ei Compendex Web 是《工程索引》的网络版。文献范围涵盖工程和应用科学领域各学科,涉及核技术、生物工程、交通运输、化学和工艺工程、照明和光学技术、农业工程和食品技术、计算机和数据处理、应用物理、电子和通信、控制工程、土木工程、机械工程、材料工程、石油、宇航、汽车工程以及这些领域的子学科。数据库包含 1969 年以来的超过 1100 万条的工程类期刊、会议论文和技术报告的题录,每年新增 50 万条新记录,数据来自 175 个学科的 5100 多种工程类期刊、会议论文和技术报告。

4. ASP 世界历史人物索引(www.inthefirstperson.com/firp)

美国 Alexander Street Press(ASP)出版社免费向学者提供的索引数据库。收录了世界上历史事件发生时所涉及的第一个人物,内容包括信件、日记、口述史与其他个人叙述等,是现存关于社会记忆的最完整的档案库,可作为查找、探索与分析人类经验的起点,从而了解事件的发生与起因等,适用于历史学、社会学、宗谱学、语言学家、心理学等领域研究。数据库包括超过 70 万页经过编辑的精选资料,内容覆盖 400 年的历史。

7.3.2.3 图书类数据库

1. Encyclopedia Britannica Online 大英百科全书(www.britannica.com)

EB Online 的核心内容是 73000 个条目、12000 张图片以及丰富的音频视频资料,有相当多的条目是未包括在印刷版中的。

2. Ebrary 电子图书(www.ebrary.com)

Ebrary 电子图书数据库整合了来自 750 多家学术、商业和专业出版商的权威图书和文献,覆盖商业经济、社科人文、历史、法律、计算机、工程技术、医学等多个领域。已收藏超过 100 万册的图书。

7.4 网络免费资源检索

图书馆和科研机构的网络资源属于机构付费、用户免费的属性资源。实际上,用户还可以通过 Internet 网络充分挖掘免费资源,进行学术信息检索。

网络免费学术资源是指在互联网上可以免费获得的具有免费学术价值的社会科学和自然科学领域的电子资源。它区别于图书馆网络版学术资源,是有效开发和利用网络资源的又一利器。

目前,Internet 已经成为一种便捷的信息发布和利用渠道,网络免费学术信息资源与图书馆和科研机构所购买的商业性学术资源形成共存互补的局面。这些信息可谓包罗万象,包括数据库、电子图书、电子期刊、电子公告栏、论坛、网上书店和政府、信息中心、协会网站,以及专家学者个人主页、博客等。

只是这些免费的学术网络信息资源以零散的形式存在于网络中,需要用户了解资源的特性和类型,掌握网络检索工具的使用途径和方法,用心挖掘和甄别具有学术价值的网络资源,并加以利用。

7.4.1 搜索引擎

在平时的工作和生活中,我们经常会遇到各种各样的问题,又无从请教,这时,百度等搜索引擎可能就成为我们第一时间想到的老师。然而,理想很丰满,现实很骨感,当我们"百度一下"之后,90%的人都不能马上从搜索页面上捕捉到有效信息,这时才意识到,没有正确的方法很难准确获得有价值的信息。

7.4.1.1 搜索引擎概述

截至 2017 年 6 月,中国网民规模达 7.51 亿,其中"搜索引擎"的应用位居互联网用户应用使用率的第二位,仅次于"即时通信"应用,用户规模达到 6.09 亿。网民使用搜索引擎的数量与学历呈正相关性,学历越高,搜索需求越多,因此对搜索引擎的要求也更高,更容易同时使用多个搜索引擎。

1. 定义

搜索引擎(Search Engine)是指根据一定的策略,运用特定的计算机程序从互联网上搜集信息,在对信息进行组织和处理后,为用户提供检索服务,将用户检索相关的信息展示给用户的系统。

2. 工作原理

搜索引擎工作原理可以分为"爬行""抓取存储""预处理"和"排名"四个步骤。图 7.47 所示的示意图即形象地描绘出搜索引擎的工作原理。一个搜索引擎由搜索器、索引器、检索器和用户接口等四个部分组成。

第一步:爬行。

搜索引擎是通过一种特定规律的软件跟踪网页的链接,从一个链接爬到另外一个链接,像蜘蛛在蜘蛛网上爬行一样,所以被称为"蜘蛛",也被称为"机器人"。

第二步:抓取存储。

搜索引擎是通过蜘蛛跟踪链接爬行到网页,并将爬行的数据存入原始页面数据库。

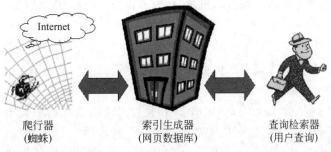

图 7.47　搜索引擎工作原理

其中的页面数据与用户浏览器得到的 HTML 是完全一样的。搜索引擎蜘蛛在抓取页面时，也做一定的重复内容检测，一旦遇到权重很低的网站上有大量抄袭、采集或者复制的内容，很可能就不再爬行。

第三步：预处理。

搜索引擎将蜘蛛抓取回来的页面进行各种步骤的预处理。包括提取文字，中文分词，去停止词，消除噪音（搜索引擎需要识别并消除这些噪声，比如版权声明文字、导航条、广告等），正向索引，倒排索引，链接关系计算，特殊文件处理等。

除了 HTML 文件外，搜索引擎通常还能抓取和索引以文字为基础的多种文件类型，如 PDF、Word、WPS、XLS、PPT、TXT 文件等。

第四步：排名。

用户在搜索框输入关键词后，排名程序调用索引库数据，计算排名显示给用户，排名过程与用户直接互动。

3. 发展趋势

随着互联网发展的深入，纵观搜索引擎的未来发展，突出呈现以下八大发展趋势。

① 社会化搜索。传统搜索技术强调搜索结果和用户需求的相关性，社会化搜索除了相关性以外，还额外增加了一个维度，即搜索结果的可信赖性。

② 实时搜索。实时搜索最突出的特点是时效性强，越来越多的突发事件首次发布在微博上，实时搜索核心强调的就是"快"，用户发布的信息第一时间能被搜索到。

③ 移动搜索。CNNIC（中国互联网信息中心）数据统计显示，目前搜索引擎应用继续保持移动化趋势，手机搜索用户量已达 6.24 亿（2017.12）。

④ 个性化搜索。个性化搜索的核心是根据用户的网络行为建立一套准确的个人兴趣模型。

⑤ 地理位置感知搜索。目前，很多手机用户在应用 GPS，即地理位置的感知搜索。

⑥ 跨语言搜索。将中文的用户查询翻译为外文查询，目前主流的方法有机器翻译、双语词典查询和双语语料挖掘。

⑦ 多媒体搜索。多媒体搜索引擎查询除了基于文字的，还包括基于图片、音频、视频等多媒体信息的查询。

⑧ 情境搜索。情境搜索是能够感知人与人所处的环境，针对"此时此地此人"来建立

模型,试图理解用户查询的目的,根本目标还是要理解人的信息需求。

4. 分类

按照搜索机制划分,搜索引擎包括全文搜索引擎、目录搜索引擎、元搜索引擎。

(1) 全文搜索引擎

全文搜索引擎(Full Text Search Engine)是目前广泛应用的主流搜索引擎。它的工作原理是计算机索引程序通过扫描文章中的每一个词,对每一个词建立一个索引,指明该词在文章中出现的次数和位置。当用户查询时,检索程序就根据事先建立的索引进行查找,并将查找结果反馈给用户的检索方式。最常用的全文搜索引擎有百度、谷歌等。

(2) 目录搜索引擎

目录搜索引擎(Search Index / Directory)也称为分类检索,是因特网上最早提供WWW资源查询的服务。目录搜索引擎主要是以人工方式或半自动方式搜集信息,由编辑员查看信息之后,人工形成信息摘要,并将信息置于事先确定的分类框架中。信息大多面向网站,提供目录浏览服务和直接检索服务。典型的目录搜索引擎有新浪、Yahoo、About 等。

(3) 元搜索引擎

元搜索引擎(Meta Search Engine)接受用户查询请求后,同时在多个搜索引擎上搜索,并将结果返回给用户。著名的元搜索引擎有 InfoSpace、Dogpile、Vivisimo、搜星等。

5. 搜索引擎常用语法规则

作为经常使用搜索引擎的用户,必须了解和掌握常用的搜索指令和语法规则,以方便在搜索引擎上面获得有用的信息,减少大海捞针的盲目感,提高工作效率。表 7.9 所示的语法规则在众多搜索引擎中可以作为通用规则。

表 7.9 高级搜索语法规则

语法名称	对应符号	说明
逻辑与	空格或 +	百度"+"前需加半角空格
逻辑或	|	|或 OR 前后需加半角空格
逻辑非	-	减除无关资料,"-"前需加半角空格
精确匹配检索	" "	用""进行强制检索,""词语在查询到的文档中将作为一个整体出现
把搜索范围限定在 url 链接中	inurl: allinurl:	指令用于搜索查询词出现在 url 中的页面 Inurl 只限定其后一个关键词,allinurl 限定其后所有关键词
把搜索范围限定在网页标题中	intitle: allintitle:	Intitle 只限定其后一个关键词,allintitle 限定其后所有关键词
把搜索范围限定在特定站点、域名中	site:	在某个特定的域或站点中进行搜索

续表

语法名称	对应符号	说 明
搜索范围限定文件格式	filetype:	支持文件格式：DOC、XLS、PPT、PDF、RTF、ALL，Google 另外支持 swf 格式
特殊语法	用《》搜索电影、电视和小说	

7.4.1.2 综合搜索引擎

1. 普通搜索

【例】应用集合式搜索引擎"搜网"中提供的"百度""搜狗搜索"和"360 搜索"，分别对"知行合一"的英文翻译进行普通搜索。

中文搜索引擎指南网（简称"搜网"，www.sowang.com）是一个探讨和研究搜索引擎的专业网站，如图 7.48 所示。网站提供国内外搜索引擎大全，如百度、谷歌、搜狗、360 好搜、必应、雅虎等搜索引擎使用技巧，搜索引擎排名优化，搜索引擎营销方法与技巧。

图 7.48　搜网首页

方法一：在搜网首页的三个文本框中输入"英文翻译'知行合一'"，然后分别单击右侧的搜索按钮，获得搜索结果列表，如图 7.49 所示。其中，"百度"搜索结果为 6500 条，首条信息内容来自"知乎"；"搜狗"搜索结果为 10247 条，首条信息内容来自"爱词霸"；"360"搜索无条目数，首条信息来自"有道翻译"。由此可以看出，不同的搜索引擎的搜索策略不尽相同。

方法二：在搜网首页的"搜索专题"单击"百度翻译"，弹出"百度在线翻译"页面，在该页面的文本框中输入"知行合一"，单击翻译，下方会直接显示英文翻译结果，如图 7.50 所示。

拖动当前页面到底端，可以看到其他在线翻译软件的超链接列表，也有下载软件链接，如图 7.51 所示。可以由此链接到相关的翻译器中继续应用，也可以下载安装翻译软件到本地机，以便使用离线翻译。

图 7.49　搜索引擎的普通搜索实例

图 7.50　百度在线翻译

在线翻译网站	百度翻译	谷歌翻译	有道翻译	爱词霸翻译	必应翻译	金桥翻译
	海词翻译	CNKI翻译助手	译典通翻译	沪江小D日语	迈迪德语翻译	法语在线翻译
	热曲韩语翻译					
在线词典网站	爱词霸	有道词典	百度词典	必应词典	海词词典	沪江小D
	剑桥词典	n词酷	译典通	新华词典	汉语词典	
翻译软件下载	金山词霸下载	有道词典下载	必应词典下载	海词词典下载	沪江小D下载	

图 7.51 翻译软件列表

2. 高级搜索

【例】应用综合搜索引擎查找近 1 年"英语四级模拟试题"PDF 格式的文件。一般综合搜索引擎都具有高级搜索功能。这里以百度搜索为例实现题目搜索要求。

百度首页的右上角有"高级搜索"选项。单击进入"高级搜索"页面，如图 7.52 所示。在"逻辑与"文本框中输入"大学英语四级模拟试题"，在"时间"栏中选择"近 1 年"，在"文件格式"栏中选择"PDF 格式"。可以进一步限定关键词位置为"仅网页的标题中"。

对应检索表达式为 filetype：pdf title：（大学英语四级模拟试题）

图 7.52 百度高级搜索

3. 百度搜索引擎

"有问题，百度一下"在中国风行，"百度一下，你就知道"成为百度首页的标题栏名称，百度成为搜索的代名词。百度搜索是全球最大的中文搜索引擎，属于综合搜索引擎。

百度目前提供网页搜索、MP3 搜索、图片搜索、新闻搜索、百度贴吧、百度知道、搜索风云榜、硬盘搜索、百度百科、地图搜索、地区搜索、国学搜索、黄页搜索、文档搜索、手机搜索等服务。图 7.53 所示为百度产品。

7.4.1.3 垂直搜索引擎

垂直搜索引擎为 2006 年后逐步兴起的一类搜索引擎。不同于通用的网页搜索引擎，垂直搜索是应用于某一个行业、专业的搜索引擎，是搜索引擎的延伸和应用细分，专注于特定的搜索领域和搜索需求，在其特定的搜索领域有更好的用户体验。相比通用搜索动辄数千台检索服务器，垂直搜索需要的硬件成本低、用户需求特定、查询的方式多样。

第 7 章 信息检索与利用

图 7.53　百度产品

垂直搜索特点就是"专、精、深",且具有行业色彩,相比较通用搜索引擎的海量信息无序化,垂直搜索引擎则显得更加专注、具体和深入。下面介绍几种目前非常有特色的搜索引擎。

1. 图标搜索

图标搜索引擎(findicons.com)拥有一个全世界最大的可搜索的图标库,以及先进的搜索过滤和匹配算法,让用户能够轻松找到每个设计任务中需要的图标。如图 7.54 所示。

图 7.54　图标搜索

2. 查一下

"查一下"(www.cha086.com)是专门查询各种号码的搜索引擎。目前支持手机归属、IP 地址、邮政编号、电话区号、身份证查询、QQ 号码、车牌查询。和"查一下"类似的网站有很多,之所以这里会选择"查一下",是因为这个网站没有广告,而且有很多特色的功能：可以查车牌号码（在其他网站还没发现有类似的功能），查询 QQ 号码时不仅能看到号码的主人是否在线，还能看到该 QQ 号码的 QQ 秀；手机归属查询有很有趣的投票功能；查询时，同时还能看到和查询内容相关的一些运势、天气等等。图 7.55 所示为"查一下"搜索的首页。

图 7.55　"查一下"网

3. 豆丁网

"豆丁网"（www.docin.com）是中文文档搜索引擎。"豆丁网"号称收录了一亿多文档，是最大的中文文档库，提供针对文档标题、简介、内容的关键字检索功能，并且支持 Word、PDF、PPT、JPG 等 30 多种文件格式。图 7.56 所示为豆丁网首页。

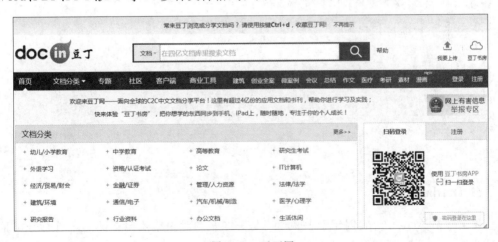

图 7.56　豆丁网

4. 职友集

职友集（www.jobui.com）是中文最大工作搜索引擎，专注于职位搜索领域。随着网络招聘市场规模的扩大、行业招聘和地区招聘网站的成熟,招聘信息呈分散的趋势。职友集更新的即时职位信息最高峰突破 70 万条/日,一般更新速度稳定在日均 30～40 万条。庞大的职位信息支持了职友集薪酬搜索数据的准确性。如图 7.57 所示。

图 7.57 "职友集"网

5. Dotdash

美国网站 About.com 创建于 1996 年,是美国纽约时报集团旗下的一个进行分类信息推荐的生活服务类网站,是目前全球最大的 50 家网站之一。输入域名 about.com 即跳转至域名 dotdash.com,翻译有"点划线"的意思。图 7.58 所示为网站首页,这里可以帮你了解各个领域的简单知识。

图 7.58 Dotdash 首页

7.4.2 开放获取学术资源

7.4.2.1 概念

开放获取(Open Access,OA),也叫开放存取、开放共享、公开获取等,是基于订阅的传统出版模式以外的另一种选择。指读者通过网络免费、永久地获取和利用各种类型的学术资源。这种利用包括复制、传播、向公众展示作品、传播派生作品、以合理的目的将作品复制到任何形式的数字媒介上,以及用户制作少数印本作为个人使用的权利。

开放获取的三个基本特点是:数字化、网络存储和全文免费获取。

开放获取学术文献资源包括开放获取期刊(Open Access Journals)、开放获取图书(Open Access Books)、开放获取课件(Open Access Courseware)、开放获取学位论文(Open Access Thesis)、开放获取会议论文(Open Access Conference)、学术机构收藏库(Open Access Repository)、电子印本资源(e-Print Archive)等。

7.4.2.2 开放获取的途径

1. 开放获取仓储(Open Access Repository)

研究机构或作者本人将已发表或未公开发表的文献存储在学科知识库、机构知识库或个人网站上,供免费获取。

对于有版权,但是出版社允许进行自存储的作品,作者可以放到信息开放存取仓储中,例如论文、专著等。对于没有版权的作品,作者也可以直接放到信息开放存取仓储中,例如讲义、PPT 等。

2. 开放获取期刊(Open Access Journals,OA 期刊)

OA 期刊一般需要作者支付出版费用,读者免费获取。采用 OA 出版模式的期刊,一部分是新创办的电子期刊,也有一部分是由传统期刊转变而来。OA 期刊分完全 OA 期刊、部分 OA 期刊和延时 OA 期刊。

3. 两者比较

OA 期刊的质量一般都有保证,因其有和传统期刊一样的同行评价机制。开放仓储的质量则良莠不齐,使用时需要认真甄别。

7.4.2.3 开放获取平台实例

1. 维普期刊开放获取平台

图 7.59 所示为维普期刊开放获取平台(qikan.cqvip.com/zk/oaindex.aspx),可以通过校园网图书馆资源访问,页面列出了著名的国内外开放获取期刊网站链接,如 DOAJ、中国科技论文在线等等。单击直接进入对应网站进行期刊检索,获取免费资源。

图 7.59　维普期刊开放获取平台

2. Socolar

Socolar 是为用户提供重要的 OA 资源的一站式服务平台,如图 7.60 所示。它由中国教育图书进出口公司创办,旨在全面收录来自世界各地、各种语种的重要 OA 资源,并优先收录经过学术质量控制的期刊(比如同行评审期刊)。Socolar 收录提供全文资源服务的基于学科和机构的仓储,同时也收录其他形式的仓储,比如个人网站等。

3. cnpLINKer

cnpLINKer(cnplinker.cnpeak.com)是中图链接服务。它是由中国图书进出口(集

图 7.60 Socolar 平台

团)总公司开发并提供的国外期刊网络检索系统。目前,该系统共收录了国外 70 多家出版社的 6200 多种期刊的目次和文摘数据,并保持时时更新。图 7.61 所示为 cnpLINKer 在中国人民公安大学图书馆访问的系统首页。

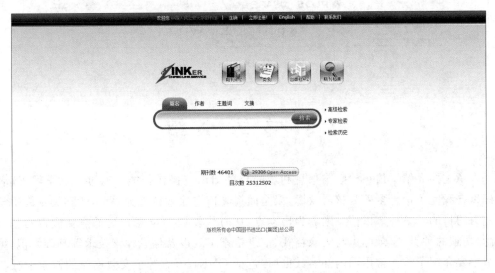

图 7.61 cnpLINKer 首页

4. DOAJ

DOAJ(Directory of Open Access Journals)是开放存取期刊列表(www.doaj.org)。DOAJ 开放存取期刊列表是由瑞典 Lund 大学图书馆创建和维护的一个随时更新开放

第 7 章 信息检索与利用 ———— 375

存取期刊列表的网站。该列表旨在覆盖所有学科、所有语种的高质量的开放存取同行评审刊。DOAJ 于 2003 年 5 月正式发布,可提供刊名、国际刊号、主题、出版商、语种等信息。网站涵盖农业和食物科学、生物和生命科学、化学、历史和考古学、法律和政治学、语言和文献等学科主题领域。该系统收录的均为学术性、研究性期刊,具有免费、全文、高质量的特点,对学术研究有很高的参考价值。图 7.62 所示为 DOAJ 首页部分内容。

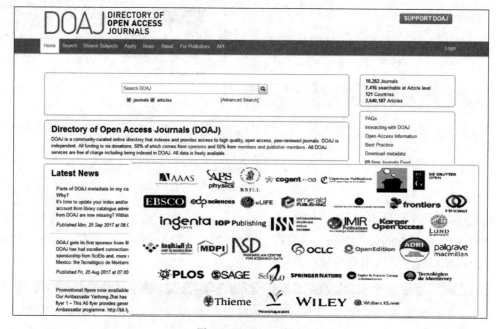

图 7.62　DOAJ 首页

7.5　本章小结

本章主要介绍了信息检索与信息利用的相关知识及操作技能。通过本章学习,读者明确以自我完善信息素养为核心议题,以全面提高信息检索技能为手段,达到具备终生学习能力的目的。第一节以信息素养为出发点,从时代发展的角度介绍了信息检索的基本概念、文献的种类、文献标识与著录格式、信息检索工具以及信息检索技术等基础知识;第二节主要介绍了一些常用国内知名数据库,包括 CNKI、万方等全文数据库的检索途径与检索方法;第三节主要介绍了一些常用国外数据库,包括 EBSCO、Westlaw 等数据库的检索途径与检索方法;第四节着重介绍网络免费数据资源的检索知识,包括如何利用搜索引擎快速、准确获取信息,如何开放获取学术资源等知识和方法。

习 题

一、单选题

1. 手稿属于下列哪种类型的文献？（　　）
   A. 零次文献　　　B. 一次文献　　　C. 二次文献　　　D. 三次文献
2. 下列哪一项不属于情报的特点？（　　）
   A. 公开性　　　　B. 保密性　　　　C. 传递性　　　　D. 时效性
3. 下列检索算符哪个是位通配符？（　　）
   A. ?　　　　　　B. =　　　　　　C. <　　　　　　D. +
4. 每一种正式出版的图书都有一个代表图书基本信息的号码，它的名称是（　　）。
   A. ISBN　　　　B. ISSN　　　　C. IBM　　　　　D. IBSN
5. 下列检索算符哪个是范围运算符？（　　）
   A. or　　　　　 B. ()　　　　　　C. ?　　　　　　D. in
6. 中国科学引文数据库的简称是（　　）。
   A. CNKI　　　　B. CSCD　　　　C. Scopus　　　　D. SSCI
7. 以下有关电子图书的特点，哪种是不正确的？（　　）
   A. 容量巨大，单位体积可容纳海量信息
   B. 不需特殊设备，可随时随地阅读
   C. 成本更低，相同容量只有传统媒体的百分之一
   D. 检索功能强大
8. Google 属于哪种搜索引擎？（　　）
   A. 垂直搜索引擎　　　　　　　　　B. 综合性搜索引擎
   C. 特殊搜索引擎　　　　　　　　　D. 专业型搜索引擎
9. 布尔逻辑算符通常的运算顺序是（　　）。
   A. 有括号时，括号内的先执行；无括号时 AND＞NOT＞OR
   B. 有括号时，括号内的先执行；无括号时 NOT＞OR＞AND
   C. 有括号时，括号内的先执行；无括号时 NOT＞AND＞OR
   D. 有括号时，括号内的先执行；无括号时 AND＞OR＞NOT
10. 下列哪个数据库是全文数据库？（　　）
    A. CPCI　　　　　　　　　　　　B. EI
    C. Elsevier Science Direct　　　　D. SCI
11. 用 Adobe Reader 可以阅读以下哪种格式的文件？（　　）
    A. HTML　　　　B. VIP　　　　　C. PDF　　　　　D. TXT
12. CAJviewer 是下面哪个数据库全文的阅读软件？（　　）
    A. 超星数字图书馆　　　　　　　　B. 维普中文科技期刊全文数据库

  C. CNKI 中国知网期刊全文库   D. 万方数据资源

13. 在下列哪种检索工具中可以得到历年的统计数据？（ ）
  A. 字典   B. 百科全书   C. 手册   D. 年鉴

14. CNKI 学术文献总库检索结果排序方式中不包括（ ）。
  A. 下载频次   B. 发表时间   C. 被引频次   D. 文献名称

15. 常说的四大权威数据库是指（ ）。
  A. SCI、CSSCI、EI、ISTP   B. CSCD、SSCI、EI、ISTP
  C. CNKI、SSCI、EI、ISTP   D. SCI、SSCI、EI、ISTP

16. 期刊论文记录中的"文献出处"字段是指（ ）。
  A. 论文的作者
  B. 论文作者的工作单位
  C. 收录论文的数据库
  D. 刊载论文的期刊名称及年卷期、起止页码

二、填空题

1. 信息素养的内涵包含了四要素，即信息文化、信息意识、_____、信息道德。
2. 文献按载体类型可分为纸介型文献、_____、声像型文献与电子型文献几种。
3. 文献类型为学位论文的参考文献字母标识为_____。
4. 根据所收录的加工深度不同，检索工具可分为目录型、文摘型和全文型三种类型，其中 SSCI 属于_____类型。
5. 国内著名数字图书馆有_____、_____、_____等等。
6. 核心期刊的被使用频率包括被引、_____、被摘录、被阅读利用的频率。
7. 检索词之间的逻辑关系是_____、_____、_____，其英文表达方式为 AND、OR、NOT。
8. 中国标准按审批机构颁发的级别可划分为国家标准、行业（部颁）标准、_____、企业标准。
9. 在使用搜索引擎时对搜索结果进行排除或缩小无关资料时，应采用_____符号，进行准确搜索应采用_____符号。
10. 搜索引擎工作原理可以分为_____、抓取存储、预处理和排名四个步骤。

三、简答题

1. 简述信息、知识、情报和文献的关系。
2. 与传统的纸质期刊相比，电子期刊的优点有哪些？
3. 什么是文献类型标识符？在什么情况下使用？如何使用？
4. 如果要查找近 5 年有关"数字水印"或"数字版权"方面的中外文文献，可以选择哪些数据库？请选择其中一种数据库，简要叙述检索的一般步骤。
5. 学术论文一般由哪几部分构成？各部分的写作规范分别是什么？

参 考 文 献

[1] 唐永华,刘鹏,于洋,等.大学计算机基础[M].2版.北京:清华大学出版社,2015.
[2] 龚沛曾,杨志强,肖杨,等.大学计算机[M].6版.北京:高等教育出版社,2013.
[3] 李敬兆.大学计算机应用技术[M].北京:人民邮电出版社,2013.
[4] 汤小丹,梁红兵,哲凤屏.计算机操作系统[M].4版.西安:西安电子科技大学出版社,2014.
[5] Tanenbaum S A.陈向群,马洪兵,译.现代操作系统[M].3版.北京:机械工业出版社,2015.
[6] 微软官方网站[EB/OL].[2017-10-10].https://support.microsoft.com
[7] 苹果官方网站[EB/OL].[2017-10-10].https://developer.apple.com
[8] 安卓官方网站[EB/OL].[2017-10-10].https://developer.android.com
[9] 全国计算机级考试教材编写组,未来教育教学与研究中心.全国计算机等级考试教程二级 MS OFFICE 高级应用无纸化考试专用[M].北京:人民邮电出版社,2016.
[10] 邓毓政,程远航.计算机应用基础实训教程 Office 2010 高级应用[M].北京:北京师范大学出版社,2015.
[11] 王文兵,姚庆玲.Office 2010 办公软件高级应用[M].北京:中国铁道出版社,2017.
[12] 全国计算机级考试命题研究组.全国计算机等级考试全能教程二级 MS Office 高级应用[M].北京:北京邮电大学出版社,2015.
[13] 曹金璇,靳慧云,王任华,等.公安信息技术应用[M].北京:中国人民公安大学出版社,2014.
[14] 谢希仁.计算机网络[M].5版.北京:电子工业出版社,2008.
[15] 蒋凌志.移动互联网技术与实践[M].苏州:苏州大学出版社,2013.
[16] 吴大鹏,欧阳春,迟蕾,等.移动互联网关键技术与应用[M].北京:电子工业出版社,2015.
[17] TalkingData 移动数据研究中心.2015 移动视频应用行业报告[R].2015.
[18] 中国电子技术标准化研究院国家物联网基础标准工作组.物联网标准化白皮书[R].2016.
[19] 国家互联网应急中心 CNCERT/CC.2016 年中国互联网网络安全报告[R].2017.
[20] 中投顾问.2016-2020 年中国信息安全产业投资分析及前景预测报告[R].2016.
[21] 人民网研究院.中国移动互联网发展报告(2017)[R].2017.
[22] 陈敏.对称密码的的加密算法探究[D].上海:华东师范大学,2009.
[23] 中国网信网.《网络安全法》的立法定位、立法框架和制度设计[EB/OL].[2016-11-09].http://www.cac.gov.cn/2016-11/09/c_1119879969.htm.
[24] 黄道丽.我国网络立法的目标、理念和架构[J].中国信息安全,2014(10):32-35.
[25] 丰诗朵.网络安全法出台背景及主要内容解读[EB/OL].[2017-03-30].http://www.sohu.com/a/131067180_654915.
[26] 李旻.《网络安全法》十大要点解读[EB/OL].[2017-06-01].http://www.sohu.com/a/145262705_169042.
[27] 中国电子商务研究中心.《网络安全法》十大要点解读,2017 年.
[28] 张养力,吴琼.多媒体信息处理与应用[M].北京:清华大学出版社,2011.
[29] 段新昱,苏静.多媒体技术与应用[M].北京:科学出版社,2013.
[30] 陈洁.多媒体技术应用(第二版)[M].北京:清华大学出版社,2008.
[31] 李祥生,张荣国.多媒体信息处理技术[M].北京:高等教育出版社,2010.

[32] Gonzalez R C,Woods R E. 数字图像处理.[M]. 阮秋琦,等译. 北京：电子工业出版社,2011.
[33] 林向阳. 图像视频处理技术的相关研究[J]. 新闻传播,2013,6(15)：186-189.
[34] 吴炜. 视频图像处理技术的发展应用探析[J]. 硅谷,2014,1(8)：107-108.
[35] 徐庆宁,陈雪飞. 新编信息检索与利用[M].3版. 上海：华东理工大学出版社,2014.
[36] 花芳. 文献检索与利用[M].2版. 北京：清华大学出版社,2014.
[37] 黄军左. 文献检索与科技论文写作[M].2版. 北京：中国石化出版社,2013.
[38] 饶宗政. 现代文献检索与利用[M].2版. 北京：机械工业出版社,2016.
[39] 吉久明,孙济庆. 文献检索与知识发现指南[M].2版. 上海：上海人民出版社,2013.
[40] 百度文库资源[EB/OL].[2017-10-10]. https：//wenku.baidu.com/.
[41] 中国人民公安大学校园网图书馆电子常用资源[EB/OL].[2017-10-10]. http：//lib.ppsuc.edu.cn/category12/index.shtml?ticket＝0ee27708cf3d4a64a452084dc21b1ce1.